地震大数据科学
》》》》》与技术实践

BIG DATA ANALYSIS TECHNIQUES
IN EARTHQUAKE SCIENCE

陈 石 梁宝娟 晁会霞 杨 云 等 编著

U0178161

地震出版社

图书在版编目（CIP）数据

地震大数据科学与技术实践 / 陈石等编著 — 北京: 地震出版社, 2021.5
ISBN 978-7-5028-5315-0

Ⅰ.①地… Ⅱ.①陈… Ⅲ.①地震数据 Ⅳ.① P315.63

中国版本图书馆 CIP 数据核字（2021）第 086829 号

地震版　XM4828/P（6066）

地震大数据科学与技术实践

陈　石　梁宝娟　晁会霞　杨　云　等　编著

责任编辑：王　伟
责任校对：凌　樱

出版发行：地震出版社

北京市海淀区民族大学南路 9 号　　　　邮编：100081
销售中心：68423031　68467991　　　传真：68467991
总　编　办：68462709　68423029
编辑二部（原专业部）：68721991
http://seismologicalpress.com
E-mail:68721991@sina.com

经销：全国各地新华书店
印刷：北京盛彩捷印刷有限公司

版（印）次：2021 年 5 月第一版　　2021 年 5 月第一次印刷
开本：787×1092　1/16
字数：475 千字
印张：24.75
书号：ISBN 978-7-5028-5315-0
定价：100.00 元

序 一

在看到这本书的样稿之前，记得是在去年的微软"创新杯"中国区决赛期间，我和陈石博士在杭州评审参赛项目时初次相识。也许是我们都有过在中科院系统工作和学习的经历，让我们聊天中多了些共同话题。说实话我以前对地震系统的信息化和智能化工作了解不多，但是地震对人类生存所带来的威胁人所共知。2020微软"创新杯"首次增设了地震行业的命题，推荐参赛团队应用大数据、人工智能及相关技术解决防震减灾领域的科学难题，我相信这也是微软公司在当前时代赋予自己的使命担当。

这本书中尝试引入微软公司过去几年在现代自然语言处理领域的创新性技术成果，通过LUIS语义理解技术，来打造一个虚拟化的AI助手，实现一种新的人机交互方式。微软在自然语言处理领域一直是时代的领跑者，而微软亚洲互联网工程院主导研发的"小冰"聊天机器人正是这方面的优秀产品之一。顺便说一句，"小冰"不久前已实现"单飞"，成了一家独立的公司。

这本书中的"小G"地震科研小助手，也是我第一次看到的LUIS技术在地震领域的落地性成果。基于微软领先的认知服务技术与地震会商业务相结合，我相信必将产生奇妙的化学反应，这不但可以有效提高地震行业科研人员的工作效率，还将会更好地为推进地震公共信息资源的社会化服务和地震科普等工作提供AI技术支撑。

这本书中的作者们巧妙地借助小G这个虚拟化人物的口吻，将职业成长中遇到的一个个棘手问题，以一种新的低代码开发手段来构建解决方案。书中围绕具体地震业务介绍，"地震数据专家"这一套低代码开发技术，与微软公司一款全新的科技产品PowerApps有异曲同工之妙。因此，我想中国地震局地球物理研究所作为微软中国战略合作伙伴和对新技术发展趋势的共识，必将在未来能开拓更多、更广的合作领域。

微软也将发挥催化剂和助推器作用，加快大数据和人工智能技术在中国地震科学研究和行业信息化系统建设中的落地应用，促进地震行业科研院所理论成果与产业界前沿技术之间交叉创新，提高成果转化和产品孵化能力。

在看本书的样稿后，我觉得本书不是在讲技术，而更像是在讲故事。书中将为完成任务而必须要面对的枯燥的计算机编码问题，描述成了有趣的搭建乐高积木动作，与其说是技术实践，我看更像是一本故事会。总之，本书不但不难读，反而很有趣。

最后，在此我衷心祝愿，这本书能作为一个起点，为加快微软技术与地震业务之间的融合提供契机，充分发挥各自的科技平台条件优势和软件技术研发优势，最终实现共赢。

微软亚太研发集团创新孵化总监 程骉 博士

2020 年 9 月

序 二

两年前在上海举办的 2018 微软技术暨生态大会上，陈石博士团队以"微软 LUIS 语义理解模型在地震会商技术系统中的应用"为题，分享了微软 AI 技术在地震行业的实践经验，我当时就惊羡于陈石博士团队所展现出来的技术敏锐度、专业水准和实践能力。这几年来，作为技术联络人，我有幸见证了彼此之间更广泛的合作，通过高效地在线沟通和团队协作，联动双方资源，让科研和业务需求与技术和解决方案之间实现了高效对接。

去年年底陈石博士提到正在筹划撰写这样一本书，期望我写几句话，说实话我真没想到这么快就看到样稿。我理解地震行业是数据密集型行业，微软科学家、图灵奖获得者 Jim Gray 在 2007 年提出科学研究正在从实验的、理论的和计算的科学范式走向科学研究第四类范式——数据密集型科学范式，我很好奇如何从地震大数据中去发现价值、获得洞见，看过本书介绍的自助式流程编写技术和一个个真实行业案例，非常佩服地震会商技术系统开发团队的研发能力，他们巧妙地将低代码开发、微软 Azure 云服务及认知工具相结合，打造了一个灵活的、面向地震行业这一专业领域的机器人助手，并给出了一套允许用户自定义设计和定制化开发的解决方案。

微软公司作为中国政府可信赖的合作伙伴，多年来一直通过自身的技术优势帮助解决国家发展过程中的首要问题和社会需求。微软作为 AI 领域的领导者，多年来一直以"赋能"用户作为企业发展的理念，为全球贡献了大量的革命性产品、技术，培养了大批人才。2019 年与中国地震局地球物理研究所的战略合作，更是一次新的尝试，本书的付梓出版，我想正是第一份答卷，因为彼此对技术的热爱，以及后疫情时代全球数字化转型所带来的机遇，也让我们对双方合作的未来充满期待。

我衷心希望这本专著早日出版发行，让地震行业领域的科研工作者和业务人员早日获益，也可以给更多的地震行业以外的读者以启发。

以上是为序。

微软（中国）有限公司资深软件架构师　罗彤

2020 年 9 月

前　言

在享受信息化给我们生活带来便利的同时，毋庸质疑我们也已经深深地被各种无形的数据所包围。你的每一次出行、购物和搜索都会产生数据信息，当今社会数据产生的方式正在发生前所未有的变革，大数据时代已经到来。移动互联网正改变人们的生活方式，而新时代的科学研究者需要什么工具。在地学领域，各种专业工具空前繁盛，各种方法和技术的传播方式也发生了根本性变化，诸如我们熟知的 Google code、SourceForge、Github等一系列开源网站，可以满足你绝大部分的探索与学习欲望。学习、学习与学习，你要学的东西太多，每天起床各种新概念、知识与工具出现的速度远比你学习的速度更快。

本书写作的初衷是为地震会商技术系统出一本学习材料，但是在开始写作的时候又觉得应该为更多的读者分享一些团队多年来的科研与工作经历。回顾过去 10 年的职业科研生涯，在享受创新灵感迸发出来的喜悦与科研成果发表的收获之外，更多的时候自己仿佛像是一个操作软件的机器。下载数据、整理数据、运行程序、提交任务、等待…等待、再下载数据，打开软件绘图、导出保存、插入到 Word/PowerPoint，汇报。常规的业务工作周而复始，自己其实就是那个科研流水线的工人。如果您读到这里也有同感，那么不妨继续读下去，我们相信本书的内容值得你去阅读。

本书的名字"地震大数据科学与技术实践"，其关注的重点不在于地震学本身，它不能告诉您地震为什么发生、物理机制是什么，也不能帮忙解决地震预报的问题。本书的编写从一个地震行业的会商业务入手，从日常多种类型繁杂的数据处理任务到业务流程设计与研究，给出了一种独辟蹊径的自助式解决方案，期望和各位读者一起探讨如何在研究地震问题和业务实践过程中，需要面对但其他书籍很少会告诉你的具体技术问题。

为什么写这本书

在本书开始的构思阶段，目的是编写一本培训教材，供全国地震行业需要使用地震分析会商技术系统的业务人员使用。但是，考虑到为了让更多读者能从我们的地震业务信息化实践中获得启发，特别是没有地质、地球物理等专业背景的业务人员也能从中获益，从而采用了侧重技术实践的情景描述类写作方式。本书的目的不仅是指导读者去掌握一门软件的使用方法，而更期望通过一个个真实的场景设计和现代化的生产力工具引入，来帮读者能更有效地解决在业务实践中遇到的问题。

本书有哪些内容

本书内容分基础篇和专业篇，内容由浅至深，分别从数据分析工具使用、地震业务实践与云平台部署等方面开展论述。本书虽源于构建服务地震会商业务的信息化平台建设，但是没有从分析会商业务本身去编写相关内容，而是围绕一个个技术点去梳理实现系统构建过程中可能具体遇到的问题和解决方案，我们期望本书能更专注于技术本身，更多读者通过本书介绍的内容能在实践中得到应用。

本书的特点

本书不同于侧重于讲解具体一门计算机编程语言或一个系统使用手册类的教材，也不打算从技术人员的视角去介绍技术细节，因为技术一直都是在不断演化和更新，最好介绍技术细节的方式应该放到具体的代码或流程中。本书写作的出发点是从一个科研人员面临的业务问题开始，介绍他如何思考解决方案，选择工具、开始系统设计和组织实施，我们相信读者也可能面临同样或类似的问题。

本书从始至终，使用一个虚拟的地震大数据分析业务场景，以一个初出茅庐的大学毕业生"小 G"，刚到地震管理部门入职，从开始学习日常地震行业的数据分析工作开始，全方位介绍如何利用流程化的方法，设计各项服务、提出和实现各种应用数据分析解决方案。通过本教材提供的案例和我们一起构建各种解决方案，读者可以了解到我们在"现实世界"中可能面临的一些问题和挑战。

示例数据集和代码

在本书中的每一章，我们都为您准备了体验操作过程的示例数据集和下载链接。在开始阅读一个章节之前，期望读者配置好实验环境，以便可以快速进入到场景中体会数据分析的乐趣。本书全部的代码和示例流程，都可以通过在线的开放 GIT 仓库下载，网址如下：https://gitee.com/cea2020/openbook。

如何使用这本书

本书共分为 20 章，章节划分相对独立，每章内容适合一天的阅读量，在每一章节内我们插入了大量的 Tip 内容，每个内容都是一些常见技术问题，这些问题可能随时在实践中遇到，期望读者在阅读过程中仔细体会。本书内容建议在 3 周内读完，后面的附录我们还给出了各种常见节点应用手册，读者可以根据需要以备查阅。

在学习完本书内容后，如果您期望了解更多的地震会商技术系统开发和地震数据专家（DatistEQ）软件方面的最新技术，可以在简书网站（www.jianshu.com）搜索"地学小哥"，找到"地震会商技术系统"专题，里面会由更多的最新技术内容分享。

致谢

在本书付梓出版之际，我们要感谢所有在本书编写过程中曾经给予过帮助的人，特别是那些认真阅读书稿，并反馈意见建议的朋友们，还有那些完全理解书中例子的人。感谢中国地震局地球物理研究所卢红艳高工、博士生吴旭，对本书稿的文字校对和插图修改。正是他们的宝贵反馈意见建议，使得本书质量可以不断提高。最后，感谢中国地震局地震会商技术系统列装工作组的同事们，正是你们热情的全身心投入，才使得本书编写过程更加顺利。同时，也感谢长安大学智慧油气田研究院的师生们，为我们提供了丰富的流程设计实例和帮助，没有你们的协助，我们无法在这么短的时间内完成本书的编写。

在本书的编写过程中，辽宁省地震局张琪编写了第 4 章内容，张博编写了第 13 章内容；安徽省地震局汪小厉编写了第 16 章和第 18 章内容，马犇编写了第 12 章内容；山西省地震局李宏伟编写了第 17 章内容；西安文理学院孙少波教授编写了第 19 章和 20 章内容；中国地震局地球物理研究所蒋长胜研究员编写了第 14 章内容。

最后，感谢科技部十三五重点研发项目"基于密集综合观测技术的强震短临危险性预测关键技术研究"课题 3：强震临震预测模型和综合服务系统研发（2017YFC1500503）和中国地震局地球物理研究所创新团队项目（DQJB21R30）对本书出版的资助。

目　录

数据自动转起来

科学技术作为全球各类研发机构的重要资产，其先进程度决定了其在竞争中处于优势或劣势。当今的大数据时代，地震监测预报面临的数据挑战愈发严峻，而要保持竞争力向社会公众提供亟需的公益性服务，必要的科技研发是确保其能力不断提高的关键。在美国以 USGS 等为首的社会公共服务机构，通常会在全球地震事件后 5 ～ 10 分钟内做出响应并提供相应的科技产品，这种服务能力的背后依赖高度信息化、自动化和智能化的数据处理技术和软件系统。

本书的主人公小 G 在大学毕业后来到了地震行业工作，恰好被分配到单位的监测预报部门，每天与大量的数据打交道。通过一段时间的学习，他发现地震监测数据每天从全国台网源源不断地传回，通常被分为测震、形变、流体、电磁四大类型，每个类型下面又被细分为若干不同的类别，通过区分数据库中的测项代码，可以看到分布在各地的地震监测仪器所监控到的各种自然环境变化的信息。而负责预报业务的人员，其职责就是要从这些监测数据中寻找与地震孕育过程相关的蛛丝马迹，通过一次次的震例总结和模式分析，去探索地震预测和预报的科学奥秘。

在逐渐深入的工作过程中，小 G 发现，与一般意义上的大数据不同的是，对这些地震监测数据的分析方法和模式很不简单，其与地震之间的因果关系在科学上还远没有成熟的解决方案，要想通过地震大数据分析来给出预报意见或预报地震，各级地震部门首先是要开展地震会商。

第 1 章　初识地震数据专家

在我国地震行业，不同单位、不同部门通常都需要依据地震会商的形式来研判不同时空范围的震情形势，并向政府部门和社会公众提供预报意见。地震会商是一项分析地震大数据变化的业务，由于地震孕育、发生和长期形势变化的复杂性，决定了会商过程既有设定的业务流程，又经常需要根据实际情况而进行需求变更。在参与地震会商工作一段时间后，小 G 发现地震会商说到底还是围绕监测数据来开展的，但在实际的会商开始前，经常需要他机械式地反复利用多个软件的菜单，诸如：访问数据库下载数据，调用处理程序计算，再画出一张张的图件，最后插入到汇报片中。这个为每次会商都十分相似的准备过程，让小 G 感到人成了机器，不断地重复着：输入密码、下载、填入参数、计算、画图、插入 PPT、调整大小、汇总数字做成表格……这种手工作坊式的业务工作，让他反复思考这样一个问题：支撑地震会商需要什么样的基础软件平台？经过几个月的冥思苦想和实际调研，他发现了一个软件，名字叫数据专家。

Tip 1-1：数据专家和地震科学有啥关系

数据专家地震科学版（Datist for ISPEC）是经过 2017—2018 年两年的实践积累，由中国地震局地震会商技术系统项目组和长安大学专门为地震行业数据分析而研发的一个独立产品，凡是在地震科研助手微信企业号中的成员，下载安装包后，都可以通过扫描二维码的方式，自动获得授权文件，免费使用。

小 G 认为：地震分析会商，离不开对地震观测的分析，而数据分析或系统开发通常需要借助编写计算机程序实现，一个系统好不好用，学习曲线有多长，通常直接决定项目开发的成功与否。在我们构建地震分析会商系统的初期，考虑到业务系统建设需要业务人员深度参与，而实际中业务人员的编程能力通常参差不齐。为了弥补这个短板，我们引入了无需编写代码的可视化流程编写工具，即："数据专家"流程编排软件。在网站上，数据专家的词条这样解释：

数据专家简称 Datist，顾名思义，这个软件是为数据分析而生，更官方的说法 Datist 是服务于大数据时代场景式（Context）数据治理与融合的工具。该软件能够根据用户场景需求组织数据与加工业务流程，通过可视化的节点与函数的组合来完成数据的获取、组织、整合、提纯及有形化表达。经过试用，小 G 认为 Datist 这个软件上手非常快，特别适合不喜欢通过代码来与计算机沟通的他。

Tip 1-2：企业级数字化建设是什么

随着新技术的不断涌现，信息化、数字化、智能化、物联网、大数据、云计算、人工智能、SOA、微服务、中台等等名词概念层出不穷，在传统企业中的计算机技术应用人员被淹没在了概念的洪流之中。如何不被名词的洪流所淹没呢？首先要认知企业的定位，通常数字化建设是应用数字化技术服务于企业的主营业务，即数字化技术应用。这一点有别于 MAT（小米、阿里、腾讯）这些技术研发型企业。数字化建设在应用型和研发型企业的核心价值体现，决定了数字化建设的战略定位与实现方式。

姑且把传统企业从事计算机技术的人员都叫做数字化工作者，其从事的工作统称为企业数据化建设。企业级数字化的价值体现是应用数字化技术寻找简便、高效、低成本的模式来解决企业生产中遇到的实际生产问题，从而促进企业技术升级、流程升级、组织升级甚至是战略升级。

（1）技术升级，新技术不断涌现，促进企业技术体系的迭代更新，如计算机绘图取代手工绘图、移动支付取代现金支付等。

（2）流程升级，技术的应用诞生出新工作方法、新工艺，重塑企业运营的数据流程，优化企业业务流程，降低企业运营成本，提升企业运营效率。如新冠疫情期间，网络视频会议系统的大量应用，促进了企业的会议模式改革。

（3）组织升级，随着企业流程的升级，有些岗位消亡，新的岗位不断产生，企业通过调整岗位，优化组织结构，以适应新的业务流程，如制图岗、打字员已慢慢淡出了人们的视野。

（4）战略升级，则是一个更高层次的价值体现，新技术的应用推动着企业主营方向的升级，这也是柯达相机、诺基亚在历史洪流中消亡的原因。

从技术层面、流程层面、组织层面到战略层面，层级越来越高，价值体现越来越大，给企业的经济效益、企业成本、企业效率等方面带来的改变也越加明确。寻找数字化建设的价值体现，树立正确、合理的价值导向，是数字化建设事业长久持续发展的基础。这一点和学术界不同，学术界思考的是创造新方法，并且努力让这个方法被更多人广泛接受。而工业界要去探索商业，注定要有经济上的考虑，思考盈利模式。

企业级数字化建设成果，很大程度上体现在建立一个内容服务平台，有点类似于微信发朋友圈，微信是一平台与空间，用户不断充填内容，提供源源不断的数据，使得它具有强大的生命力。平台涉及内容生产、管理、消费等诸多环节，平台建设由数据、算法、工程、产品和运营等至少五个角色来共同完成。

（1）数据造原料。建立数据供给与消费链路，打通"采集、存储、管理、运维、应用"各个环节，保证数据的正常化、完整性、准确性是企业数字化建设的先决条件。

（2）算法做模型。在特定的业务环境下，寻找合适的算法，找出模型处理结果背后的物理意义，服务业务生产经营过程，高效精准地解决业务问题，是数字化建设的灵魂。

（3）工程搭架子。集成创新是近代科学技术发展的源动力，斯蒂芬逊发明铁路机车、福特发现T型车，都是在技术集成应用过程寻到了最优的解决方案，从而推进了人类科技的发展。企业级的数字化建设很大程度上划归为集成创新，消灭企业运营的全流程中的薄弱环节，技术整体先进性、全链条通畅、可持久迭代是平台构建的基础。

（4）产品做交互。产品逻辑与业务逻辑的吻合程度，产品应用与当前用户习惯的切合程度决定了产品成败。用户体验可划分为有用、能用、好用、爱用四个层次。有用，内容性需要，有使用价值，解决有没有的问题；能用，功能性需用，包含解决业务问题所必须的功能；好用，可用性的表现，用户能够高效顺利完成工作任务；爱用，情感性需要，用户获得成就感，留住用户。

（5）运营背指标。企业数字化建设往往是吃投资，从主体业务中挤占部分资金开展数字化建设工作。这种建设方式并遵循产品化运营的模式，而数字化建设是更长期的过程，可持续性投入是企业级数字化建设的重中之重，硬件运维要投入，人才培养要投入，产品迭代要投入。

　　这五个角色缺一不可，从岗位上看，有业务人员、IT 技术人员、产品设计人员等，企业级的数字化建设，往往落地为服务于具体业务应用的项目，以年为单位，开展一系列的数字化建设项目。随着建设规模的增加，特别是科研领域的数字化建设，专业性越来越强，跨专业沟通、协同成本也越来越高。

　　数字化文化与企业文化差异是沟通成本居高的主要原因，也是企业数字化转型成功与否的关键。文化往往被看作是虚无缥缈的东西，却实实在在地反映在做事的习惯、态度和方法上。个人的文化气质与企业不符时，会被当成异类、会让人感到不舒心，甚至受到排挤打压。因而，企业文化与工作特点相符，会对人们形成正向的激励，反之就会出现逆淘汰，工作效率和质量就会很低。有位地学专家这样评价 IT 工程师：他们喜欢钻牛角尖、在细节上较真。其实，搞 IT 的人想的更多的是如何能够让计算机实现人们所提出的需求。而人能听懂的事，计算机不一定能实现。数字化的文化追求精益求精、强调系统和全局、讲究标准和规范；人们习惯于用数据说话而不是止步于经验和感觉，喜欢把决策的过程变成可计算的问题；讨厌重复和单调的工作，因为这些事情应该交给工具去做。喜欢公正、公开、透明地讨论一切问题；不喜欢服从于权威的观点。企业推进数字化，一定要重视数字化文化的培养，尊重文化的差异，否则事倍功半。

　　如何减少这种沟通成本，降低业务人员与 IT 人员之间的耦合度呢？保持两者之间的独立性呢？各类数字化项目实施过程中，具有很多共性的内容，如数据源访问、空间数据分析、图表可视化等。从技术独立性角度上讲，企业级数字化应用可以视为一个独立的学科，IT 人员可从众多的数字化项目中沉淀出公共的组件，再通过平台组装成各个应用场景。从而让数字化技术不只依附于具体业务，使其能有自己的独立性发展，发挥数字化组件研发的规模效率，践行企业开源节流降本增效的目标。

　　另一方面，受投资回报率制约，企业级数字化建设总是在抓大放小，寻找量大面广的业务场景，对于上层不关注，或是应用面较窄的需求，往往不受重视或者放弃实施。随着计算机技术的普及，部分科研人员具备了一定的开发能力，通过 VBA 开发实用工具的案例，屡见不鲜。这一点，则充分展示出了科研人员非凡的创造力。那么企业数字化建设过程中，能否可以给普遍业务人员赋能，让他们获得 IT 技术、AI 技术的加持，充分发挥出企业自身的力量进行数字化建设呢？

　　沉淀出公共组件，让科研人员获得 IT 技术的加持，正是数据专家研发的初衷。

1.1　乐高式开发工具

随着企业信息化程度不断完善，面向大众的数据收集与入库体系日趋成熟，而面向科研与决策领域的数据深加工过程仍处于刀耕火种的状态，需求专业性强、受众面窄、个性化要求高、产品可复制性差、投资回报率低是数据深加工软件产品研发严重滞后的主要原因。数据专家定位是数据专家软件 + 业务人员，提供了一种全新的软件开发模式，依托独有的节点组合式流程设计（图 1.1）可以实现由 IT 人员为主力的软件开发，转向业务人员为主力的系统建设。任何单位或个人可以不需要依靠外部力量，进行自主式科研平台的研发，自我造血，自主研发。

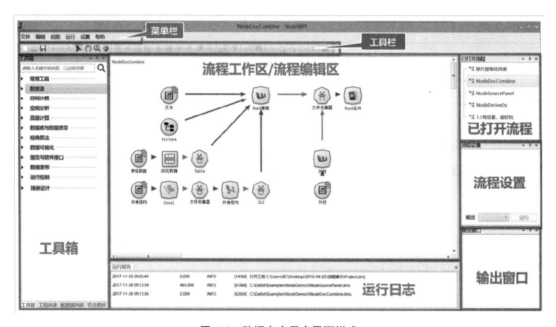

图 1.1　数据专家用户界面样式

小 G 通过一段时间学习，利用数据专家的流程设计环境，通过多个功能节点的组合，很方便地实现了从数据获取、数据处理到成果汇集的业务流程，他感觉到自己的业务能力有了明显的提高，每天上班面对大量的数据处理和分析任务再也不发愁了，即便面对上级提出的新要求，他也不再担心，这让他在职业生涯的初期就感到了满满的成就感。回到家里他看见了弟弟正在玩的乐高积木，心想：那就把流程编写，不，是创作，当成一种乐高式开发吧！

Tip 1-3：数据专家的设计理念是什么

　　假设数据是信息的"水流"，而处理数据过程是一个由管道和阀门组成的巨大水管网络。网络入口是若干管道的开口，网络出口也是若干管道的开口。这个水管网络有许多层，每一层有许多个可以控制水流流向与流量的调节阀。根据不同任务的需要，水管网络的层数、每层调节阀数量可以有不同的变化组合。对复杂任务来说，调节阀的总数可以成百上千甚至更多。水管网络中，每一层的每个调节阀都通过水管与下一层的调节阀连接起来，组成一个从前到后逐层完全连通的水流系统。

　　数据专家的基本原理就是把数据处理过程中涉及的处理方法抽象成一个个的节点（调节阀），为用户提供一个开放的平台，组建自己的数据处理系统（水流系统），完成特定的数据分析、处理任务。

1.1.1　数据分析工具

　　要想学习数据专家这个工具，从哪里开始？上面说的节点、流程都是啥？小 G 作为过来人，他认为开始还是要了解一些基本术语和概念，下面他列出了对于初学者应该了解的一些基础知识。

1. 节点与超节点

　　要编写一个数据分析流程，首先要从节点开始，认识节点和了解每个节点的功能，就是学习无代码数据分析的第一步。

　　节点：是数据专家中数据处理的最小单元，可理解为是一个个的乐高积木小块。图 1.2 是数据专家软件常用的节点图标，每个图标都是一个能够完成特定数据处理操作任务的工具。数据流经每个节点时，通过配置节点中的参数就可以对数据进行处理。例如，打开某个数据源、添加新字段、根据新字段中的值选择记录，然后在表中显示结果。

　　超节点：当一个流程中，节点数量越来越多，之间的关系组合越来越复杂时，数据处理逻辑越来越难理解，流程的可读性急剧下降。这时候可以将多个节点组合在一起，变成一个超节点。超节点可以看成流程中的独立分层，类似于文件夹，将节点收纳在一起，使流程看起来更整洁。超节点是一个非常关键的技术点，它能够多层次嵌套，可以将数据处理相关的一系列节点组合成超节点，以便于理清数据处理的业务逻辑，增强流程的可读性，让数据分析的逻辑更清晰。

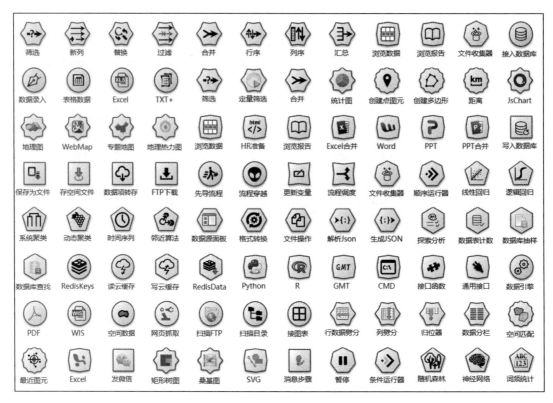

图 1.2 数据专家常用节点集合

Tip 1-4：掌控超节点

对于超节点的设置，其出口和入口必须是唯一的，也就是说当有多个节点指向某个节点时，或者某个节点指向多个节点时，不能从这个节点的多输入端或者多输出端组合形成超节点。另外，超节点除了支持组合也可以打散，完全由用户自己设置怎么操作。

2. 函数

函数作为数据专家的重要组成部分，它以节点为载体；如果说节点是数据专家的骨架，那么函数就是数据专家的血液，它可以实现数据源接入、数值计算、数据分析、清洗等多项任务；因此，选取适合函数，可以达到事半功倍的作用。目前，数据专家提供数值计算、比较、字符串运算等25类近600个函数。

3. 数据流

使用数据专家进行数据处理是采用一系列节点分析数据的过程，我们将这一过程称为数据流。也可以说数据专家是以数据流为驱动的工具，这一系列节点代表要对数据执行的操作，而节点之间的链接指示数据流动的方向（图 1.3）。通常，数据专家将数据以一条条记录的形式读入，然后对数据进行一系列操作，最后将其发送至某个地方（可以是算法或某种格式的数据输出）。

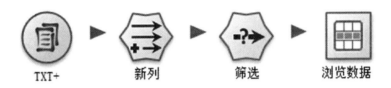

图 1.3　数据流的设计

4. 流程与工程

通过多个不同功能的节点组合，可以完成不同目的的数据处理任务。流程即是保存这些节点之间布局和属性信息的文件，通常以 DMS 为扩展名。流程中一段相邻的节点组合称为分支流程。节点布局和思维导图的布局很相近，它是一层一层的，类似于水流系统。前面节点的输出是后面节点的输入，这是一种串联递进关系。在这个水流系统中，在节点之间流动的是二维表格数据。节点的输入是一张或几张二维表，而输出是一张二维表。

当为完成某类任务需要编写一系列流程来处理数据时，为了更方便地组织这些流程，可以新建一项工程，通常以 DMJ 为扩展名，工程列表中可以将多个流程有效组织起来，更加高效地完成一类任务（图 1.4b）。

Tip 1-5：工程的发布

工程文件是一个索引文件，它仅存储了工程中所有流程文件的索引信息，在共享过程中需要复制相应的流程文件。

您可以通过工程打包的功能（右键菜单），把工程文件中涉及的流程文件收集在一起发给其他用户。

您也可以将工程发布到流程商店中与其他用户分享。发布过程中，数据专家将自动收集工程中涉及的所有流程及流程相关的所有数据。

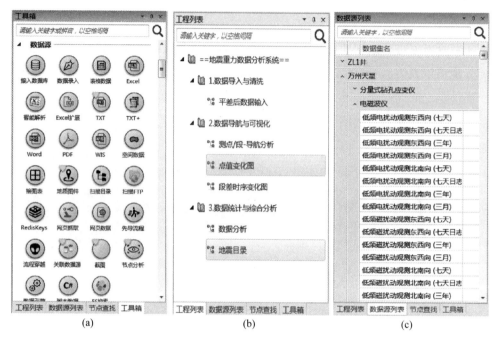

图 1.4　工具箱、工程列表和数据源列表面板样式

5. 数据源面板

在地震数据分析与研究过程中，通常会使用测震、形变、流体、电磁等多个专业数据，例如：在定点前兆数据分析时，需要从测项表中查找测项名称信息，从不同观测时间段的数据表中读取不同测项仪器观测记录，从台站信息表中读取台站资料。如何快速访问这些专业数据库呢？使用"数据源列表"面板功能，可将不同学科类别等多个数据库表通过 SQL 筛选合并后接入系统中，便于快速查找相关的数据表，建立数据分析流程，从而形成企业级的数据管理与应用效果（图 1.4c）。

数据源列表应用包括：数据访问流程、系统设置、数据源列表数据加载（自动）、流程创建四个步骤，实际上数据源列表的设计也就是基于流程基础上扩展而来，数据源列表中的信息和内容都可以在自己的流程中进行设计，实现自定义的数据源分类和信息统计。基于流程的设计还有一个好处，即支持数据源信息缓存，可以在数据源 DMS 中对输出结果的前节点设定数据缓冲，从而提高数据源列表面板的加载速度。

节点和函数是数据专家的基本元素，函数以节点为载体，扩展节点功能。节点是构成数据流程的基本单元，节点扩展性与可自由组合的特性使得流程具有很强的适应性，使得数据专家犹如百变金刚，适用于各种数据处理的场景。超级节点的意义在于增强流程的可读性，提升流程的运维效率。数据源列表旨在为企业级应用提供快捷的应用环境。

1.1.2　开发工具的获取

数据专家作为地震大数据分析和业务流程的编辑工具，可以在 Windows 系统中安装。最新的安装包下载地址和文档说明，可以从以下网址获取：datist.readthedocs.io。该软件基于 C# 语言开发，需要 .net Framework 4.6.2 以上的环境。软件下载后解压安装到合适的路径，首次运行需要注册，凡在"地震科研助手"企业微信号中的用户，都可以通过扫描二维码自动获取授权文件（图 1.5）。

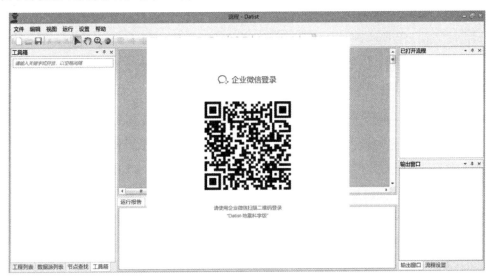

图 1.5　数据专家地震科学版用户扫码注册页面

如果计算机运行环境不允许上网，建议先接入一次 Internet 获取授权文件，注册成功后再脱离网络环境使用。该软件安装后，无系统路径依赖和冗余注册信息，完全绿色，可以同时安装多个版本，安装后修改路径也可使用。

Tip 1-6：使用该工具需要哪些基础

数据专家以追求简化用户操作为目标，然而实战中，数据处理复杂度远超我们的想象。业务处理越复杂，其相应的数据流程就越复杂，所以我们希望用户具备两个方面的基础知识：

（1）C 语言，包括数据类型、条件语句和循环语句等基础知识。

（2）数据库 SQL 语句，SQL 是数据专家的基础，数据专家底层就是 SQL，了解 SQL 语言便于理解数据专家的运行方式。

语言相对比较抽象，但只需要掌握基本原理，利用数据专家就可以把很多事件都可视化了。每个节点，都能对应至 SQL 语句中；每个节点，都是在解决一个实际的问题；每个问题可能涉及一个或多个技术要点。把技术要点理清、剖析清楚，就能想明白流程如何编写。

1.1.3　认识开发工具

数据专家地震科学版是 2019 年推出的专为地震行业数据特点定制开发的业务流程建模软件。其研发的宗旨是"让数据流程化，使科研更智能"，核心思想是让业务人员能够进行软件的开发，用它去解决实际问题，提高地震分析人员的工作效率，加快业务需求变更后的响应能力。

在地震监测预报领域，经常需要与各种数据打交道，要开发一个专业软件系统，必不可少要面对不同的数据库、不同的数据格式、各种软件接口。有统计表明，一个科研软件系统中最核心的算法代码量仅占 5%。其余部分包括数据加载、清洗、变换、报告编制等工作，这些工作是软件系统工程中最基础的功能，程序开发中这部分的工作视为重复造轮子。数据专家的作用就是将系统建设过程聚焦在核心的 5% 算法上。这个 5% 是最难的，软件开发人员需要花很长时间去理解业务，然而这是业务人员最擅长的，这就是发挥关键少数的作用。也只有业务人员深入参与到系统开发过程之中，这样的软件系统才有生命力。

"契理契机"，上契诸佛之理，下契众生之机，我们既要准确地理解业务本身的原理，又要实实在在解决实际问题。数据专家通过可视化的方式把复杂的处理过程可视化，以便于用户进行开发与迭代；同时鼓励用户之间进行流程共享，相互学习，使数据处理思想与方法得以继承与创新。

1.1.4　节点分类

数据专家中，节点作为最基本的功能单元，对于高效地实现业务流程编制具有重要意义。根据运行过程中节点充当的角色将其划分成：数据源节点、中间处理节点、终端节点。

（1）**数据源节点**：位于工具箱的数据源栏中，是将外部数据引入到数据专家中，如：数据库节点、数据表格节点、智能解析节点等，它们是整个流程的入口。

（2）**中间处理节点**：位于行列计算、空间分析、高级计算等工具栏中，它们可实现数据的清洗、转换、筛选工作，如：新列、替换、过滤等节点。

（3）**终端节点**：主要位于经典算法、数据可视化、报告与软件接口、数据发布等工具栏中，它们多数为数据可视化节点，拥有自己独有的数据浏览器，如：报告浏览、地理图形、统计图等。

但随着文件收集器节点的出现，它可以收集终端节点的可视化成果，并将其再次引入到流程中进行流转，使得终端节点与中间处理节点的界线越来越模糊，使得用户不用严格区别节点的类型。在软件中，每个节点图标的多边形样式通常与节点充当的角色有关，而图标与节点功能相关。

在软件中节点工具箱（图 1.4a）中的分类是根据每个节点的功能特性进行区分的，工具箱选项卡中包含多个工具栏，每个工具栏中均包含一组不同数据分析阶段使用相关节点，如：

- **数据源**：将数据接入数据流中，是数据流程的起点，支持本地文件的快速访问，如 Excel、Word、PDF 等；支持常规关系型数据库接入，如 Oracle、MySQL、SQL Server、ODBC 等；支持百余种空间数据数据源，如 SHP、DWG、GML、GeoJSON 等；同时也支持大量的网络数据源，如 FTP、Elastic Search、网页抓取等；此外用户也可以通过微服务、脚本扩展节点接入数据源。

- **行列计算**：数据处理的基础，数据流即二维表，行列计算节点围绕着这个二维数据表的行与列开展了一系列的增加、删除、修改、查询、排序等处理过程，如选择、过滤、新列、合并和追加等。行列计算，也可以理解为是 SQL 语句对数据库的操作过程。

- **空间分析**：地学工作者空间分析是基础，数据专家具有强大的空间分析能力，支持点线面的创建与相互转换；支持数百种坐标系之间的相互转换；在分析应用方面，提供了缓冲区分析、最近图元、区块筛选、网格化等功能。

- **数据可视化**：图表是数据处理成果主要产出物，数据可视化可分为统计图表类、地图可视化类、三维空间可视化类等，如散点图、直方图、地理图、区域分析图、桑基图、词云图等。

- **制作报告**：汇聚报告是数据处理过程的最后一部分，将有形化的数据处理结果格式化生成特定报告，如 Excel 报表、Html 报告、PPT 报告、Word 报告等。

- **数据发布**：数据共享把数据处理结果分享给其他人，才是阶段工作的终点。这类节点用于数据的序列化、数据存储与压缩、在线发布等，如写入数据库、发微信、发

邮件等。

- **协作运行**：提供一组构建分支流程、多节点合作、多个分支流程协作、多个流程控制相关的流程调度工具，如更新变量、流程调试、文件收集器、顺序运行器等。
- **经典算法**：调用 R 环境，提供一组基础数字建模算法，如神经网络、决策树、聚类算法和回归等。
- **格式转换**：一组文件级操作节点，如文件格式变换、文件操作等。
- **数据库与数据质量**：一组面向数据治理的节点，提供数据库级的数据分析、比对、规则校验的工具，以便提高数据质量，如数据表计数、数据库抽样、字段名匹配等。
- **脚本工具**：提供脚本语言的接口，扩展系统功能，如 Python、R、GMT、BAS、SSH、微服务等。
- **扩展工具**：用户按照一定的规范，编制、发布节点，扩展系统功能；扩展工具栏提供一个呈列区，枚举出了所有的自定义节点。
- **场景设计**：提供一套矢量化的图标，用于装饰流程场景，表达流程的用途。

Tip 1-7：巧用工具箱中的收藏夹，保存常用节点组合片段

　　当编写自己的算法并希望将其放置于节点面板中，便于在后续的工作中使用，收藏夹的功能可以助您一臂之力。收藏夹允许用户将一个或多个节点作为收藏节点存放在工具箱的收藏夹中。使用过程中收藏节点与普通节点相同，您可以将其拖拽到流程编辑区中，系统将为您自动创建相应的节点。具体操作过程可以参考流程商店"入门新版本功能之收藏夹"。

1.2　跑在管道里的数据

　　小 G 工作一段时间后，发现从事地震科学研究需要收集和获取数据，但数据不会自行转换为适合分析的形式。面对各种来源的数据处理问题，每天没日没夜地编程序，常常是程序这边编好了，那边格式又变了。

　　在应用不同的模型和方法进行数据分析之前，数据要经历一系列处理过程：先进行数据获取，再将数据汇集，然后经过数据清洗或加工，通过模型和方法进行处理，使数据转换为有价值的信息，再通过各种可视化的表达方法，最终以分析结果的形式提交给需要使用的业务场景。以上这些过程，共同组成了数据分析管道，如图 1.6 所示。

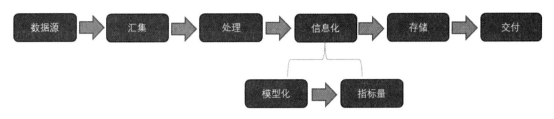

图 1.6　数据分析过程示意图

1.2.1　软件的工作原理

一个业务流程，可以看作是一种数据流，具体指一组有顺序的、有起点和终点的流程节点的集合。在数据专家中，数据流可以形象地被理解为"水流""电流"等，数据流通过节点连接数据源（起点）生成，沿"箭头"指向流动，经过一个节点处理后流向另一个节点（顺序），最终以我们想要的形式呈现出来（终点）。"节点"这一概念被应用于许多领域。节点，通常来说是指局部的膨胀（像一个个绳结一样），亦可以是一个交会点。节点在数据专家中是指"数据流"的一个交会点，是连接、处理及呈现数据流的工具。数据在节点之间流转的基础就是二维表，类似 Python 里面的 Data frame 数据结构。

Tip 1-8：打开节点编辑器时假死怎么办

节点编辑器打开过程中，需要从数据源中获取字段名、数据类型等基本信息。然而受网络环境的影响，数据库节点不能正常访问时，系统不能够正常地从数据源中获取相关信息，因此在不断进行连接尝试过程中，会导致系统处于暂时的卡顿状态。

这种情况下，请检查计算机的网络连接状态，保证网络的通畅；或者断开数据源节点，再使用节点编辑器。

1.2.2　软件版本与基本操作

数据专家软件分为桌面版和服务版两个版本，桌面版本如图 1.1 所示，在流程编辑区内提供了用户交互式流程编辑界面，通过拖拽可以将左侧工具箱内的目标节点添加到编辑区，通过关系组合和参数设计来完成流程编写。数据专家中最常见的鼠标用法如下：

单击：使用右键选择菜单选项，打开右键菜单；左键框选拖动节点。

双击：在工具箱中，双击节点可将节点置于流程编辑区；在流程编辑区，双击节点图标打开节点的编辑器。

中键: 在节点上,按住中键并滑动鼠标至其他节点上松开,以建立节点之间的连接关系。如果没有三键鼠标,可通过按"Ctrl + 左键"来链接两个节点。

服务版没有用户界面,主要作用是执行编写好的流程文件。服务版支持 .net Core 3.0 框架,跨平台运行。根据用户需要可以部署至 Docker 容器中,通过诸如 Kubernetes 之类的分布式容器编排系统,完成自动化的负载均衡和弹性部署。基于数据专家的流程编写和系统优化集成,可以满足个人单机数据分析、服务端处理、移动端推送和云端分布式管理等各种方式的系统部署与自动化运维。

1.2.3 软件中的黑魔法

小 G 通过一段时间的了解,发现数据专家与其他大数据分析软件有很大的不同。小 G 认为如果单纯从数据处理角度看,数据专家的节点式处理并不占太多优势,或许直接用 Matlab 甚至 Excel 表格计算会更方便。但其强大的内容聚合能力确实是现有市面上的软件所不具备的,这也许是它的独门绝技吧。通过模板设计,数据专家可以灵活地以 HTML 格式来聚合各种数据流的最终成果,并以各具风格的报告形式呈现,而整个过程无需用户了解 HTML 语法格式及编写方法。在当今以内容和流量为王的时代,任何人都可以作为信息的加工者和内容的供应商。

对于地震行业的业务人员,传统的 IT 技术已经不再是制约其提高数据处理效率的瓶颈,只要了解业务需求,通过可视化的业务流程编辑,就可以轻松完成从数据下载、清洗、处理、可视化到成果的报告全套流程。最终还可以部署到云端,以定时运行、自动触发等多种方式提供服务。

1.3 你应该知道的事

数据专家地震科学版在数据专家原版基础上,支持更多的功能特性,包括:自定义的节点设计接口、扩展 Python 接口、地震共享平台、API 资源中心等等。在流程集成方面,提供点、线、面、体的企业级业务重构方法,通过顶层设计与基层创新相结合、示范先行与成熟推广相结合,是不断迭代更新的科研成果,旨在地震监测预报领域面向业务人员,营造一种开放、共享、协同的科研工作环境。对于节点学习、流程设计、编写和效率优化,小 G 经过自己的实践,认为读者应该了解的必要知识,需要在这里先交代给大家。

1.3.1　流程的协作与运行

在流程编辑区，单击鼠标右键可以打开流程属性，小 G 在这里先将比较重要的两个流程配置选项给大家说一下。

1. 流程变量

在实际应用过程中，常遇到数据流 A 的结果，作为数据流 B 的运行参数的情况。这时就需要用到流程变量，实现同一流程文件中多个数据流之间的流程协作。变量来源于数学，是计算机语言中能储存计算结果的代号。变量可以通过变量名访问。流程变量的使用，分为三大部分：定义变量、变量赋值、变量引用。

给定义的流程变量赋值，有两种方式，一是在 UI 界面上指定，二是"更新变量"节点指定，更新变量节点的功能是把流程运行的结果赋值给流程变量；如图 1.7 所示，给 Point 流程变量赋值。

流程变量定义方式为：流程编辑区空白处右键，选择流程属性，在编辑器中定义和赋值。窗口右键菜单中添加行，即定义一个新的流程变量。在流程属性窗口中定义，设定流程变量的名称、类型、UI 界面上控件显示等信息；如图 1.7 所示，定义了一个名为 Point 的 TEXT 型流程变量。

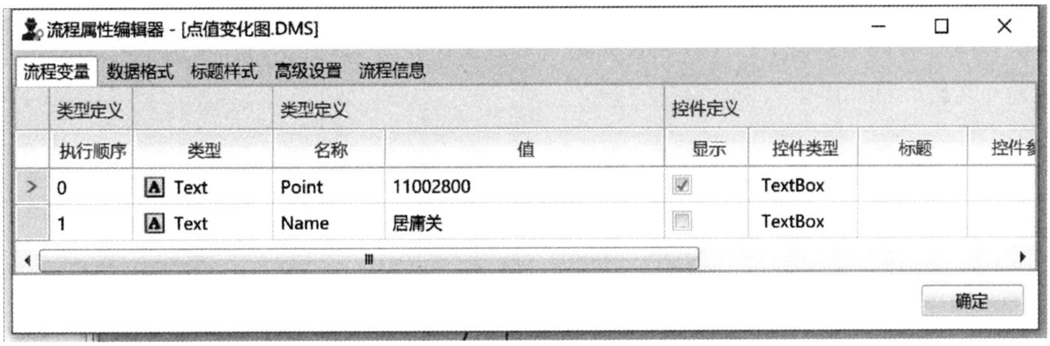

类型定义		类型定义			控件定义			
执行顺序	类型	名称	值		显示	控件类型	标题	控件参数
0	A Text	Point	11002800		☑	TextBox		
1	A Text	Name	居庸关		☐	TextBox		

图 1.7　流程变量的样式

在节点使用过程，流程变量的使用方式是"＄流程变量"。在每个节点的参数设置中，也可以通过 ＄ 符号来引用流程变量，如：点号 = = ＄Point，就表示判断"点号"这个字段的值是否等于流程变量 Point 中的值。另外，如果在界面中，哪个地方的参数配置中出现了 ＄ 标记，也就是说这个地方支持通过引用流程变量来赋值。通过流程变量还可以自定义参数界面，作为 API 设计时候的流程设置接口，等等。总之，流程变量的使用非常灵活。

Tip 1-9：遇到流程变量循环引用怎么处理

　　流程变量的使用顺序为：定义变量→变量赋值→变量引用，这是流程变量的全生命周期。若变量引用出现在变量赋值之前，则会出现"变量循环引用"的系统错误。所以应当先定义变量，接着对变量进行更新赋值，然后再调用变量值，切记顺序不能错乱。特别是流程中变量很多、引用复杂时，流程设计之初就应当更加注意，做好规避。

　　因此，当系统提示您变量循环引用时，请检查流程中流程变量的使用情况与赋值情况，清除流程变量的引用。

　　此外，在流程运行时，将自动创建流程变量与节点之间的对应关系（解析节点中的表达式，并建立起与流程变量之间的应用关系），然而这种确立关系是在运行时，明显滞后于节点编辑过程。若出现循环引用的提示，不妨在"流程属性"窗口中的"流程变量"栏，右键菜单中"清除节点调用关系"。再次运行时，系统将再次建立起节点与流程变量的关系。

2. 流程运行策略

　　在流程属性编辑器中，高级设置标签页可以设置如图1.8所示的三个选项。这三个选项对于流程调试和优化有非常重要的意义。

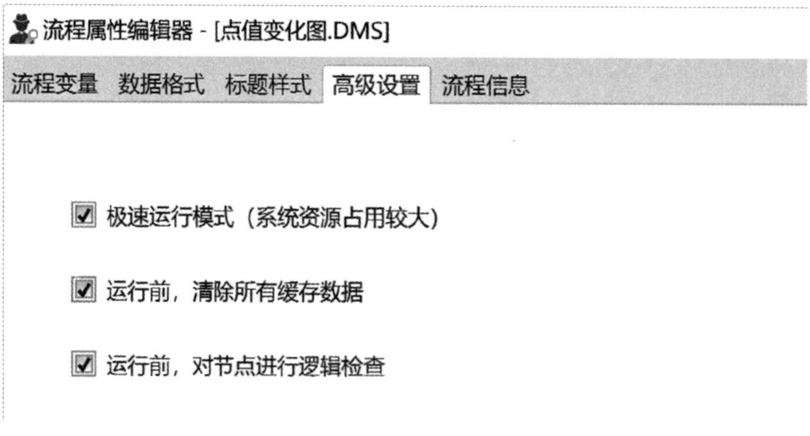

图 1.8　流程属性高级设置界面

　　第一项：极速运行模式，是采用完全在内存中进行节点间数据流转的方式，若节点之间的数据交换多，流程较大时，可以通过设置该选项提高运行效率。小 G 通过测试对比，发现有些流程的运行效率可以提高 1 个量级，但需要占用较多的内存。

第二项：运行前，清除所有缓存数据。数据专家为了加速流程运行，支持在每个节点上启用缓存（在节点的鼠标右键中，可开启或关闭节点缓存）。

数据专家中的流程运行过程中，是从终端向前递退运行的过程，后续节点的运行依赖其前节点的运行结果，犹如一个全自动的生产线，将数据一步步处理成目标产品。缓存，是将节点的运行结果缓存到磁盘上，再次运行该节点时，节点及其前节点不再运行，而是直接访问该节点的结果，从而大幅度提高流程的运行效率。

当某个节点的运行参数发生了变化，系统将自动清除该节点及其后续节点的缓存数据，再次运行时重新建立缓存数据。

缓存固然可以提高流程的运行速度，然而当流程的数据源发生变化时，如数据库中增加了数据、数据源目录中增加了文件，数据流程感知不到这种数据源变化，使得系统的运行结果达不到预期。此时，可以通过清除数据源节点的缓存数据，重新运行即可获得预期的结果。或是勾选运行前，清除所有缓存数据，让本地的缓存数据不起作用，从而获取全新的数据运行结果。

第三项：运行前，对节点进行逻辑检查。每个节点的运行都或多或少地需要一些必要信息，如筛选节点的筛选条件表达式，当节点的这些必要信息缺失时，节点将不能正确运行。因此，一个流程运行前，软件将对此次运行涉及到的每个节点间进行逻辑检查，判断这些节点是否具备运行的最基本的条件。然而逻辑检查过程极为耗时，尤其在依赖外部数据源时，由于受网络环境的影响，检查的消耗时长往往是不可控的。若每一次运行都进行节点的逻辑检查，对于时效性要求比较高的流程而言，特别是在用户对服务端运行的流程已经做过逻辑检查的情况下，对节点进行逻辑检查反而是一种时间与资源的极大浪费。因此，可以通过该设置，修改流程运行策略，提高流程调试的效率。

Tip 1-10：内存爆了怎么办

系统中多数节点的分析、运算是基于内存的，运行过程需要消耗大量的内存，在极端情况下，会导致内存过载，甚至系统崩溃。出现这种情况，一方面我们需要减少流程中处理的数据量；另一方面可以增加软件可用的内存容量。具体操作方式为：

（1）设置菜单下，打开系统设置窗口。

（2）找到缓存设置栏，在最大内存占用中调节允许的最大内存容量值。

3. 软件的环境配置

在地震科学版里面，数据专家软件支持 Python 与 R 语言的扩展，以及支持 Jupyter 的编辑器来进行代码编辑与调试。通过"设置"菜单下的"系统设置"，可以找到如图 1.9 所示的环境配置选项。在 Datist 安装目录下，一般可以选择安装两个语言环境，或者指定本地已经安装和配置好的两个环境。

图 1.9　数据专家集成的第三方软件环境

对于 Python 环境，也可以支持虚拟环境设置，通过这个设置可以在多个虚拟环境中进行切换。这对于通过自定义节点扩展该软件的功能十分有用。不同版本的 Datist 集成了经过优选的不同 Python 包，诸如 Obspy、Geoist 等专业的工具包。另外，通过运行 Jupyter 编辑器，用户可以在交互式的环境下对 Python 代码进行调试，再将调试好的代码再进行集成。

Tip 1-11：关于 Python 的路径使用的优先级

（1）在节点中，通过 #Path 设置要调用的 Python 路径。

（2）在系统设置下，扩展配置项中设置软件默认的 Python 路径。

（3）若前面两条均未设置，则软件默认使用 BIN 同级目录下的 Python-3.*.*\
python.exe 路径。

1.3.2　企业级的流程组织

流程制作看似很简单，但想要把流程做好了可并不容易。流程制作是一个系统工作，需要前期的设计与布局、制作过程中的统筹考虑、后期的优化与调整。

对于复杂的数据处理过程，流程编写之前，规划编写步骤显得非常重要。因具体处理问题不同，其涉及的节点组合也有很大的差异，但流程制作过程可遵循一般的方法论与步骤。跨行业数据挖掘标准流程（CRISP-DM：cross-industry standard process for data mining）就是一个很好的方法论，该模型为知识发现（KDD：Knowledge Discovery in Database）工程提供了一个完整的过程描述，于 1999 年由欧盟机构联合起草，该模型将 KDD 分为六个阶段，包括：业务理解、数据理解、数据准备、建模、评估、部署。

1. 业务理解（business understanding）

在这第一个阶段，我们必须深入了解业务的要求和最终目的是什么，并将这些目的与数据流程的制作以及运行结果结合起来。

主要工作包括：确定业务目标，发现影响结果的重要因素，从业务角度描绘客户的首要目标，评估形势，查找所有的资源、局限、设想以及在确定数据分析目标和项目方案时考虑到的各种其他的因素，包括风险和意外、相关术语、成本和收益等等，接下来确定数据挖掘的目标，制定项目计划。

2. 数据理解（data understanding）

数据理解阶段开始于数据的收集工作。接下来就是熟悉数据的工作，具体如：检测数据的量，对数据有初步的理解，探测数据中比较有趣的数据子集，进而形成对潜在信息的假设。收集原始数据，对数据进行装载，描绘数据，并且探索数据特征，进行简单的特征统计，检验数据的质量，包括数据的完整性和正确性、缺失值的填补等。

3. 数据准备（data preparation）

数据准备阶段涵盖了从原始粗糙数据中构建最终数据集（将作为建模工具的分析对象）的全部工作。数据准备工作有可能被实施多次，而且其实施顺序并不是预先规定好的。这一阶段的任务主要包括：制表、记录、数据变量的选择和转换，以及为适应建模工具而进行的数据清理等等。

根据与挖掘目标的相关性，数据质量以及技术限制，选择作为分析使用的数据，并进一步对数据进行清理转换，构造衍生变量，整合数据，并根据工具的要求，格式化数据。

4. 建模（modeling）

在这一阶段，各种各样的建模方法将被加以选择和使用，通过建造、评估模型，其参数将被校准为最为理想的值。比较典型的是，对于同一个数据挖掘的问题类型，可以有多种方法选择使用。如果有多重技术要使用，那么在这一任务中，对于每一个要使用的技术要分别对待。一些建模方法对数据的形式有具体的要求，因此，在这一阶段，重新回到数据准备阶段执行某些任务有时是非常必要的。

5. 评估（evaluation）

从数据分析的角度考虑，在这一阶段中，已经建立了一个或多个高质量的模型。但在进行最终的模型部署之前，更加彻底地评估模型，回顾在构建模型过程中所执行的每一个步骤，是非常重要的，这样可以确保这些模型是否达到了企业的目标。一个关键的评价指标就是，是否仍然有一些重要的企业问题还没有被充分地加以注意和考虑。在这一阶段结束之时，有关数据挖掘结果的使用应达成一致的决定。

6. 部署（deployment）

部署，即将其发现的结果以及过程组织成为可读文本形式。模型的创建并不是项目的最终目的。尽管建模是为了增加更多有关于数据的信息，但这些信息仍然需要以一种客户能够使用的方式被组织和呈现。这经常涉及到一个组织在处理某些决策过程中，如在决定有关网页的实施人员或者营销数据库的重复得分时，拥有一个"活"的模型。

根据需求的不同，部署阶段可以是仅仅像写一份报告那样简单，也可以像在企业中进行可重复的数据挖掘程序那样复杂。在许多案例中，往往是客户而不是数据分析师来执行部署阶段。然而，尽管数据分析师不需要处理部署阶段的工作，对于客户而言，预先了解需要执行的活动，从而正确地使用已构建的模型是非常重要的。

在数据专家软件生态系统工具的使用过程中，一般而言，也可以将不同业务的数据处理过程归纳为以下几个步骤。

1. 业务问题的理解

了解所要解决问题的背景知识，收集必要的文档资料，如数据字典、关键指标等。把待解决的问题归结为数据处理的节点，抽象出数据流步骤。

2. 数据预处理

（1）数据字段名映射，将字段名重命名为具有实际意义的名称是非常必要的，在流程制作过程中，也尽可能地使用具有实际意义的名称作字段名，这会给数据分析与理解带来便捷。

（2）数据类型变换，把采集来的数据转换为合理的数据类型，通常是把字符型的字段转换为数值型，这会减少大量的数值计算过程的困扰。

（3）对异常的记录进行筛选，如去空值记录、极值记录。

（4）去掉一些无用的列，数据量越大，流程跑得就越慢，去掉一些无用的列有助于提升运行效率。

（5）数据分段，数据复杂的原因多种多样，对于数据进行适当的分类，对不同类型的数据分别进行处理，有利于厘清数据处理的逻辑，简化后续数据处理的复杂度。

（6）数据抽样，可以尝试对数据进行抽样，在最开始的数据流程创建过程中，不知道自己想要什么，数据基本特征是什么，最终要输出什么，有什么细节问题需要处理，无数次的执行与预览是相当耗时的，比如 1000 万的数据或是 1 个亿数据，查询一次都需要花费很长的时间。数据抽样在少量的样本数据中制作流程，做试验，再用大数据量数据跑流程，有助于提高流程制编写的效率。

3. 数据建模

选择合适的方法建模进行数据分析与可视化。使用经典算法、空间分析、数据可视化、软件接口等节点进行数据分析，使用微信、邮件等节点发布数据。数据建模，听起来是一个极为高端的词汇，总有一种拒人千里之外的感觉，在实际的流程制作过程中，可以理解为是一个核心的数据处理节点或是几个数据处理的步骤。

4. 流程优化

优化数据处理过程增强流程的可读性，提升流程的运行效率。流程优化是一个思路重构、总结提升的过程，犹如程序代码的重构过程，有小修小补，也有如梦初醒、涅槃重生之势。优化过程，遵循"分而治之""化繁为简"的基本准则。

分而治之，体现在数据流程的功能上，整体可分为数据预处理和数据建模两大阶段。数据预处理过程，将杂乱的数据进行标准化、规范化，或是将它们规范为若干个类别。预处理结果的好坏对后续数据建模有决定性影响，好的预处理过程在后续的建模过程中将少走很多弯路。

分而治之，也体现在流程的可读性上，使用超节点对流程进行重组，将流程划分成若干可理解的单元。流程的可持续性演化，是流程生存的基础。流程制作之后，作者是第一个读者，唯有读得懂、愿去重读、改不坏，流程才有长久的生命力。

化繁为简，数据处理过程并没有一个标准答案，同一数据处理问题可能有多个解决方案，多个解决方案之间并没有对与错之分，有的只是繁与简。有一个令数据专家的研发人员比较惊奇的事，用户使用了 1.5 万的节点，构造一个数据处理流程，数据流程中使用了大量节点组合的复制，大量复制使得相似节点参数得以更新，工作量巨大。数据专家中提供了大量的解决方案以简化流程，如通过流程变量构造循环分支，解决大量的节点组合复制的问题。虽然简化过程相对烧脑，但值得花时间去掌握它们，如条件分支、循环分支、流程调度等。

5. 部署应用

将流程等部署到服务器上定时运行，或是嵌入到 BS 系统中在线应用。

在掌握业务流程设计与编写技术之后，要开发解决一个完整的业务系统，需要做的是如何将多个流程成果进行集成。图 1.10 是数据专家体系中的"点、线、面、体"方法论，从"技术—任务—系统—平台"的流程去理解业务和实现多个流程体系之间的系统集成。当然这些概念在这里泛泛地讲还是比较抽象的，之所以放在第 1 章来介绍，小 G 是想让用户事先有个认识，在后续学习过程中才能有的放矢，从整体上把握好学习节奏。

节点 ➡	流程 ➡	业务 ➡	协同
（点-技术）	（线-任务）	（面-系统）	（体-平台）
◆ 数据源	◆ 节点片段	◆ 先导流程	◆ 地震共享平台
◆ 行列计算	◆ 分支流程	◆ 流程穿越	✓ 流程
◆ 空间分析	✓ 流程调度	◆ 工程列表	✓ 工程组
◆ 数据库质控	✓ 关联数据源	◆ 数据源列表	✓ 扩展节点
◆ 经典算法	✓ 文件收集器		✓ 数据源
◆ 数据可视化	✓ 顺序运行器		◆ 数据钻取
◆ 协作运行	✓ 条件运行器		✓ 流程
◆ 脚本工具	◆ 流程变量与批处理		✓ 企业系统
◆ 自定义节点	✓ IF-THEN		◆ 内容整合
✓ R	✓ FOR-EACH		✓ FTP
✓ Python			✓ SSH
✓ EXE/DLL			✓ SCP

图 1.10　基于流程设计的业务系统集成原理

Tip 1-12: 场景设计图形有什么用

数据专家中提供一组场景设计图形，用于流程修饰，表达作者的想法，以便于用户之间的交流。

场景图形可分为两大类：

（1）形状可编辑类，如线条、多边形、星形等。用户可以修改图形上的锚点，编辑形状。

（2）形状不可编辑类，此类图形的形状是不可编辑的，如四叶草、数据库、心形等图形。

1.4　地震共享平台

小 G 在开始接触和学习数据专家流程编写的技术过程中，发现 Datist 是一个内秀又慢热的男孩，他不像传统的业务产品那么直白，能够立即解决实际的生产问题，他的工作方式是 DIY，您得把业务需求用流程表达出来交给他，让他成为您的专职秘书，给他安排的工作越多，他就越称职。为了克服数据专家过于害羞的性格，我们设计了多种学习途径。

1.4.1　节点学习案例

数据专家安装后，在本地安装目录下的 Examples 下面有非常丰富的流程案例，几乎每个常用节点都配有一个学习流程。鼠标移动到节点上面，可以弹出如图 1.11 所示的界面，点击"案例"的超链接可以打开一个示例流程。这些示例流程一般都配有说明和本地示例数据，通过这些示例流程，用户可以在几分钟内掌握一个节点的参数配置方式和设计原理。

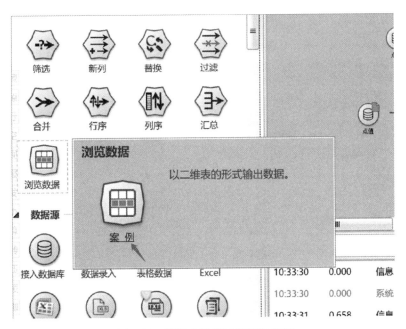

图 1.11　获取本地学习案例的链接

1.4.2　使用流程商店

除了单个节点的学习外，对于解决特定的业务，如何通过多个节点的功能组合来完成？这时候小 G 推荐使用"地震共享平台（Datist Store）"。在本地计算机已经连接到 Internet 情况下，可以通过"帮助"菜单打开"地震共享平台"，第一次登陆需要用户注册。对于地震行业的业务应用，地震会商技术系统列装组的专家们已经整理了大量的业务流程范例，并上传到该平台进行共享，如图 1.12 所示。用户可以通过筛选来选择不同学科、不同类别的流程或者工程等。同时，该平台还支持用户将自己开发的流程上传到这里，非常适合在多个终端进行流程编写，也可作为自己的一个网盘来使用。"地震共享平台（Datist Store）"的设计目的，一是可以把前人所遇到的问题及解决方案放在上面，给行业用户提供帮助；二是鼓励用户把自己独到的解决方案分享出来，让更多的人去了解、借鉴或是使用。

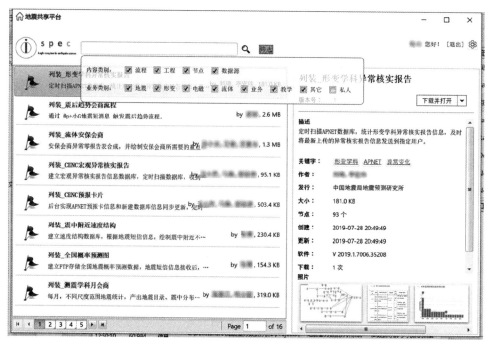

图 1.12　地震共享平台（Datist Store）界面样式

Tip 1-13：上传流程时需要打包哪些文件

　　数据专家向流程商店上传流程时，系统将自动收集流程运行中所需要的文件，并打包上传。用户无需关心哪些文件需要上传，仅需告诉系统是否收集上传流程运行所需的数据即可。

1.5　小结

在本章中，小 G 给大家介绍了"数据专家地震科学版"，这是一个伴随着他个人成长的软件，一款学习曲线很平缓的工具，上手很容易，不用经过专门的培训，就能完成业务数据处理与分析工作。通过这一章的介绍，读者已经对数据专家软件有了一个初步的了解，这时候可以在本地计算机上安装软件，并进行一定的尝试性学习。

流程即是实现一项服务的载体，在流程中解决数据获取、数据处理和数据展示三部分任务，最终通过诸如微信式的消息工具分享给指定用户。通过可视化的流程编辑器，业务人员设计与实现数据处理流程，完成流程功能的各种版本修订。

"专业人员干专业的事"。IT 人员专心维护系统功能，提升节点功能的专业性；业务人员最懂业务，潜心解决业务问题。如此相互独立，极大限度地降低了业务人员与 IT 人员之间的耦合度，减少了流程的维护成本。

随着企业级应用规模不断扩大，各个学科开发出来的一系列流程支撑起了企业级的数字化应用体系，规模效应逐渐彰显，为企业提供了更加便捷与智能化的服务。

Tip 1-14：如何获取数据专家的学习资源

数据专家的学习资源相对有限，您可以在流程商店、常用问题集、节点帮助流程、节点帮助中获取您需要的信息，同时也欢迎您在流程商店中分享自己的成果，供他人学习。

最直接且高效的方式是加入 QQ、微信群，与数据专家研发人员进行沟通，获取有效的建议与解决方案。

第 2 章　流程编写十七式

上一章，我们了解了数据专家系统的基本概念、运行机制。本章就由小 G 带领大家，通过一连串的"招式"，开启第一段数据分析与应用的探索之旅。

今天我们从大家都非常熟悉的居民身份证说起，作为一个中国公民，你了解身份证号码中都包含了哪些信息吗？从身份证号码中又能分析出哪些数据规律呢？小 G 机缘巧合接触到某网站的所有用户信息数据，用户信息存储在数据库的一张数据表中，包含用户名称、身份证号、电话号码等一系列的信息。下面就让小 G 带领大家，在不用编写一行代码的情况下，来提取和分析一下身份证数据库的内容吧！

2.1　流程基本操作

第一式：数据接入

从 Windows 文件夹把数据库文件"W2-new.db"拖入数据专家的流程编辑区，系统自动创建一个接入数据库节点（图 2.1）。

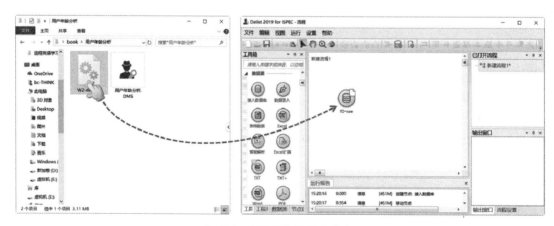

图 2.1　创建接入数据库节点

Tip 2-1：如何快速创建数据源节点

数据源有多种操作方式：

（1）创建数据源节点，修改节点参数（路径），完成数据源创建。

（2）把文件或文件夹从 Windows 窗口中拖到流程的编辑区，数据专家将自动创建支持数据文件相应的数据源节点。

（3）复制文件或文件夹，粘贴到流程编辑区内，操作结果与拖入方式相同。

第二式：属性编辑

双击节点，打开数据库节点属性编辑器，在表与视图页中，选取目标数据表"DB2w"，并单击"确定"按钮，完成接入数据库节点编辑工作（图 2.2）。

图 2.2　设置接入数据库节点

第三式：浏览数据

在节点的右键菜单中，单击浏览数据菜单，查看数据表的情况；数据浏览器的标题中显示，"DB2w"数据表中有超过 2 万条的数据记录。其中 CtfId 列为身份证号信息，很显然该列不完全是身份证号数据（图 2.3），如何筛选出正确的身份证信息呢？

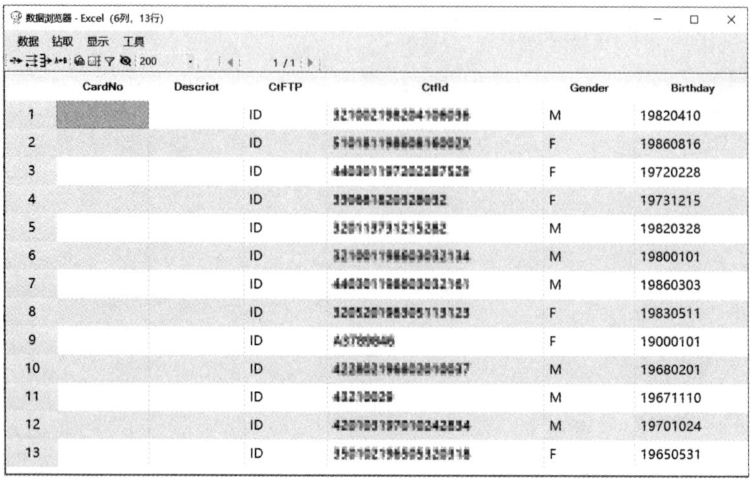

	CardNo	Descriot	CtFTP	CtfId	Gender	Birthday
1			ID	[illegible]	M	19820410
2			ID	[illegible]	F	19860816
3			ID	[illegible]	F	19720228
4			ID	[illegible]	F	19731215
5			ID	[illegible]	M	19820328
6			ID	[illegible]	M	19800101
7			ID	[illegible]	M	19860303
8			ID	[illegible]	F	19830511
9			ID	[illegible]	F	19000101
10			ID	[illegible]	M	19680201
11			ID	[illegible]	M	19671110
12			ID	[illegible]	M	19701024
13			ID	[illegible]	F	19650531

图 2.3　浏览接入的数据

Tip2-2：怎么以百分数的方式显示数值

百分号输出是一种输出格式，其数据类型仍然是实数。常见的输出格式还有货币符号、千分位等。

在数据专家中有两处可以定义输出格式：

（1）设置数据的默认显示样式，“流程属性”窗口中“数据格式”选项卡，定义流程数据浏览查看的样式。

（2）设置浏览数据节点的显示样式，在浏览数据节点的编辑器中，定义当前浏览数据节点输出格式，仅对浏览数据节点有效，可视为节点特殊显示样式。

第四式：增加节点

从左侧的工具箱中，将筛选节点拖入流程编辑区，创建筛选节点（图 2.4）。

第五式：建立数据链路

按住 Ctrl 键，随后用鼠标左键从接入数据库节点上拉一条数据链，将它和筛选节点连接起来（图 2.5）。

2.2　公式与函数

第六式：引入公式

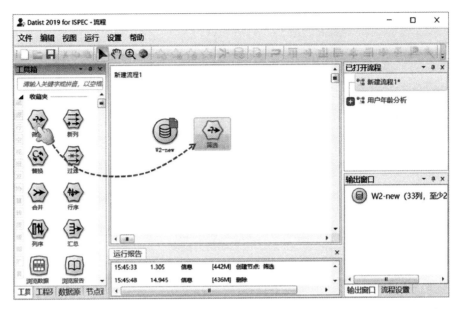

图 2.4 增加节点

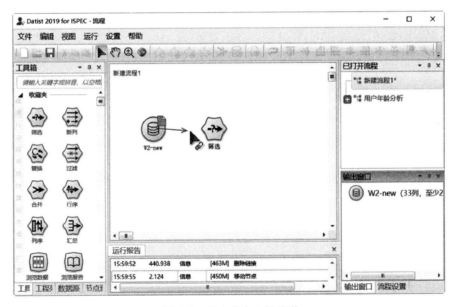

图 2.5 建立节点之间关联

　　双击筛选节点，打开节点属性编辑器，单击右侧的 E 按钮（Ⅰ），打开公式编辑器；在公式编辑器的函数筛选栏中，输入"isid"字符（Ⅱ）；双击函数栏 IsIdCard 函数（Ⅲ），将目标函数创建到公式编辑区；双击字段栏 CtfId 字段（Ⅳ），将目标字段置于公式中。单击确定按钮，完成身份证号判别计算公式编辑（图 2.6）。

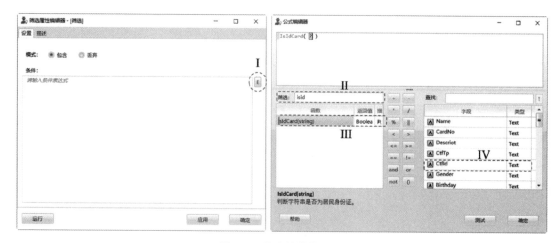

图 2.6　公式编辑器用法

Tip 2-3：如何使用公式编辑器编辑公式

　　公式编辑器左侧的筛选栏，查找到函数、字段，双击即可使其插入到公式编辑器里；特殊需要的数字、字符需要手动输入。

　　注：字符串格式的字段需要加英文单引号或双引号。

　　公式编辑器中有很多辅助录入的功能，能帮助您快速构造公式表达式，当您输入字母时，系统将会自动枚举包含这些字母的函数、字段信息，供您选取。

　　"."号可列举出所有的字段名称；

　　"$"号可枚举出所有的流程变量；

　　"@"号可列举出内置的正则表达式函数；

　　":"号可枚举出能够在 F 函数中使用的字符串格式。

　　可参考流程商店中"版本新特性之 2017.4 版"。

第七式：指定节点名称

　　在筛选节点编辑器的描述页签中，自定义名称中，输入"剔除"，指定筛选节点的名称，也就是对节点进行重命名（图 2.7）。

第八式：单步调试

　　在剔除节点的右键菜单中，单击数据浏览菜单项，查看数据筛选结果；此时数据记录数为 1.8 万条，筛选节点帮我们剔除了非法的身份证号的记录，获得了正确的身份证号数据（图 2.8）。如何获取身份证号中蕴含的信息呢？

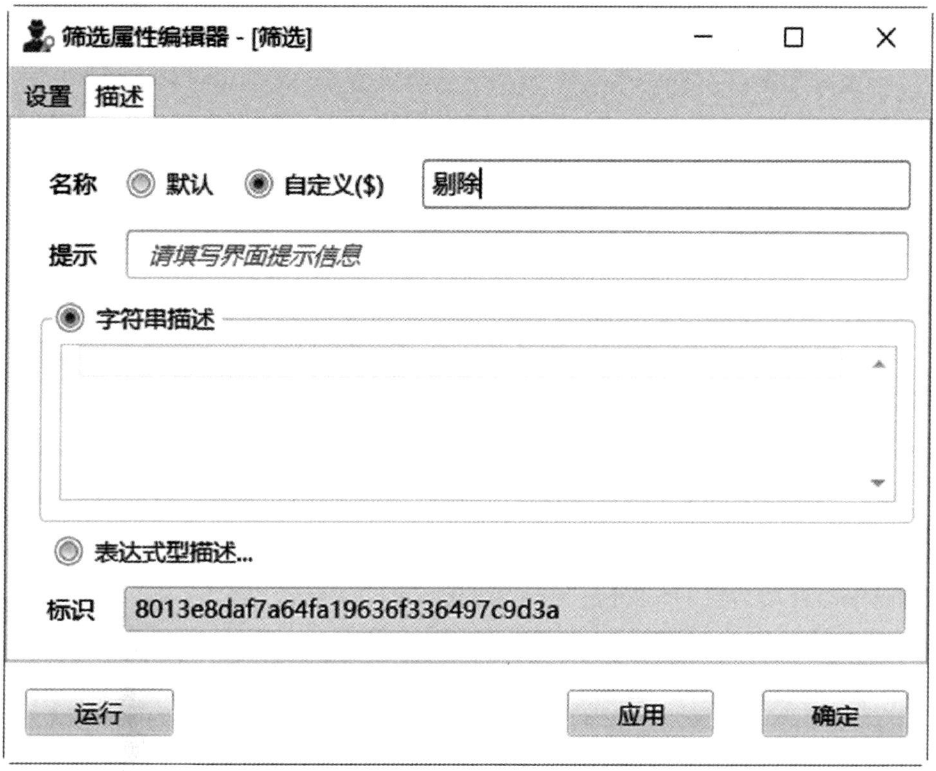

图 2.7　自定义节点名称

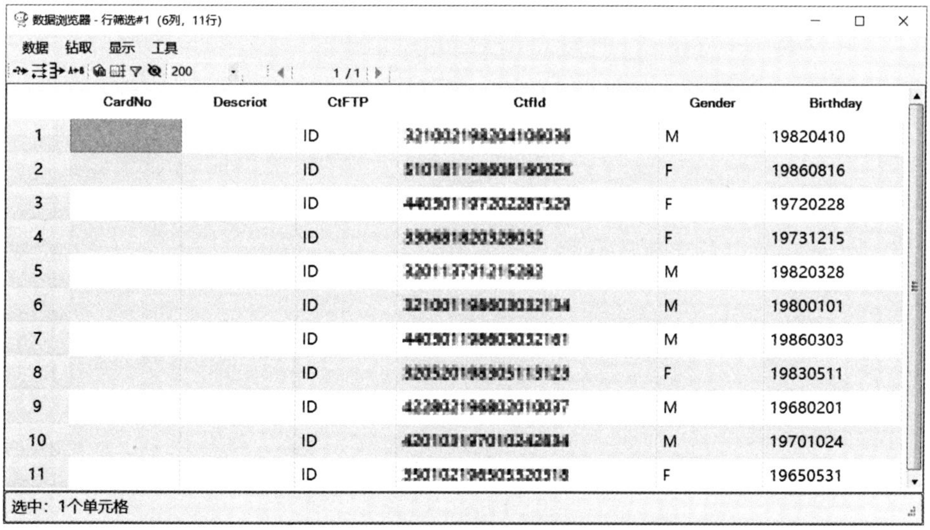

	CardNo	Descriot	CtFTP	CtfId	Gender	Birthday
1			ID	321002198204109036	M	19820410
2			ID	510101198508160032X	F	19860816
3			ID	440501197202287529	F	19720228
4			ID	330601820328032	F	19731215
5			ID	320113731215283	M	19820328
6			ID	321001198003032134	M	19800101
7			ID	440501198603052161	M	19860303
8			ID	320520198905113123	F	19830511
9			ID	422902196802010037	M	19680201
10			ID	420103197010242834	M	19701024
11			ID	350102196505520518	F	19650531

图 2.8　查看筛选效果

Tip 2-4：数值运算结果出不来是怎么回事

系统中的数字可以这样几种形式存在：字符串、整型、浮点型（实数，有小数的数），这三种类型是不通用的。因此，会出现'100'/10 为空的现象。

在数据预处理中，一个非常必要的工作就是数据类型变换（过滤节点）。

注：关于数据类型变换有一个简便的方法，在过滤节点编辑器中的右键菜单中使用识别数值字段功能，进行快速判别字段类型，减少人工修改的工作量。

第九式：神奇的函数

从工具箱中拖入新列节点到流程编辑区，并将其链到数据筛选节点之后；在新列节点的编辑器中，在字段名的文本框中输入"年龄"，为创建新列（字段）命名；将数据类型下拉框设置为 Integer（整型）；在公式表达式中，输入"GetAgeByIdCard(CtfId)"函数，根据身份证号获取年龄信息（图 2.9）。

图 2.9　应用函数获取年龄

Tip 2-5：数据专家中能用正则表达式么

　　数据专家中，提供了大量正则相关函数，如 IsMatch、MatchDate、ReplaceReg 等，正则表达式主要有三种用途：

（1）判断是否满足条件，返回布尔型，类似于字符串之间的包含关系。

（2）根据规则抽取特定的值。

（3）根据正则关系进行字符串的替换操作。

　　正则表达式功能强大，但很难驾驭。对于初学者而言，可不用去深究其语法，仅需要知道其用途即可。公式编辑器中已集成常用的正则表达式供您选择。若您想深度掌握正则表达式，网上有大量的相关资料可供参考学习。

　　由于正则表达式的运行速度相对较慢，在大数据量的字符串处理过程中不建议您使用，但您可以运用其他函数、节点来解决类似的问题。

第十式：多式连环

　　同理，可使用 GetSexByIdCard、GetAddressByIdCard 等相关函数，从身份证号中，获取性别、省份、地区、生日、星座等一系列的信息（图 2.10、图 2.11）。小 G 在想：这些用户数据有什么具体规律呢？

图 2.10　从身份证号中获取一系列信息流程

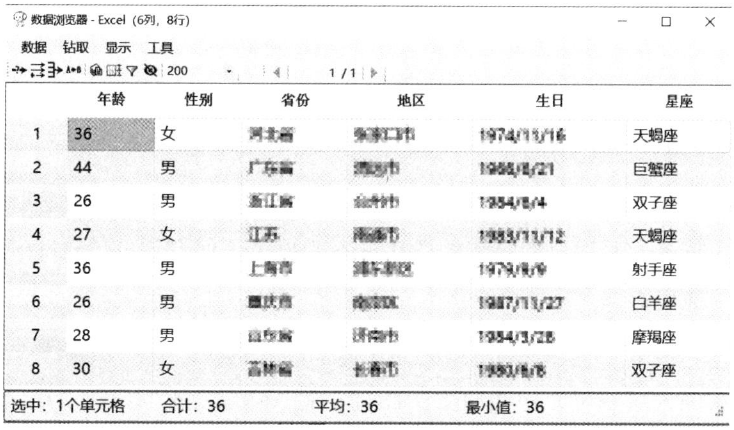

	年龄	性别	省份	地区	生日	星座
1	36	女	河北省	秦皇岛市	1974/11/16	天蝎座
2	44	男	广东省	深圳市	1968/8/21	巨蟹座
3	26	男	浙江省	台州市	1984/6/4	双子座
4	27	女	江苏	南通市	1983/11/12	天蝎座
5	36	女	上海市	浦东新区	1979/6/9	射手座
6	26	男	重庆市	南岸区	1987/11/27	白羊座
7	28	男	山东省	济南市	1984/1/28	摩羯座
8	30	女	吉林省	长春市	1980/6/8	双子座

图 2.11　流程完成效果展示

Tip 2-6：4043/7 为啥是 577.00 而不是 577.57

数据专家中整数之间相除默认为整除，您若想进行实数相除，请乘以 1.0 即可，如：4043*1.0/7。或把输入数据类型修改为实数，再进行相关的计算。

2.3 分析与信息聚合

第十一式：探索分析

如图 2.12 所示从工具箱的数据库与质量控制栏中，将探索分析节点接入流程；单击节点编辑器右侧的 F 按键，打开选取字段窗口，将性别、年龄、省份、星座等字段设置为统计字段；运行探索分析节点，系统自动探查数据统计分布规律，并呈现数据探索分析报告。

图 2.12　探索分析节点设置

数据分析报告如图 2.13 所示：

数据分析报告显示，网站用户年龄集中分布在 30 岁左右，且男女占比相差较大，上海、江苏的用户较多，而用户的星座数据几乎不能提供任何有用的信息。

第十二式：成果渲染

从工具箱中的数据可视化栏，将统计图节点接入流程，置于过滤节点之后。双击节点，打开统计图属性编辑器；单击直方图图标；将 Value 设置为年龄、GroupBy 设置为性别（图 2.14）。

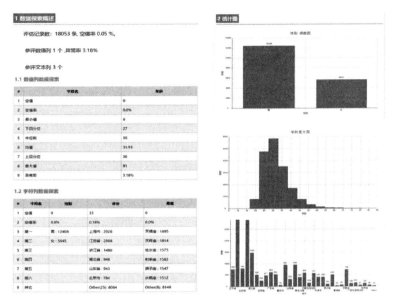

图 2.13　探索分析报告

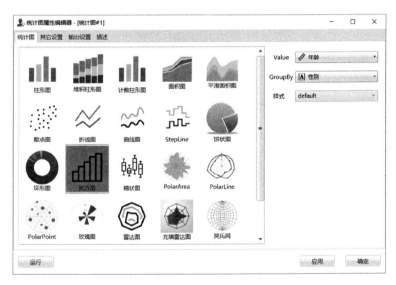

图 2.14　统计图节点设置

　　运行统计图节点，系统分别绘制出男、女用户的年龄直方图分布情况（图 2.15），可见男女用户的年龄分布相差不大。然而更加具体的年龄数值分布如何呢？

　　第十三式：定制汇总

　　将定制汇总节点接入数据流程中。在节点属性编辑器中，将性别字段添加到分类项中；在汇总项中，添加下分位、中位数、上分位、平均年龄等统计字段名，设置对应的字

段类型及统计函数表达式（图 2.16）。

图 2.17 统计结果表明，用户年龄数值分布上呈左偏趋势，女性用户年龄更为集中，男性较女性用户更为年轻。那么用户在地区分布上又有什么差异呢？

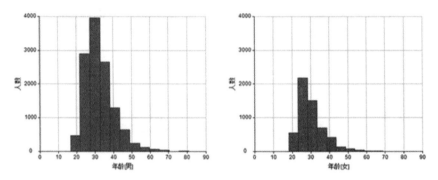

图 2.15　男、女年龄分布直方图

图 2.16　定制汇总节点设置

	性别	下分位	众数	平均年龄	中位数	上分位	峰度	偏度
1	女	26	28	27	29	33	4.69	1.7
2	男	27	28	22	31	37	2.72	1.33

图 2.17　定制汇总结果

跨行运算是上下两行之间的比较、运算，如求两条日志、输出的时间间隔，储层研究中的夹层计算问题等。跨行运算是一个相对棘手的问题，数据专家中提供值偏离、向上取值、记录分组等系列节点，以帮助您进行跨行计算。在实践中，您需要将某些跨行的数据处理问题转化为相对应的同行问题。

第十四式：完成汇总

将汇总节点接入数据流程中，并链到过滤节点之后。双击打开汇总节点属性编辑器。将省份字段添加到分类项中；同时勾选记数列，在记数列命名输入框中输入"人数"。完成按省份名称进行人数汇总的节点设置（图 2.18）。

图 2.18 汇总节点设置

字符串比较是数据分析中最常见的操作，在字符串的比较过程中，常因字符串内的空格、字母大小写、数据标点全角与半角的差异，使得字符串比较得不到想要的结果。在数据专家进行字符串的比较是区分大小写的，为了方便用户进行比较，数据专家中提供 trim、trimL、trimR、Lower、Upper、Proper 等函数。同时建议在字符串比较之前，先进行必要的预处理工作，如删除字符串中的空格、换行符、统一大小写等。

第十五式：空间分析

将区域分布节点链至汇总节点之后，在节点编辑器中；并将底图类型设置为中国，名称列设置为省份，数值列设置为人数；运行可以获得用户的省份空间分布规律。如图 2.19。

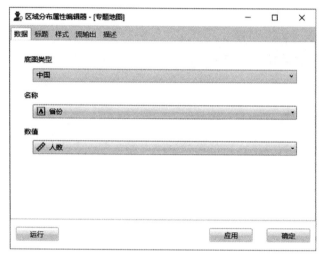

图 2.19 区域分布节点设置

从区域分布来看（图 2.20），用户集中分布在江苏、上海、浙江一带。

此时数据分析流程演化为图 2.21 所示，我们从流程中获得了网站用户分布的一些基本规律。小 G 希望把这些可视化的成果组织一份报告，共享给团队中的其他人，该怎么办呢？

Tip 2-9：如何把数据保存在流程中

常量数据、过程数据、示例数据可以借助表格节点直接储存在流程中。

（1）节点的右键菜单中，使用"创建示例数据源"功能生成节点的 100 行数据作为示例数据。

（2）在数据浏览器"数据"菜单下使用"生成＜表格数据＞节点"生成表格数据源节点。

（3）在流程编辑区，直接粘入从 Excel 复制的数据来创建表格数据源。

（4）当然您也可以直接创建表格数据源节点，在编辑器中直接录入您的数据。

值得注意的是，不建议将过多的数据存储在流程中，以免数据影响流程加载、编辑、运行的速度。

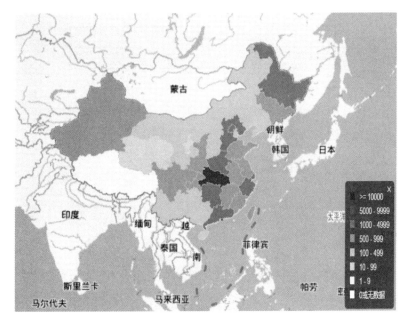

图 2.20　全国人数分布图

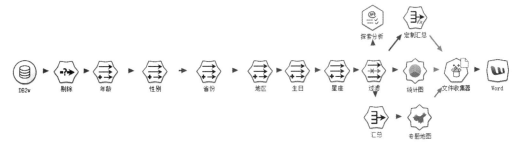

图 2.21　生成报告流程

第十六式：信息聚合

从工具箱中将文件收集器接入流程中，并将定制汇总、统计图、专题地图三个节点与其链接。文件收集器将这些节点的成果表格和图片进行收集。从工具箱的制作报告栏中，将 Word 节点接在文件收集器之后。运行 Word 节点，一份简单的用户报告就生成了（图 2.22）。

Tip 2-10：如何设置报告层级的样式

层级样式即报告标题的编号样式，可以在"流程属性"窗口的"标题样式"栏中选取系统预设的样式，或自定义样式。

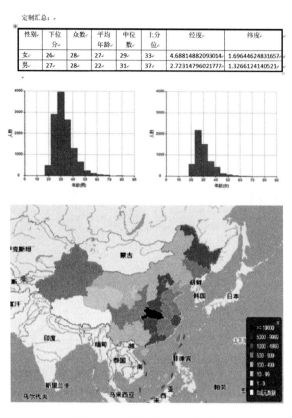

图 2.22　生成的 Word 报告

第十七式：一键发送

在 Word 报告节点之后，依次接上文件收集器节点和发邮件节点，流程如图 2.23 所示，节点设置如图 2.24 所示。

在发件箱中填写收件人、主题、内容以及附件信息；在邮箱设置中，填写发件人的邮箱、帐户及服务器的信息。运行发邮件节点，将用户分析报告分享给他人（图 2.25）。

至此，小 G 实现了一个完整数据分析过程，整个流程可以分为数据源接入、数据清理与转换、数据建模、组织报告和共享发布五个部分（图 2.26）。

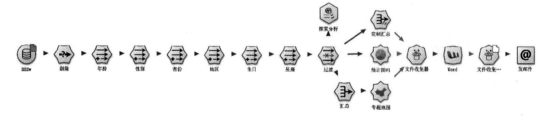

图 2.23　发邮件流程

图 2.24　发邮件节点设置

图 2.25　邮件发送结果

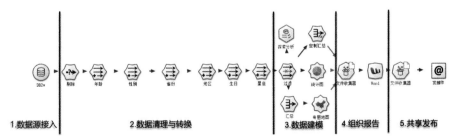

图 2.26　流程结构

（1）数据源接入：是数据分析的第一步，将数据库、数据文件等多种多样的数据接入数据分析流程。

（2）数据清理与转换：这是数据分析过程中最为关键的一步，是将数据规范化、模型化的过程。剔除数据集中的特例数据，以便数据更具一般性；划分数据类型，以便按类别进行数据分析；衍生出一系列的隐藏信息，为后续数据分析做准备。良好的数据清理与转换可大幅度减化后续数据分析过程。

（3）数据建模：使用数据挖掘算法、空间分析方法以及可视化等一系列的工具，把抽象的数据转换成读者可以直观看懂的形式。数据专家提供大量的图表分析工具。同时，数据专家是一个开放的平台，提供 Python、R、WebAPI 等一系列接入方式，便于用户快速集成自己的研究成果。

（4）组织报告：研究成果的有形化，Word 报告、PPT 文档、网站页面是科研成果的最终展现形式。数据专家提供 Word、Excel、PPT、HTML 等一系列的报告生成工具，将松散的图表汇总成一份完成报告。

（5）共享发布：研究成果的部署与发布过程是科研工作的最后一步，将研究报告通过 Email、FTP、短信、微信等形式发送读者，或保存到数据库中供他人使用。

这是一个数据分析过程的基本范式，描述了科研人员数据分析工作的基本场景。数据专家提供的是一个可编排、可视化、可调试的数据分析与应用环境，数据分析师可以基于图形化界面，通过拖拉拽、参数配置、逻辑规则定义等方式，完成数据分析工作，将开发效率提升数倍甚至数十倍以上。效率提升来源于这种低代码新型的应用数据分析方式。

数据专家所倡导的低代码开发是无需编码或少量代码的开发过程，允许用户使用易于理解的可视化工具来构建业务流程、逻辑和数据模型等，必要时借助少量代码来开发自己的应用程序，使业务人员能以更高效的开发方式和低廉的学习成本来满足大量的业务需求。

那么，低代码开发如何提高开发效率和降低成本呢？

效率方面，首先，通过图形化拖拉拽的方式替代原本编写代码的方式，能够减少大量工作量。第二，编写代码的方式往往会花很多时间在寻找代码 bug 和解决 bug 上，低代码因为很少需要直接写代码，因而有效地规避了代码本身的 bug 问题。第三，支持将开发完的应用一键部署到多种环境，包括 PC 客户端、web 端、移动端，以及 IOS、Android、H5、小程序等。第四，通过云化的开发全流程协同、版本管理，可以搭建企业级应用系统。

价值体现方面，软件应用开发的成本主要是人力成本，低代码开发模式降低了对开发者的门槛，很多开发工作不需要专业的 IT 人员来做，仅靠企业里的业务人员就能独立完成，从而大幅度降低企业投入。

2.4　小结

传统的开发模式有以下三大瓶颈：难以满足个性化的需求；跨专业协作成本高，产品运营周期长；需求响应与产品迭代速度慢。低代码平台创建的应用程序可以随着需求的扩展，很轻松地进行定制和强化。如果用户有了新的需求，业务人员可以根据需求自行完成应用程序的修订，使流程快速迭代，适应新的业务需求。

低代码平台对于每一个用户都是敏捷模式，无论是否会编写程序，每一个人都可以成为创造者和分享者，创意的裂变无处不在。低代码开发平台的解决方案，无需编码或少量代码就可以快速生成应用程序，实现了软件开发时间快、质量高、成本低、灵活变的目的，给企业内业务人员赋能，让业务人员具备软件开发能力，大幅度降低了应用软件的开发人力成本，成倍缩短了产品迭代的周期。

第 3 章　　轻松访问数据库

上一章，我们了解了数据专家软件的基本操作流程。其中，谈到了从数据库获取身份证号码并进行分析的例子。我们知道数据库是生产和科研的最主要数据来源之一。多年来的信息化进程中，企业里积攒了大量的数据库系统，除了数据库系统本身的类型不同外，其用途也不尽相同，如：地震系统中除了标准的前兆学科数据库外，还有各种项目成果独立的数据库等。然而，在数据库访问过程中，除了要考虑不同数据库的驱动程序差别外，还有数据库本身的大量数据表，令人困惑的表名称，研究所需数据在哪些表里，都需要哪些字段，这些以字母表示的字段名又代表什么意义……

本章介绍数据专家中的数据源列表功能，它提供了一种数据快速接入的解决方案，下面就由小 G 带领我们去探索这一神奇的功能吧！

3.1　准备数据字典

小 G 有缘接触到了一个大型企业级 ORACLE 数据库，数据库中数据表名、字段名称均为英文字母表示，有的为业务的英文名称，有的则为汉语拼音。而在元数据表的备注栏中，存储了相应的中文名称。小 G 希望以备注中的中文信息为名称，并呈列在数据源列表中，以便快速创建数据访问流程。

3.1.1　获取数据库的表结构

小 G 新建了流程，并将其保存到 D 盘根目录下，命名为 db.DMS。然后，小 G 从工具箱中，拽入接入数据库节点，双击打开节点编辑器。

在连接页左侧的数据驱动列表中，选中了 Oracle_ServiceName，在右侧的数据库访问参数中，输入待访问数据库的 Data Source、User Id、Password 等信息；单击连接测试按钮，测试数据库访问参数是否能够正常使用。

在表与视图页中，将数据访问模式指定为表结构，意为访问指定数据库中的表结构元数据表。单击确定按钮，保存并关闭节点属性编辑器；此时接入数据库节点的名称自动命名为表结构（图 3.1）。

图 3.1　数据库接入节点设置

运行接入数据库节点，数据浏览器显示数据库中共有 4969 张数据表，每张表的数据描述信息有 57 个字段（不同的数据库类型，描述数据表的字段名称及数量不尽相同）；其中 Owner 为所属用户组，TABLE_NAME 为表名称，COMMENTS 为表名备注信息，通常为中文表名。如图 3.2 所示。

	OWNER	TABLE_NAME	COMMENTS
2793	PRODUCTION	DR_PL_BBS_ATTACHMENT	回答附件表
2794	PRODUCTION	DR_PL_BBS_QUESTIONS	提问内容表
2795	PRODUCTION	DR_PL_BBS_ANSWERS	回答内容表
2796	PRODUCTION	DR_SYS_FUNCTION_INFO	功能编码信息表
2797	PRODUCTION	DR_SYS_APPLICATION_INFO	申请单信息表
2798	PRODUCTION	DR_SYS_PUBLIC_FILE_INFO	公共文件信息
2799	PRODUCTION	DR_OPM_PLAN_ABAN_WELL	
2800	PRODUCTION	DR_OPM_TRANSFER_EFFECT_MONTHLY	注水井转采效果统计表
2801	PRODUCTION	DR_OPM_HIGH_PRESS_MONTHLY	高压欠注井统计表
2802	PRODUCTION	DR_OPM_LIQUID_INTEN_MONTHLY	
2803	PRODUCTION	DR_OPM_KEY_INDICATOR_MONTHLY	重点综合治理区块指标完成情况汇总表
2804	PRODUCTION	DR_LOG_CD_WELL_INFO_EDIT	井信息更改日志表

图 3.2　数据库中的表结构

3.1.2　获取数据库的字段列表

接着，小 G 复制了一个表结构节点，在节点编辑器的在表与视图页中，将数据访问模式指定为字段列表，意为访问指定数据库中的字段结构元数据表。单击确定按钮，保存并关闭节点属性编辑器；此时接入数据库节点的名称自动命名为字段结构。

运行结果表明，数据库中至少有 17 万个字段，每个字段都有 32 个数据描述项。其中 OWNER、TABLE_NAME 字段与上述表结构中的相同，意为字段的所属用户组及字段所属的表名。COLUMN_NAME 为字段名称，COMMENTS 为字段备注信息，通常为字段对应的中文名。如图 3.3 所示。

	OWNER	TABLE_NAME	COLUMN_NAME	COMMENTS
91	PRODUCTION	DR_PL_ENTITY_COMMENTS_DETAIL	COMMENT_ID	评价ID
92	PRODUCTION	DR_PL_ENTITY_COMMENTS_DETAIL	CONTENT	评价内容
93	PRODUCTION	DR_PL_ENTITY_COMMENTS_DETAIL	PUBLISHED_TIME	发布时间
94	PRODUCTION	DR_PL_ENTITY_COMMENTS_DETAIL	SEQUENCE	序号
95	PRODUCTION	DR_PL_ENTITY_COMMENTS_HEDAER	COMMENT_ID	评价ID
96	PRODUCTION	DR_PL_ENTITY_COMMENTS_HEDAER	USER_ID	用户ID
97	PRODUCTION	DR_PL_ENTITY_COMMENTS_HEDAER	TITLE	文件名
98	PRODUCTION	DR_PL_ENTITY_COMMENTS_HEDAER	CONTENT	评价内容
99	PRODUCTION	DR_PL_ENTITY_COMMENTS_HEDAER	PUBLISHED_TIME	发布时间
100	PRODUCTION	DR_PL_ENTITY_COMMENTS_HEDAER	MODULE_ID	模块ID
101	PRODUCTION	DR_PL_ENTITY_COMMENTS_HEDAER	TARGET_TYPE	对象类型
102	PRODUCTION	DR_PL_ENTITY_COMMENTS_HEDAER	TARGET_ID	目标ID
103	PRODUCTION	DR_PL_GAS_ORG_ZONE	CHILD_ZONE	子层位

图 3.3　数据库中的字段结构

3.1.3　设置数据源面板

从工具箱中拽入数据源面板节点，并与表结构节点、字段列表节点建立链接关系；双击打开节点属性编辑器。在设置页中（图 3.4a），将数据表组的数据源指定为表结构节点，一级分组指定为 OWNER 字段，数据表名为 TABLE_NAME，中文表名为 COMMENTS；将字段关系组的数据源指定为字段列表节点，数据表名为 TABLE_NAME，字段名称为 COLUMN_NAME，字段中文件为 COMMENTS。在目标库页中（图 3.4b），在曾用连接下拉框中，选中相应的数据库连接方式（系统自动记录曾经使用过的数据库连接字符串，以简化数据库访问），点击确定并关闭属性编辑器。

3.1.4　调整数据表的显示顺序

数据表的排列顺序会直接作用于数据源列表栏中数据表的显示顺序，因而可以通过调整数据流中的数据表的顺序，来对数据源列表栏中的数据表进行查找与应用。在数据源面板之

図 3.4　数据源面板属性编辑器

后接入行序节点，双击打开属性编缉器，单击右侧的 F 按钮，在弹出的选取字段窗口中，勾选一组分组，将该字段加到行序列表中，意在把流程中的数据表以指定的字段进行排序。如图 3.5 所示。

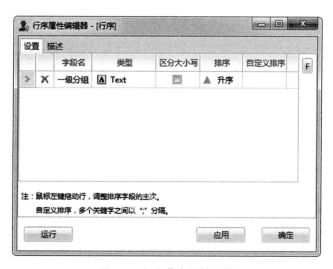

図 3.5　行序节点属性编辑

Tip 3-1：为什么数值字段不能正常排序呢

　　数据专家中严格区分数据类型，数值与数值字符串是两种不同的类型。若数值以字符串方式存储，排序节点默认以字符串方式进行排序。您可指定采用什么样的类型对字段进行排序，也可以在排序之前重新定义数据的类型。

3.1.5 指定默认输出

数据源列表在读取数据流中的数据时依赖其中的默认输出标识。默认输出是一个常用标记，起标记性作用，指示流程中的默认运行的节点。将浏览数据节点接入流程中，并在节点的右键菜单中，单击设为默认输出菜单项。如图 3.6。

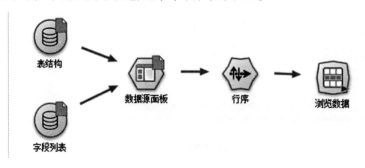

图 3.6　数据源列表数据准备流程

双击打开浏览数据节点编辑器，可以看出，数据源面板节点将数据库中对表、字段的描述信息，组成了连接字符串、一组分组、数据集名、SQL 语句、字段映射及字段顺序 6 个数据列。如图 3.7 所示。

图 3.7　查看数据流中的字段

小 G 通过上述 5 个步骤，完成了数据源列表的数据准备工作（图 3.8）。下面小 G 将带领大家一起进入数据源列表的世界。

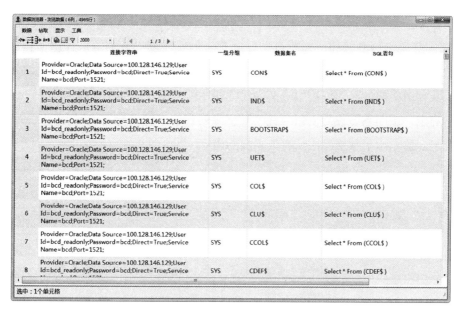

图 3.8　查看数据流中的数据

3.2　配置数据源列表参数

3.2.1　配置数据源列表

在数据源列表面板的右键菜单中，单击设置数据源菜单项（图 3.9）。开启系统设置对话框。

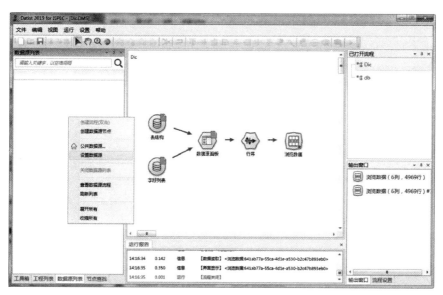

图 3.9　设置数据源

在数据源面板栏中，单击流程路径右侧的…按钮，在打开文件对话框中选中"D:\db.DMS"文件并单击打开按钮。系统自动匹配相应的字段列。数据源面板由面板显示、流程创建两部分组成。面板显示组定义数据源列表面板的显示方式，包括数据集名称、显示字段列以及分组字段。流程创建组定义创建流程所需的信息。如图3.10所示。

单击确定，关闭系统设置窗口。此时数据源列表中，将自动加载列表。以一级分组字段进行分组，显示出了数据库中所有数据集的内容（图3.11）。

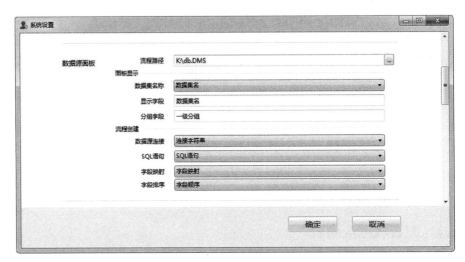

图 3.10 数据源面板设置

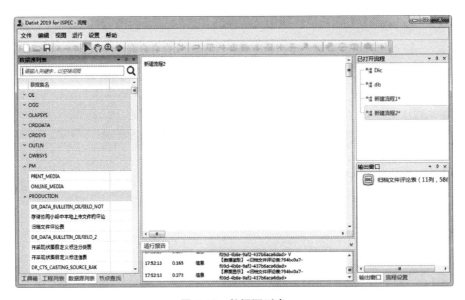

图 3.11 数据源列表

3.2.2　查找数据数表

小 G 在数据源列表顶部的搜索框中，输入"归档"，系统自动过滤出了包含归档关键字的数据集（图 3.12）。系统支持多个关键字搜索功能，多个关键字之间以空格分隔。

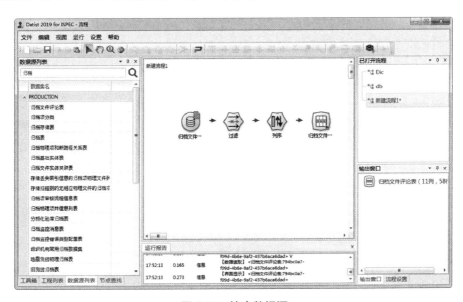

图 3.12　搜索数据源

3.3　创建数据访问流程

双击列表中的"归档文件评价表"，系统自动创建了一个访问"归档文件评价表"数据表的流程。流程由接入数据库、过滤、列序和数据浏览 4 个节点组成（图 3.12）。接入数据库节点，以面板中的数据源连接为连接参数、SQL 语句为 SQL 查询语句；过滤节点，自动将字段的名称映射成了对应的中文名称；列序节点则指定了数据输出列序（图 3.13）。

Tip 3-2：写入数据库节点编辑器显示不完整怎么办

数据专家中为保护数据的运行安全，对数据库的写入操作做了限制。对于企业用户而言，用户角色由数据库管理员给定，授权包括：只读、读写等多种授权方式。您若要获取更多的数据库操作授权，请与数据专家运维人员联系，更新授权文件即可。

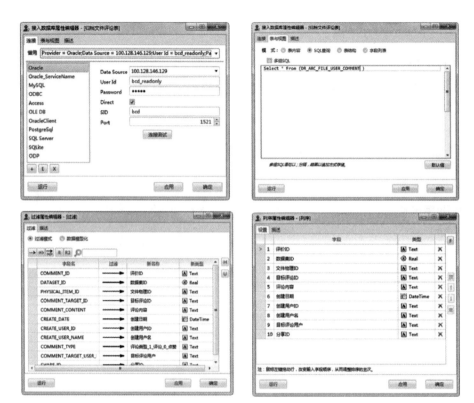

图 3.13　节点设置界面

运行浏览数据节点查看"归档文件评价表"流程的运行结果（图 3.14）。

评价ID	数据集ID	文件物理ID	目标评论ID	评论内容
15	CQfluT4A7t	60030005	dEwCe2YNKn	收到
16	CQ2c0pHS74	50820004	CQo5mNVxvszatQee	评论成功
17	CQqh8wfMhK	30590004	CQ0UGmeejNaqlKec	该井为三类井，请项目组加快步油。
18	CQApEkMxVJ	60030005	W79hXGKinA	该井电性特征显示较差，综合邻井分析为三类井
19	CQ6PD2klXK	30510005	CQFTY3rZy1OQBN6m	非常好
20	CQYVFFovU9	30590004	C9oINDiyV0	典型井有效厚度
21	CQINFHOVUn	30510007	CQ47wm0u11LZGyiS	典型井四性关系卡片
22	CQxKbASj1i	30510007	CQfRL5YogS7wsgLk	典型井四性关系卡片
23	CQj29nzrXh	30510005	CQNWFh2m5vF49XV7	致密砂岩，坚硬的磨刀石
24	CQGIQmHx63	30590004	CQfioiBFqLF4qRHx	典型井有效厚度
25	CQfHMuFqHT	50820004	CQo5mNVxvszatQee	test
26	CQNskXRpH4	50820004	CQo5mNVxvszatQee	评论
27	CQGjVcAaVC	50820002	CQFjoeus9q2AubaF	评论
28	CQWBnlfccQ	30590010	CQK7lBSpOrt3y5T7	该井是否为三类井
29	CQexOLAJ0Q	10300001	CQhZcR9JoUtpW2k8	典型井柱状图
30	CQVqzMDajO	10100002	CQTDTI9P9RHJIjLs	有效的刻画了长7烃源岩的平面展布，为部署提

图 3.14　流程运行结果

3.4 小结

　　数据专家是一个开放、可自我迭代的平台，数据源列表就是一个典型的系统扩展的案例。小 G 经过以上步骤，将企业级大型数据库接入到了数据源列表中，实现了数据库访问流程的快速创建。数据源列表的配置与应用，可分为准备数据字典、配置列表参数和创建数据访问流程三个阶段。

　　准备数据字典和配置列表参数是一个相辅相成的过程，由数据源面板节点创建的数据可以被列表参数配置自动识别。准备数据字典由两部分构成，一部分用于列表界面的显示，如数据集名称、显示字段、数据集分组字段等；另一部分是为列表创建流程提供必要的参数，数据库的连接字符串、数据表访问的 SQL、字段的映射关系等。

　　列表数据准备工作由数据流程来实现，该流程创建一个特定格式的数据表，一张包含数据库连接字符串、数据表名、数据库访问 SQL、数据映射关系等字段的二维数据表。此表中，每个字段的内容也需满足特定的结构，如连接字符串的写法遵循接入数据库节点的连接串规则；SQL 语句需满足对应数据库要求等。为此，数据专家中提供了表结构、字段结构访问以及数据源面板节点，便于用户快速、便捷地构建数据列表所需的数据源。当然，数据流程最终的输出是一个二维数据表，用户也可以不使用数据源面板节点来组织它。

　　正因为列表数据准备工作基于数据流程，这也为我们的数据准备工作提供了很大的发挥空间。小 G 的应用案例仅是从一个数据库中获取元数据，并将它扩展到了数据源列表中。在实际的生产过程中，数据库中的备注信息不一定完善，或许只能拿到是 Excel、Word 格式的数据字典文件。我们可以使用数据专家中的数据快速清洗功能，将这些数据字典文件或是多个数据库的描述信息，组装成满足于列表所需的二维数据表，将数据源列表扩展成企业级的多元数据访问入口。

数据库作为一种结构化数据源，表、字段和类型的定义都十分明确，不同的数据库系统通常也都提供了非常丰富的开发接口。但是，有时数据不仅仅存储在数据库中。今天小 G 又遇到了新的问题，要从各省地震局提交的大量 Excel 报表中提取数据，并进行统计分析。上一章学到的东西用不上了，本章我们就来说说怎么"对付"这些来自 Office 报表中的数据。

报表是科研生产中重要的组成部分，无论是从现场的数据采集、日常报表上报到科研人员的分析研究，都得以广泛使用。假设各省地震局要求下属地震台站将工作人员信息通过 Excel 报表形式进行上报，并将汇交上来的文件都拷贝给了小 G，小 G 就犯难了：天啊！这么多 Excel 文件，有些格式还非常不规范，怎么提取这些信息，并录入到数据库之中呢？

4.1 定义抽取字段

这次统计人员信息，需要对大量的 Excel 报表进行解析，抽取出人员各项信息，便于建立统一数据库，进行统计分析。经过观察，小 G 发现报表来源多个单位、部门，总体呈现出以下几个特点：①数据位置不定，同一数据项所处的位置不定；②表述多样性，同义数据项有多种不同的表述；③数据项包含信息量差异较大；④数据列的顺序不定；⑤表头的单元格数不定。

数据专家提供的智能解析技术，可快速地、批量地从任意复杂格式中抽取所需的数据，并组成结构化数据，以减少低效的数据整理工作量。小 G 便将利用这一智能解析功能，提取 Excel 表中的各项信息，完成此次任务。

对各省地震局上报上来的人员信息表，分别以省地震局和台站为单位，建立文件夹。如图 4.1。

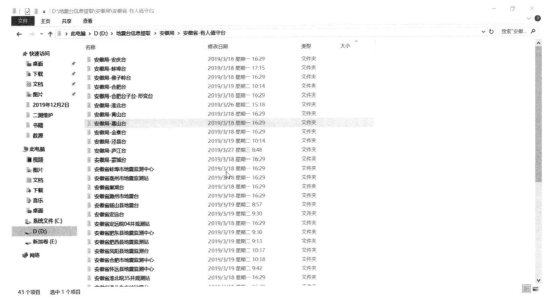

图 4.1　文件夹截图

Tip 4-1：数据太乱了怎么办

　　在实践中，常会把不同类别的数据存储在同一张数据表中，例如，运行日志信息，这就使得同一列中的不同数据项具有不同的物理意义，使得数据处理过程变得尤其复杂，感觉数据特别得乱。

　　数据具有实际的意义，它的每一个字段都有特定的含义，在数据分析之前要了解其存储方式，物理意义以及它们之间的相互关系。一个数据项不是孤立的存在，当你发现它自身无法处理的时候，不妨看看其他列有没有可以帮助的信息，以助您进行数据的处理。

文件准备好之后，开始个人信息表内容的提取。

4.1.1　数据读取模板设计器

从工具箱的数据源中，将智能解析节点拖入流程编辑区，双击开启智能解析节点编辑器。单击模板设计按钮，打开解析模板设计器，设计器由顶部的菜单栏、中间左侧的数据显示区、右侧的属性编辑区和底部的状态栏组成（图 4.2）。

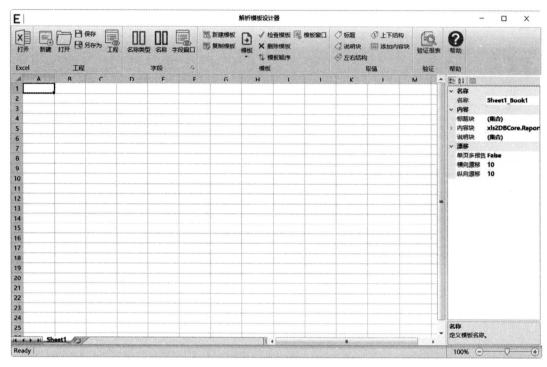

图 4.2　数据读取模板设计器界面

Tip 4-2：数据读取模板设计器的构成

菜单栏，提供解析模板设计器的功能入口，支持打开 Excel 文件、新建解析模板、新建字段、模板编辑、取值映射等模板。

数据显示区，用于显示 Excel 文件，可显示 MS 2003 和 MS 2007 以上等多个 Excel 版本的文件。

属性编辑区，提供模板工程、抽取字典、读取模板等组件的属性编辑功能。用户可在属性编辑器查看属性的说明信息、修改相关参数功能。

状态栏，提供当前编辑器的运行状态信息。

单击打开按钮，打开待解析的报表文件"台站人员信息 -XXX.xls"。在个人信息表中，蕴含大量信息；小 G 想从表单中提取姓名、性别、工作单位、出生日期、参加工作时间、固定电话、手机、电子邮箱、民族、籍贯、职称、职务、政治面貌、擅长的领域、工作岗位等信息（图 4.3）。如何告诉数据专家小 G 要提取的字段呢？

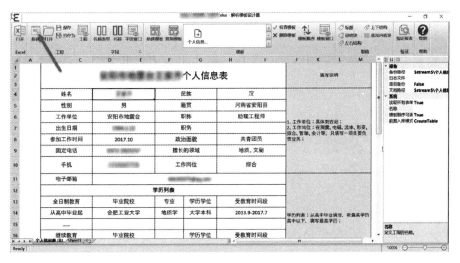

图 4.3　新建模板

Tip 4-3：数据读取模板工程窗口中的参数是什么意思

名称，定义工程的名称。

文档路径，定义文档的所在目录。

是否备份，是否备份未能匹配文档。

备份路径，定义未能匹配文档的备份目录。

日志文件，定义日志文件目录与名称。

读取所有表单，表单解析方式，true 为读取所有可匹配表单，false 为只读取一个可匹配表单。

模板顺序可调，有多个模板时，动态调整匹配顺序，以提升数据读取效率。

4.1.2　新建解析模板

在工程组中，单击新建按钮，新建数据解析模板。系统将自动加载字段、模板、取值等组件的菜单项。同时，属性编辑区切换至模板编辑窗口。

Tip 4-4：智能解析技术的几个术语

（1）抽取字段：定义了报表文档提取的数据列的名称及数据类型；抽取字段对应于动态解析的输出字段。

（2）解析模板：是数据解析的具体读取方案，由标题组、说明组和内容组三种取值方式构成；一个解析模板中可有多个读取模板，读取模板对应于某类具有相似结构的报表文件。

（3）标题块：可选项，不从报表取值，仅用于标记模板；报表文档中，特定的单元格的内容，满足标题组的表达式时，系统认为当前模板可用。

（4）说明块：可选，仅从报表表单中取一个值，由标记位、取值位两个部分构成；标记位用于定位，指示着取值字段标题所在的单元格位置；取值位指示取值单元格位置；在动态解析过程中，支持行列漂移技术，因此取值位是一个相对于标记位的位置。按照常见的标记位和取值位的相对关系，系统还提供了左右结构、上下结构两种说明组的快速定义功能。

（5）内容块：可选项，从报表表单中取多个数据，由标记位和取值位两个部分组成；与说明组不同的是内容级的取值位是一列数据，取值位的表达式中仅指定取值列号，而不指定单元格的行号，如 A。

4.1.3　定义抽取字段

在 Excel 表单中，选中特定的单元格，单击工具栏中"名称"按钮，创建数据抽取字段（图4.4）。

图4.4　单击名称按钮

在右侧的属性栏中，单击 Fields 栏，打开 TbField 集合编辑器，编辑需要从报表中提取的字段名称。在数据读取模板中，指定了需读取字段之后，如何将单元格的位置与它们建立关联呢？

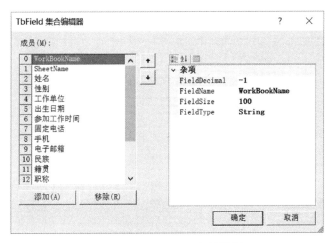

图 4.5　TbFields 集合编辑器

Tip 4-5：三种字段定义方式的差异

抽取字段，指定的数据解析模板的输出数据项的名称及数据类型。定义抽取字段，需要指定数据项目的名称、类型、数据长度以及精度。

抽取字段定义支持单元格、分类项和字段类型三种方式：

单元格方式，以单元格单位定义字符型字段；

分类项方式，将选择单元格，以列为单位组合成名称，定义字符型字段；

字段类型方式，通过指定抽取字段的名称及数据类型，要求单元格中的名称、类型为左右数据结构。数据类型支持 String、Double、Int、DateTime 和 Bool 五种。

字段定义后，可在 TbFields 集合编辑器中增加修改字段，或是字段编辑器进行批量的编辑修改。

4.2　定义取值映射

4.2.1　定义标题块

选中"个人信息表"单元格，单击标题按钮（图 4.6），建立报告标记位，用于在多个报表中区分特定的报表类型。

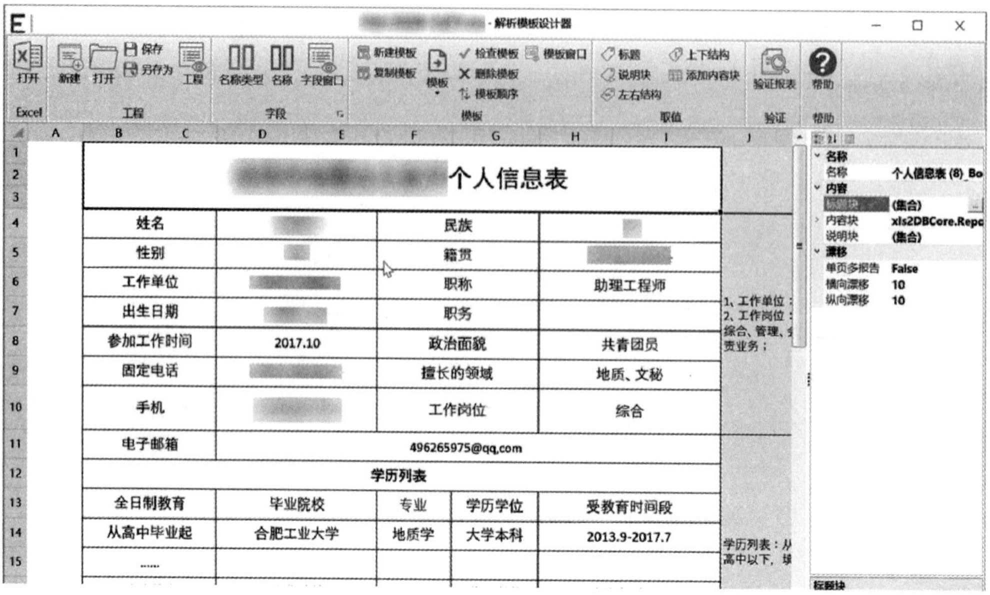

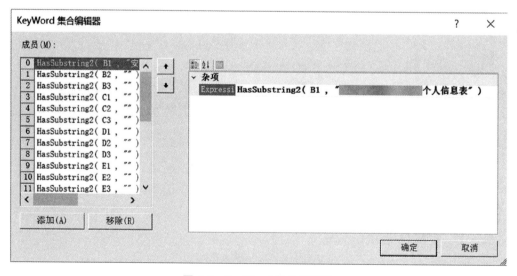

图 4.6　新建标题

单击图 4.6 右侧属性栏中的标题块；打开 KeyWord 集合编辑器，成员列表中列举出了一系列表达式，如图 4.7 左侧所示；单击任意成员，右侧的属性列表中将显示其对应的内容，如 Expression 的属性值为 HasSubstring2（B1，"个人信息表"），如图 4.7 右侧所示意为当单元格 B1 包含"个人信息表"字符串时，应用当前模板取值。

图 4.7　KeyWord 集合编辑器

4.2.2　定义说明块

如图 4.8 所示，在数据显示区选中人员属性及其取值全部单元格，然后单击取值菜单栏中左右结构（图 4.8 中箭头所指），创建左右结构的说明块。

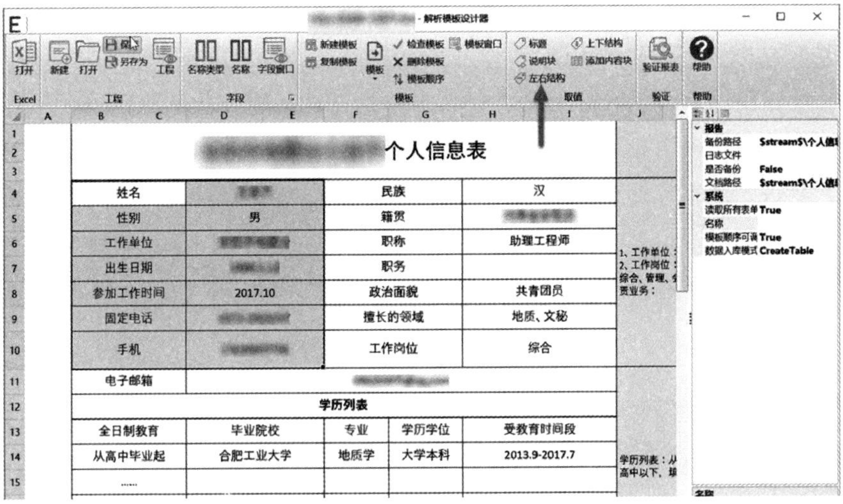

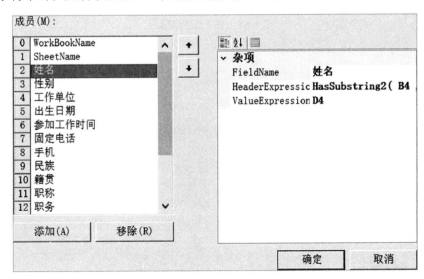

图 4.8　创建左右结构的说明块

完成上述操作后单击右侧属性栏中的说明块，打开 OneCell 集合编辑器，查看地区说明块的属性（图 4.9）。姓名字段相应的属性中，HeaderExpression 的属性值为 HasSubstring2（ B4，" 姓名 "），ValueExpression 的属性值为 D4；意为当单元格 B4 中包含"姓名"字符串时，姓名字段取 D4 单元格的值（图 4.9）。

图 4.9　OneCell 集合编辑器

至此，Excel 的读取表达式制作完成了，那么数据读取模板能否正常工作呢？

4.2.3　表单验证

单击顶部工具栏中的验证表单按钮，系统进行模板的验证，验证包括模板正确性验证、数据抽取效果预览。模板正确性，检查模板的逻辑性，检查模板中字段是否重复定义、内容组和说明组中的字段映射是否存在重复指定等。模板逻辑验证成功后，系统将生成预读报告，从当前打开的 Excel 文件中抽取字段的内容。在弹出的 Preview 窗口中，详细罗列出了小 G 需要的字段的取值结果（图 4.10 ）。

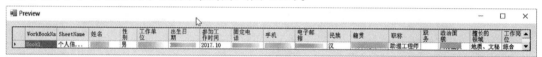

图 4.10　取值结果

与此同时，运行报告窗口中显示了读取模板的匹配情况，如图 4.11 所示。

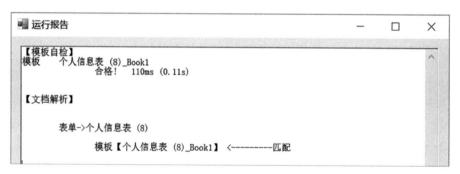

图 4.11　模板运行报告

关闭解析模板设计器，并在弹出是否更新模板对话框中，单击是。此时，智能解析属性编辑器显示出了报表读取模板的基本信息。

Tip 4-6：内容块映射的参数是什么意思

必须列，指定模板中，列是否可以为必须项，设为否？列将可以不出现。

列头表达式，字段名单元格定位。

列头合并单元格值复制，列头表达式匹配过程中，单元格值是否进行单元格的值复制。

读值表达式，定义取值位置。

合并单元格值复制，定义合并单元格的取值方式。

补充空值，用上一行的非空值，补充空值行。

忽略表达式，忽略单元格的条件。

强制结束，行中有个结束标记，则结束值读取。

结束行表达式，强制结束，行中有个结束标记，则结束值读取。

4.3　数据自动抽取

4.3.1　设置文档位置

如图 4.12 所示文档位置，指定的报表所在的位置"$stream$\ 个人信息"，该目录下是之前整理的所有台站的人员信息表。点击确定，关闭节点属性编辑器。

图 4.12　智能解析节点设置

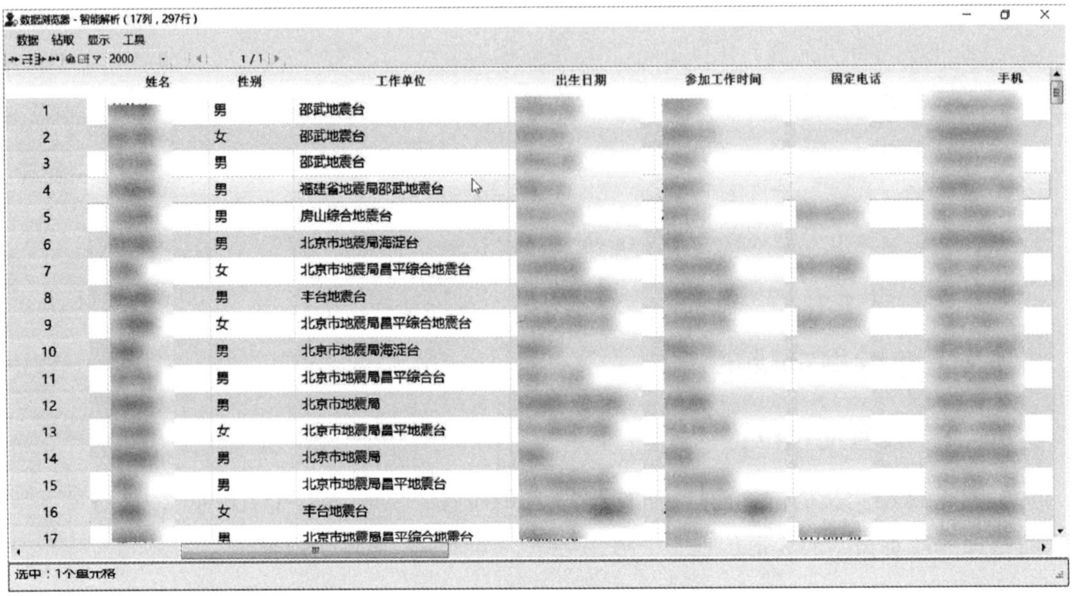

图 4.13　智能解析节点运行结果

4.3.2　数据自动抽取

运行智能解析节点，成功从近 300 个个人信息表中提取出了各项信息，成果如图 4.13 所示。

至此，小 G 经过定义抽取字段、取值映射和数据自动抽取三个阶段，完成了人员基本信息的提取工作。

Tip 4-7：智能解析技术优势是什么

智能解析技术，主要体现三个方面：

（1）多模板适应技术，模板设计中可以用多个数据读取模板，使得动态解析，可以处理多种不同类型的报表文件。

（2）数据位置漂移技术，数据读取过程中，定位表达式（Header Expression）可以横向或纵向多个单元格中进行匹配，寻找并匹配相应的单元格，以适应数据位置、数据列顺序的变化的需求。

（3）单元格模糊匹配技术，定位表达式中支持字符串比较、数字判断、正则表达式等多种函数，可以编写适应度较高的表达式，以便于数据读取模板适应不同报表表述方式。

Tip 4-8：怎么合并 sian 和 sina 这两个数据项

数据处理过程中常见因拼写错误或同音字录入的错误，使得字符串的统计过程变得异常复杂，合并同义词、错别字也就成了数据处理中必不可少的环节。系统提供的替换节点、同义词变换、新列节点、打标签等系列节点进行，帮助您枚举出所有的错别字或同义词，并进行值的替换，以便进一步的数据分析工作得以顺利进行。

4.4 小结

与二维数据表格相比，Excel 表单格式多样，具有很强的自述性与动态可变性。正是因为 Excel 表单复杂多变，传统数据抽取工具很难胜任，这就造成了 Excel 报表深化应用困难的窘境，科研人员常需花费大量的时间和精力去整理数据。通过智能解析技术，从大量的报表中抽取出数据，配合数据专家节点式的数据处理操作，可快速完成数据清洗工作。小 G 做过试验，仅用 7 秒钟，从将近 300 份报表文件数据解析出了个人信息；与此前小 G 手工整理相比，整理一份报表数据就需要大约 2 分钟的时间，智能解析技术数百倍地提高了数据整理的工作效率，大幅度地降低了数据采集项目的运营成本，缩短了项目的运营周期。

智能解析与标准化的录入模板不同，录入模板需预先下发数据录入格式。这是一个前置过程，即"先有模板后有数据"，数据录入在模板定制之后。因而在数据录入过程中，用户对格式稍作调整，数据提取工具就不灵了，数据就提不出来了。

智能解析技术，采用模糊匹配方法，即"先有数据后有取读模板"，这里取读模板是一个读取配置文件，对应于一类或多类相似的报表文件，支持多模板适应、数据位置漂移、单元格模糊匹配等技术，具有超强的格式适应能力，最大限度地提取数据。

第 5 章　文件整理与信息提取

在搞定报表信息之后，小 G 发现还有一些台站报送的平面图、卫星图都是以图片形式的附件报送的。这些图片也都需要按类别整理入库。要从这些照片的文件名中提取出台站编号、台站名、图片类型、台站所在省地震局等信息。这下又要忙活一阵子，能不能搞定呢？下面我们来看看数据专家中的文件信息提取与处理技术。

5.1　获取文件目录信息

从各省地震局单位报上来的图片格式文件信息如图 5.1 所示。每个图片的名称是按照一定规则进行编号的。先把这些图片集中到一个文件夹中。

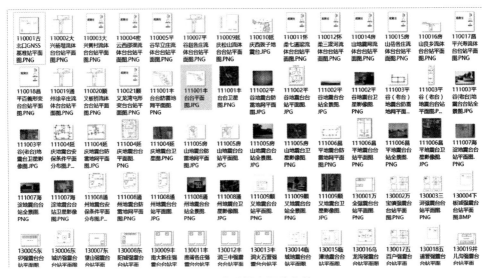

图 5.1　台站提交图片文件

小 G 通过探索，最后用以下几个步骤编写了一个数据处理流程（图 5.2），顺利地完成了图片信息提取整理工作。

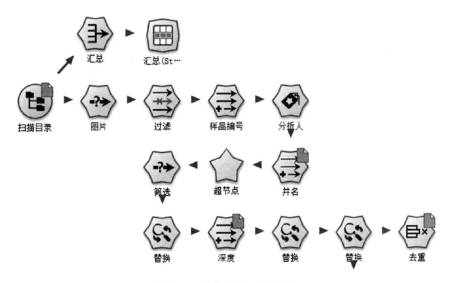

图 5.2　文件信息提取流程

　　扫描目录节点，主要功能是扫描指定的目录及其子目录，将文件的目录信息作为数据源引入数据流程中。小 G 从工具箱的数据源栏中，将扫描目录节点添加到流程编辑区；在文件夹页签中，单击右侧的文件夹图标，在打开的文件夹选择对话框中，定位并选中照片所在的目录，如："D：\图片文件"，勾选下方的计算 Hash 值复选框（图 5.3）。

图 5.3　扫描目录节点设置

运行扫描目录节点，数据流中获取了目录信息，包括文件路径、文件名称、文件大小等 10 余个字段。

Tip 5-1：扫描目录的输出字段都表示什么意思呢

（1）IsFile，布尔型，为真时为文件，为否时为目录。

（2）DocName，字符型，文件的路径。

（3）Name，字符型，文件名称。

（4）StreamType，字符型，文件扩展名。

（5）CreationTime，日期型，文件创建时间。

（6）LastAccessTime，日期型，文件最后一次访问时间。

（7）LastWriteTime，日期型，文件最后一次写入时间。

（8）Size，整型，文件大小，单位为字节（B）。

（9）DirectoryName，可选输出项，字符型，文件的目录。

（10）Hash，可选输出项，字符型，采用 SHA1 算法计算文件的 Hash 值。

（11）Data，可选输出项，Blob 型，文件数据体。

运行扫描目录节点，数据浏览器展示了数据流中指定目录下所有文件的信息（图5.4）。除了照片之外，还包含大量非照片文件。所以，小 G 希望知道照片目录下有哪些文件格式，同时剔除非照片文件的记录。

图 5.4　查看数据流中的数据

5.2　筛选照片文件信息

5.2.1　照片类型分析

小 G 在数据浏览器中，选中 StreamType 列中的数据项，单击创建汇总节点按钮（图5.5）。系统自动在扫描目录节点之后创建了汇总、数据浏览两个节点（图5.6）；其中汇总节点以 StreamType 字段为汇总项，统计目录中各种类型文件的个数。

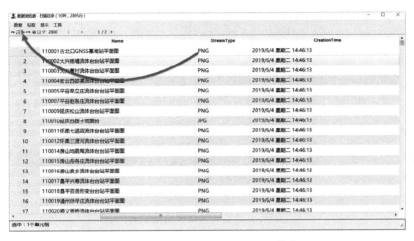

图 5.5　在扫描结果中创建汇总节点

图 5.6　汇总文件类型截图

运行数据浏览节点，发现目录下有 BMP、DOC、DOCX、DWG、GIF、JPG、PDF、PNG、TIF、VSD 和 ZIP 共 11 种类型的文件（图5.7）。

5.2.2　剔除非照片信息

小 G 在扫描目录之后，添加了一个筛选节点，命名为图片，筛选条件为 HasSubStringsOR（StreamType，'BMP'，'JPG'，'PNG'），意为保留数据表中 StreamType 列含有 BMP、JPG、PNG 字符的记录（图5.8）。

运行筛选节点，数据表中仅保留了样品照片记录（图5.9）。其中文件目录 DirectoryName 字段中包含台站编号、台站名、图片类型等信息。

	StreamType	RecordCount
1	BMP	126
2	DOC	3
3	DOCX	4
4	DWG	45
5	GIF	1
6	JPG	1237
7	PDF	2
8	PNG	1473
9	TIF	1
10	VSD	1
11	ZIP	2

图 5.7　各类文件格式数量统计

图 5.8　行筛选设置

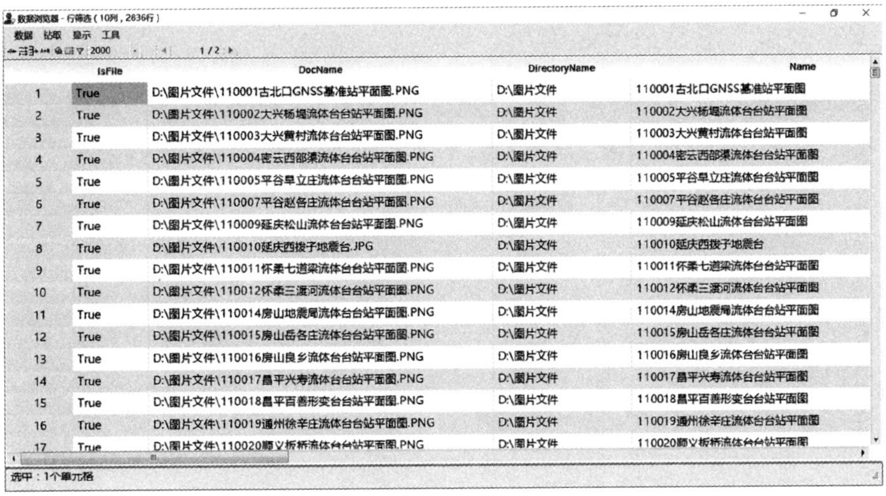

图 5.9　筛选结果

5.2.3　去除重复照片信息

在数据浏览过程中，小 G 发现有重复的照片。Hash 值是文件的唯一标识，小 G 通过汇总节点的统计，发现有许多重复的。于是小 G 在数据流程中，添加一个去重节点，以 Hash 字段为分类项（图 5.10）。

图 5.10　去重节点设置

Tip 5-2：去重节点怎么不起作用

重复记录，即指两条记录中有部分或所有数据项相等的现象。

数据专家中去重节点的操作是依据去重关键字进行的，系统依据关键字进行值比较，当所有值都相等时，将视之为重复记录，系统仅保留最后一条记录，而将其余重复记录剔除。

例如，有 ABC 三列数据，指定 AB 两列为关键字，进行去重操作。

（1）以下两行数据是重复的，第一行数据被丢弃，第二行数据被保留：

A1 B1 C1

A1 B1 C2

（2）然而，以下两行数据则不重复，不做剔除，全部保留：

A1 B1 C1

A1 B2 C2

5.3 提取台站基本信息

5.3.1 提取台站类型

台站编号是图片文件名的前六位数字，在上报台站图片时要求图片命名要按照"台站编号＋台站名＋图片类型"的方式，这样便于提取信息。

小 G 新创建了一个新列节点，命名为台站编号，用"SubStr(Name , 1 , 6)"函数提取台站编号（图 5.11）。

台站编号的命名规律：两位省号＋一位台站类型＋三位台站序号，对于这种规律的命名方式，很容易提取出想要的信息。

小 G 只使用一个新列节点，对台站编号第三位进行判断，提取出台站类型（图 5.12）。

5.3.2 提取台站名称

台站名称在每个台站上报的图片名中，需要将台站名提取出来，作为新的一列。小 G 尝试采用省地震局全称字典枚举法，从文件名称中提取台站名。

首先要建立台站名字典。小 G 建立了创建数据字典的流程，主要由连接数据库、行筛选、列过滤和分词字典节点组成（图 5.13）。小 G 接入台站信息数据库，用行筛选和列过滤对数据进行相应的处理；最后用分词字典节点，创建名为 1 的数据字典，其内容为各地台站名称（图 5.14）。

图 5.11　提取台站编号

图 5.12　判断台站类型

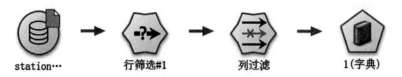

图 5.13　字典法提取台站名

图 5.14　字典属性设置

　　回到主流程中，小 G 在之后添加一个新列节点。使用 SplitText 函数，以字典 1 为数据字典，从文件名中提取台站名称信息。SplitText 调用数据专家中数据字典，采用双向最大匹配法，对文本字符进行分词处理，返回字典中的一个或多个词组。配合 FirstOne 函数提取第一个出现的台站名（图 5.15）。

5.3.3　剔除无效数据

　　小 G 发现提取的台站名有一些是空，或者不完整，排查之后发现这些台站在上报图片时，命名工作没有做好，无法提取台站名，所以要将这些图片舍弃。利用筛选节点，小 G 挑出台站名称为空的和不规范的，并丢弃了这些数据（图 5.16）。

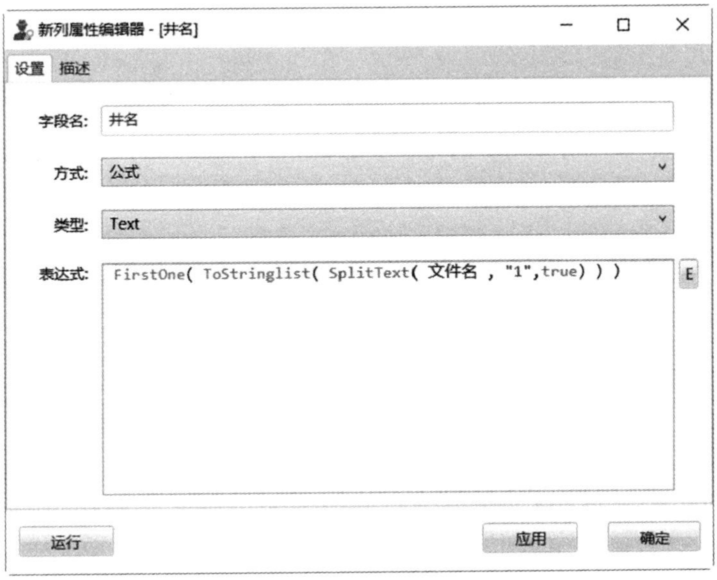

图 5.15　提取台站名

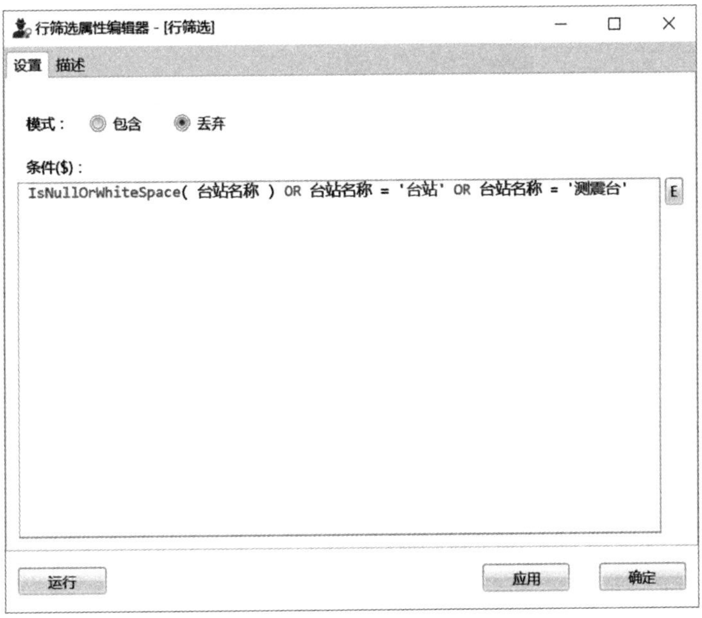

图 5.16　剔除命名不规范图片

Tip5-3：数据不完整怎么办

数据分析不可能尽善尽美，有很多数据由于信息的缺失，在数据处理过程中只能丢弃，如：身份证号码的位数不够时。

5.3.4 提取省局全称

此次各省地震局上报的图片文件名包含台站编号。台站编号的前两位是省份编号，小G依据省份编号，构建省地震局全称数据（图 5.17）。

图 5.17 构建省地震局全称数据

通过联合节点，增加省地震局全称列，原来的数据表就神奇地多了一列属性。

至此，小G通过扫描目录节点将文件目录信息接入流程，再根据文件的扩展名剔除了不相关的文件记录，接着采用中文分词等技术，实现了图片名称中台站类型、台站名、台站编号、台站所属省地震局等信息的提取工作。

Tip5-4：子字符串的提取方法有哪些

数据专家中提供大量的字符串处理功能，主要体现在函数应用过程中。目前，字符串函数共有116个，占函数总数的17%。从返回值的角度，字符串函数分为三类：一是字符串匹配类，返回布尔型，用于判断字符串是否包含子字符串，如 StartsWith、HasSubString、HasSubStringsOR 等。二是计数类，返回整型，用于计算字符串的个数或位置，如 Length、LengthB、IndexOf 等。三是文本处理类，返回字符型，用于删除字符、提取字串、补充字串、格式化显示等，如 Trim、StartString、ToPinyin 等。

　　数据专家中子字符串提取方法有很多类型，典型的有正则表达式方法、字符串相似度计算方法、字典枚举法等。

　　正则表达式 (Regular Expression) 又称规则表达式，是一种用来匹配字符串的强有力的武器。它的设计思想是用一种描述性的语言来给字符串定义一个规则，凡是符合规则的字符串，我们就认为它"匹配"了，否则，该字符串就是不合法的。数据专家中，提供了 IsMatch、MatchDate、MatchGroup、ReplaceReg 等函数，帮助用户采用正则表达式实现字符串的匹配、替换与提取功能；同时公式编辑过程中，按 @ 字符串，系统将自动给出一系列常用的正则表达式。

　　字符串相似度是字符串相似程度的量度。数据专家中打标签、智能分组节点具有字符串相似度计算功能，支持 Levenshtein、Hamming Distance、最长公共字串等 11 种文本相似度算法，以便于用户根据字符串的相似程度，进行字符串的模糊配对。字符串相似度在文本分类、文本描述标准化过程中具有良好的表现，如根据文件名进行快速分类等。多个相似度算法过程中的阈值，当多个算法相似度的平均值大于这个阈值时，认为两个字符串相似，否则不相似。

　　字典枚举法，一种根据字典的中文分词方法。数据专家中提供基于规则的分词功能，这种方法又称为机械分词方法、基于字典的分词方法，它是按照一定的策略将待分析的汉字串与一个"充分大的"机器词典中的词条进行匹配。若在词典中找到某个字符串，则匹配成功。中文分词是文本挖掘的基础，属于自然语言处理技术范畴。中文分词即将一个汉字序列进行切分，得到一个个单独的词。表面上看，分词其实就是那么回事，但分词效果好不好对信息检索、实验结果还是有很大影响的，同时分词的背后其实是涉及各种各样的算法的。该方法有三个要素，即分词词典、文本扫描顺序和匹配原则。数据专家中的分词字典节点，用于建立中文分词所需的分词字典及同义词字典。词频统计节点和 SplitText、WordDF 等函数提供文本数据划词与统计功能，为中文文本的数据挖掘提供了基础。

　　数据专家中提供了多种解决问题的技术手段，不同的场景下各种技术表现不尽相同，在多种算法中优选更为高效、更为可读的方案，或运用多个算法相互佐证，不拘泥于某种技术或算法，灵活运用方可解决实际生产中遇到的难题。

5.4 小结

小 G 通过这次任务，对数据专家在信息整理方面的功能和使用场景进行了归纳总结，文件目录信息作为一种特殊类型数据，其中蕴含着大量的信息，是信息收集、整理的重要来源。数据专家中提供扫描目录、扫描 FTP 等节点，将文件目录信息引入数据流程中，我们可使用 GetExtension、GetDirectoryName、String2Base64 等文件相关函数从中提取文件名称、层级、Hash 等基本信息；同时目录信息也可视之为普通字符串，借助于文本处理节点与函数进行处理，从中抽取大量有价值的信息；以便进行文件信息的标准化、规范化，建立文件索引数据库，支持企业级数据共享与应用。

小 G 掌握了从数据库、报表和文件中获取数据的方法后，又发现了专业网站中的数据源也非常有用。从网上看到了要从网站上获取数据，需要懂得编写"爬虫"程序，但是小 G 不会写程序，于是在想利用数据专家能设计一个网络爬虫吗？带着疑问，小 G 开始了今天的技术探索之旅。

网页抓取（又称为网络数据提取、网页爬取）是一种从网页上获取页面内容的计算机软件技术。它是一种数据复制过程，从网页上收集和复制特定数据，并将其存储在数据库或电子表格中，以便以后检索或分析。网页抓取也涉及到网络自动化，它利用计算机软件模拟了人浏览网页的行为。

为了研究俯冲带地震的发震机理和规律，小 G 通过搜索发现国际地震中心网站（图6.1）上有俯冲带地震发生地图和横截面图，需要从该网站下载 INDONISIA（印度尼西亚）、ANDAM（安达曼）、BANDA（班达海）等地区的俯冲带地震发生地图和横截面图，由于图

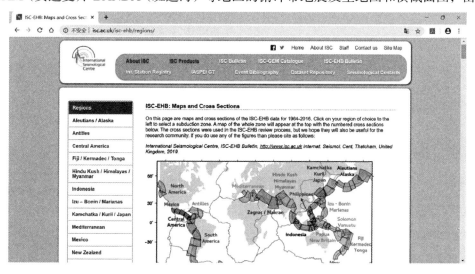

图 6.1　国际地震中心网站

片数量多，一张张手动下载需要消耗很多时间，于是决定用数据专家构造网络爬虫实现自动下载图片。

Tip 6-1：国际地震中心

国际地震中心（ISC）于 1964 年在联合国教科文组织的协助下成立，是国际地震摘要（ISS）的后继者，以跟进 John Milne 教授和 Harold Jeffreys 爵士在地震收集、归档和处理方面的开拓性工作。主要负责台站和网络公告，以及准备和分发有关世界地震活动的权威摘要的工作。

小 G 构建的数据爬取流程，由构造索引页链接、下载索引页、解析图片和地区名称、构造地图和横截面图片链接和下载图片共五个部分组成（图 6.2）。下面我们来看看具体地如何实现。

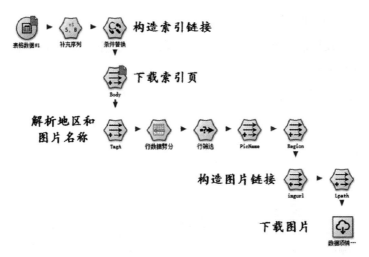

图 6.2　数据爬取流程

6.1　构造索引页网址

国际地震中心网站中，俯冲带地震发生分布图和横截面图根据国家、地区名进行分类。此次任务，小 G 需要下载 INDONISIA（印度尼西亚）11 个地区的 270 余张图片。小 G 观察索引页面的网页地址（URL）后发现，URL 支持 country 参数。下载图片第一步是需要构造这些索引页面的网络地址，构造地址工作由表格数据、补充序列和替换共三个节点组成。

表格数据节点，创建一个流程内部数据源，新建一个 URL 数据字段，字段中有一个数据项 ANDAM（图 6.3）。

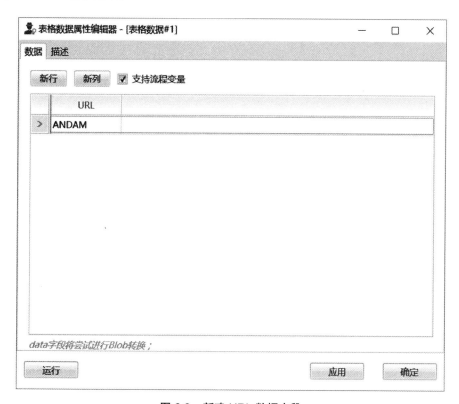

图 6.3　新建 URL 数据字段

补充序列节点，系统扫描数据字段，当指定的序列数据未在数据字段中出现时，将其补充到数据表中。指定序列可以是连续型的数值和日期，也可以是离散型的字符列表。在自定义字符串序列的右键功能菜单中，已预制了汉字序号、字母、罗马序号等多个序列，方便研究者快速编制字符序列。小 G 将其他 10 个地区名补充到了 URL 字段中，使数据表变成了 11 行记录（图 6.4）。

替换节点，当记录满足指定条件时，用替换值的内容代替字段列表中的内容。替换字段可指定一个或多个字段，小 G 将 URL 添加到替换字段列表中（图 6.5）。条件为逻辑表达式，true 或非 0 值为真，false 或 0 值为假；节点中指定条件为 1，意为表达式返回值为真，即替换字段中所有数据项的内容。替换值中，小 G 用 F 函数构造图片索引网页的地址。替换表达式中使用了一个 @Fields 变量，该变量用在替换、向上取值节点中，代表任意字段名；节点运行时，系统用取值字段的值替换 @Fields 变量。

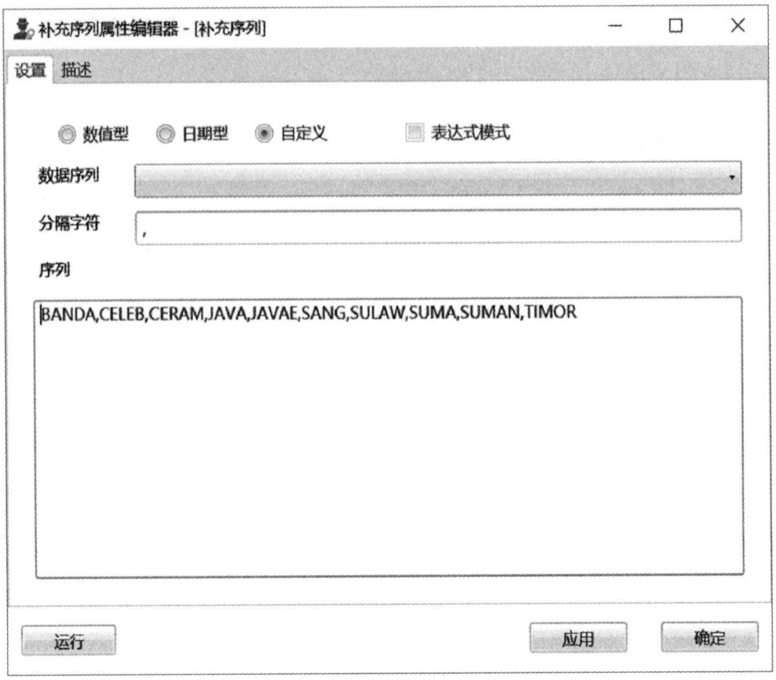

图 6.4　补充序列节点设置界面

图 6.5　替换节点设置界面

编者有话说，小 G 有秀技术的嫌疑，构造索引页网址过程中，也可以不用补充序列节点。直接把所有地区名称信息放于表格数据节点中，或是使用数据录入节点再通过字符串劈分的方式来创建地区名称字段。

6.2　抓取索引页面内容

前面构造了索引页的地址字段，小 G 在其后添加一个新列字段，字段名为 Body，表达式中使用了 HtmlContext 函数，该函数用于获取指定的 Web 地址的页面内容（图 6.6）。数据专家中，有两个获取 Web 页面的函数：HtmlContext 和 HtmlDownload，区别在于 HtmlContext 的返回值为字符，HtmlDownload 返回的是二进制数组。

运行 Body 节点，系统根据 URL 获取了 Web 页面的内容，页面内容为 HTML 格式的字符串（图 6.7）。

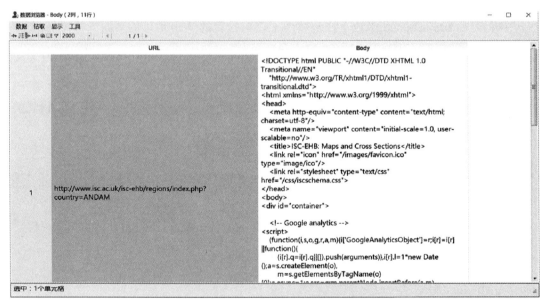

图 6.6　使用 HtmlContext 函数抓取网址内容

图 6.7　浏览抓取的网页内容

6.3　提取图片和地区名称

接下来，小 G 需要从 HTML 文本中提取不同地区俯冲带图片名称和地区名称，用于构造地图和横截面的地址。解析工作由新列节点 TagA、行数据劈分、行筛选、新列节点 PicName 和新列节点 Region 五个节点构成。

图 6.8　解析图片和地区名称分支流程

图 6.9　劈分所有的页面地址

6.3.1　获取所有超链接标签

新列节点 TagA，以公式方式新建了一个名为 TagA 的文本型字段，表达式为 GetHtmlAllTags（Body，'a'），意为从 HTML 内容中提取所有超链接标签（a）的内容，获取的多个标签之间以"|"字符分隔。

除 GetHtmlAllTags 函数之外，数据专家中还提供了 HtmlExtract、HtmlTagsCount、GetHtmlCellValue 等大量的 HTML 解析函数，以方便研究者从网页面上提取信息。

6.3.2　劈分出超链接标签

行数据劈分节点，是一个很有意思的节点，将一个或多个字段中的数据项劈分成多个数据项，这也是为数不多的几个可以向数据表中增加记录的节点之一。小 G 以"|"为分隔字符劈分 TagA 字段（图 6.9）。

运行结果表明，系统将获取到的图片索引页面（11 条记录），劈分成了 2833 个记录。其中 ColumnIDField 字段指示了劈分出字符串在原字符串中的位置。

6.3.3　剔除无效超链接标签

从运行结果来看，将近 3000 条记录绝大多数是和图片无关的链接。小 G 发现图片的标签中都包含特定的字符串（图 6.10），于是通过筛选节点将有用的图片记录过滤出来，筛选条件为"HasSubString(TagA，'regions') AND HasSubString(TagA，'images')"。

6.3.4　提取图片和地区名称

经观察，小 G 发现图片及地区名称信息蕴含在超链接的标签文本中。Href 属性的名称就是图片名称，地区名称则是图片名称中下划线前的内容（图 6.10）。小 G 创建了两个新列节点，其中 PicName 新列节点运用了表达式 SubStrBetweenS（ TagA，'images/'，'.'）来提取图片名称，意为提取介于'images/'和'.'两个字符串之间的内容；Region 新列节点用来提取地区名称信息，表达式内容为 SubStrBetweenS（TagA，'images/'，'_'）。

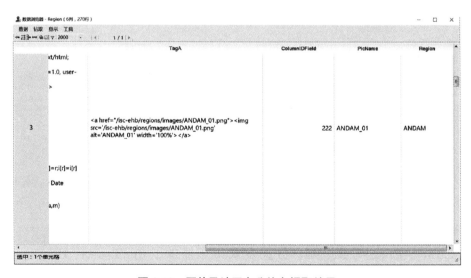

图 6.10　图片及地区名称信息提取结果

数据专家中有一组类似的文本提取函数，除 SubStrBetweenS 外，还有 SubStrBetween 提取字符串中两个位置之间的内容；SubStrBetweenL 提取两组列表字符串之间的内容；ReplaceBetweenS 替换两个字符串之间的内容等。

6.4　构造图片页面地址

构造图片链接地址，即根据图片的名称及地区名称，创建图片的页面地址和本地存放的路径（图 6.11）。

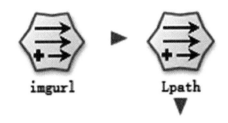

图 6.11　构造图片页面及本地路径分支流程

这部分由两个节点构成，imgurl 和 Lpath 为新列节点，imgurl 用于创建页面地址，Lpath 用于生成图片的本地存放位置。

6.5　下载网络图片

数据项转存节点提供 BLOB 转存、文本转存或网络地址下载三个功能点；BLOB 转存，将二进制数据项转存为本地文件；文本转存，将字符串保存为本地文件；网络地址下载，是根据网络路径下载页面的内容，并保存为本地文件。

小 G 使用数据项转存节点，从 www.isc.ac.uk 网站上把不同地区俯冲带地震发生地图和横截面图下载到本地路径中（图 6.12）。

运行数据项转存节点，查看指定的文件路径，就可以看到一个个地震分布图和横截面图神奇般地出现在了本地磁盘指定路径中（图 6.13）。

经过以上五个步骤，小 G 的图片抓取流程就完成了，并从网络上下载了 270 余张图片。小 G 觉得，还有一点值得交待一下，数据转存过程中涉及本地路径这一特殊的字符串数据。文件路径以 \ 字符一层一层地表示出了文件的具体位置，然而在数据专家中，\ 是转义字符，具有特定的含义，如 \r 是回车、\n 是换行、\t 是制表符等，因而两者之间存在冲突。解决方案是在流程属性编辑器中，取消运行时字符转义的勾选状态，以保证流程中的路径正常使用（图 6.14）。

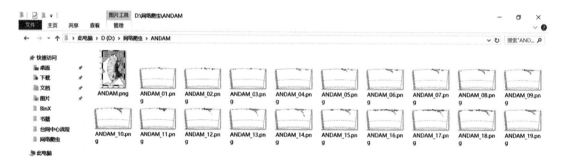

图 6.12　下载图片设置界面

图 6.13　下载成功的图片文件

Tip 6-4：系统盘空间不足怎么办

　　流程运行过程中会产生大量的临时数据，默认情况下，临时数据存放在系统盘特定的目录下占用了大量系统盘的空间。当系统盘空间拮据时，您可以做两件事情：一是减少数据专家支持的磁盘缓存容量，系统将自动根据缓存容量清除临时数据；二是给缓存位置搬家，把缓存位置移动至其他盘的目录中。具体操作为：①设置菜单下，打开系统设置窗口；②找到缓存设置栏，在磁盘缓存容量占用中输入允许的磁盘缓存容量；或指定缓存路径（搬家）。

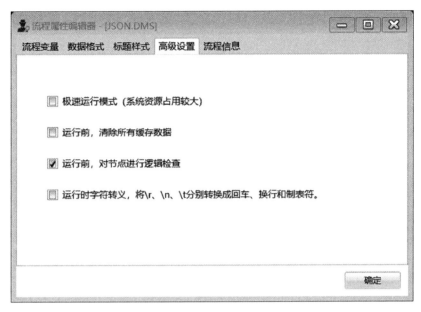

图 6.14　高级设置界面

6.6　小结

小 G 通过数据专家这个神奇的平台，构造网络地址、下载页面、解析页面内容等一系列功能，抓取了静态页面的内容，并下载了相关的图片数据。对于网页数据抓取与分析，数据专家中并没有过多的特有节点，只是提供了页面下载、解析等几个函数。然而网址和页面有其独特之处，它们是满足一定格式的字符串，将其作为数据专家的强大的字符串分析体系，网页数据抓取这一复杂的工作就会变得异常轻松。

在小 G 编写的自动下载图片的流程中，涉及三个特殊的节点：补充序列、行数据劈分和数据项转存，下面一一介绍使用它们的方法和场景。

补充序列节点与补全列节点很类似，它们都是在二维数据表的内容缺乏时向流程中添加数据。区别在于，补充序列是向二维表中添加记录；而补全列则是向二维表中添加列，使流程中的字段完整，常用于数据结构的模型化入库。

行数据劈分与列劈分很类似，都是将已有的数据项劈出新的数据。不同处是在对劈分后数据序列的存储上，行数据劈分节点生成多个记录；列劈分则是创建多个数据列，常用于表格文本的拆分。

数据项转存与保存为文件也非常相似，都是把流程中的数据保存到已有磁盘上；数据项转存是以二维表中一列数据中的每一个数据项为储存单元，把数据列中的每一个数据项

分别保存为文件；而保存为文件节点是以整个二维数据表为存储单元，把流程中的所有数据保存到一个文件。

小 G 在使用数据专家过程中常常混淆一些节点，仔细研究后发现，数据专家中有很多相似的节点。若把数据流看成一张二维数据表，把这些节点理解为对二维数据表的一个特定操作，有的是以行为单元进行操作，有的是以列为单元，有的则是以整个二维表为单元的，这样理解，就很容易把它们区分开了。

第 7 章　分析调查问卷结果

学到了获取数据的方法后，小 G 下面要面对的就是如何统计和分析这些数据。本章结合问卷调查类的数据分析问题，来介绍数据专家中的统计和绘图功能。在日常工作中，会遇到填写调查问卷的场景。问卷调查作为常见的数据收集方法，设计者通常运用问卷向被调查者了解情况或征询意见收集信息。调查问卷信息是如何分析与建模的呢？下面就由小 G 以心理学调查结果分析为例，带领大家了解这一数据分析过程。

今天我们从著名的艾森克人格测验量表说起，这套量表是由英国心理学家 H.J. 艾森克编制的一种自陈量表，是当前世界著名、权威的心理测验，能帮助研究者更客观地了解被测验者的个性特点、性格类型、易患病素质及一些外来的心理压力。整个测验含有 88 个句子，其内容是有关个人爱好、兴趣、习惯、观点的问题，如第 1 题：你是否有许多不同的业余爱好？第 45 题：当你与别人在一起时，你是否言语很少？试验的结果是一堆文字，研究者怎么进行量化统计分析呢？

7.1　测验数据与预处理

7.1.1　自测数据表

从 Excel 复制心理测验的结果，并粘贴到数据专家流程区。系统自动创建数据表格节点，小 G 将节点命名为自测；测验结果表有 88 条记录，对应于 88 条心理测试题，由题号列和自测结果列构成，题号列为数字型，代表题号；自测结果列为字符型，由 Y 和 N 组成，Y 表示小 G 的自测结果为是，N 为否（图 7.1）。

7.1.2　量分数据表

接着小 G 把心理测试量分表数据粘入流程编辑区，并将系统自动创建的表格数据节点命名为量分表。心理测试量分表与 88 条心理测试对应，将测试题划分成 E、N、P 和 L

图 7.1 设置自测数据

四个分量构成，其中 E 代表内外向分量 21 条、N 代表情绪稳定性分量 24 条、P 代表精神质分量 23 条、L 代表掩饰分量 20 条。量分表由分量列和题号标识列构成，当题号标识为正时，为正向计分，即答 Y 加一分，答 N 不加分；为负时，为反向计分，即答 Y 不加分，答 N 加一分。见图 7.2。

图 7.2 设置量分表

7.1.3　抽取量分表中的题号

在表格数据节点分量表之后，链入新列节点，将新字段名指定为"题号"，表达式为 abs（题号标识），意为取题号标识数据列的绝对值。见图 7.3。

图 7.3　提取题号信息

7.1.4　提取量分标准信息

在"题号"新列节点之后，再次链入一个新列节点；将字段名命名为"量分标准"；创建方式设置为条件；如果条件表达式 HasStartString（题号标识，'-'）为真，则取值表达式为 N，否则取值表达式为 Y；意为当前节点中，题号标识列数值为负时输出值为 N，为正时输出值为 Y。（若把表达式设置为：题号标识 <0，效果相同。）见图 7.4。那么，如何将测验结果与量分表合并在一起，以便于后续的量分计算呢？

7.1.5　合并两个数据源

小 G 从工具箱中拽入一个合并节点，分别将自测数据表节点、量分标准节点与之建立链接（图 7.5）。在打开的合并属性编辑器中，将自测节点作为第一个输入数据源，它有 2 列数据；量分标准表节点作为第二个数据源，它有 4 列数据（图 7.6）。

在关键字设置页中，将题号列从同名列栏拖到关键字栏。将连接关系设置为连接（图 7.7）。

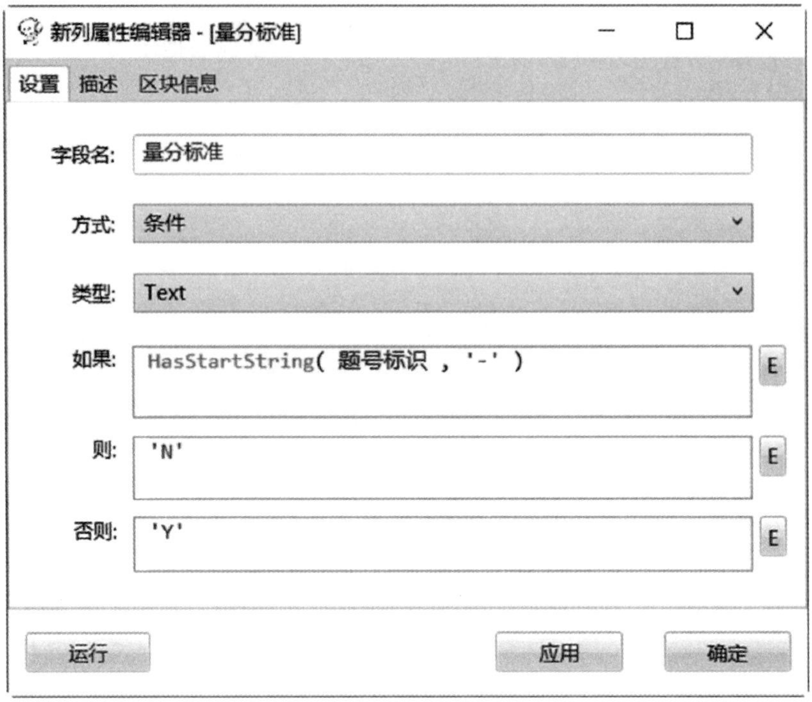

新列属性编辑器 - [量分标准]   — □ ×

设置 描述 区块信息

字段名： 量分标准

方式： 条件

类型： Text

如果： HasStartString(题号标识 , '-')   E

则： 'N'   E

否则： 'Y'   E

运行   应用   确定

图 7.4　提取量分标准信息

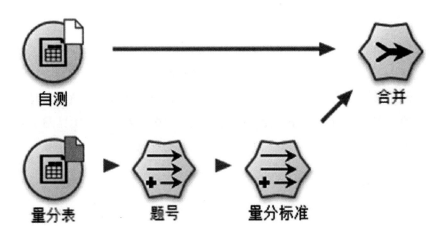

图 7.5　合并两张表流程

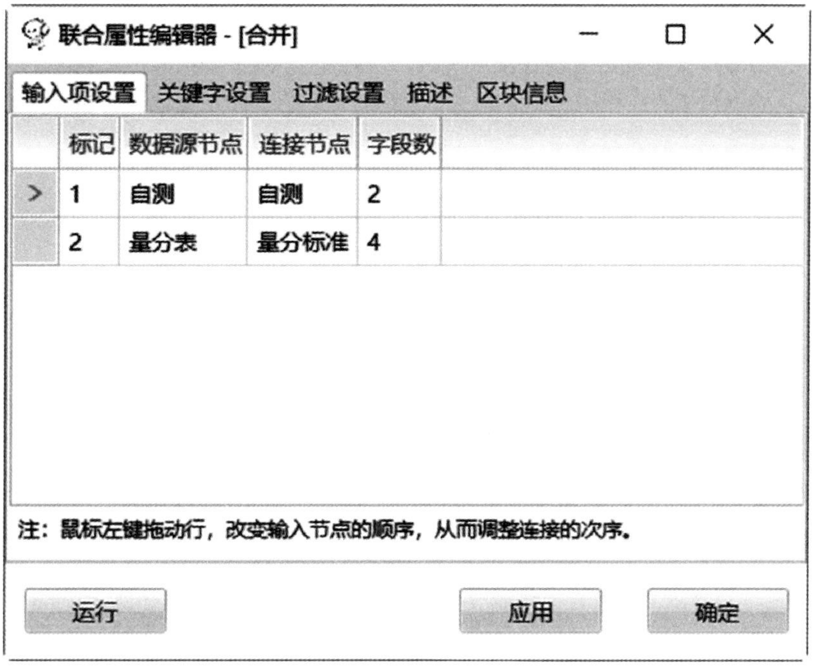

图 7.6　合并节点中输入项设置

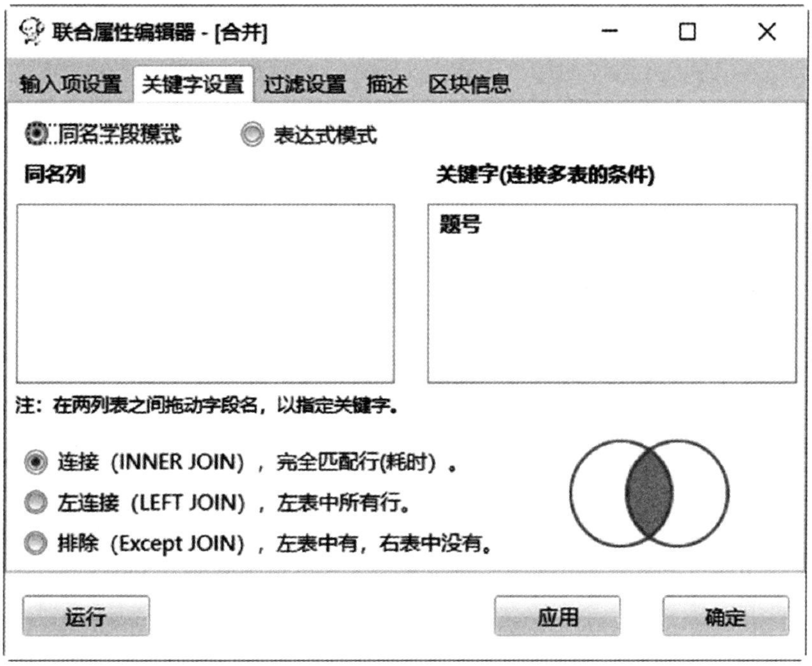

图 7.7　以题号列为合并关键字

Tip 7-1：需要掌握的合并节点

合并数据操作类似于构造一个 SQL 的 JOIN 语句，涉及这样几个关键词：

（1）左表，输入项中的第一个节点；右表，输入项中的第二个及以后的节点。这里的节点可理解为数据表。

（2）匹配条件，对应于 Join 语句的 Where 部分。

提供两种条件匹配方式，一是表达式模式，二是同名字段模式。

表达式模式：用户自定义构造逻辑表达式，进行多表的匹配。

同名字段模式：用户依据多个表中的同名字段，将字段从左边同名列框中拖到右边的关键字框中，构造等式条件，进行匹配。若同名的有很多，则需使用过滤设置功能，给字段重命名或过滤掉一些字段。

（3）匹配方式，提供内连接、左连接和排除连接三种方式。

内连接，只保留左右两个表中都能匹配的公共记录，左表和右表中都满足条件的记录。

左连接：保留第一个表（左表）中的所有记录，以及右表与之匹配的记录；

排除连接：保留第一个表中未能进行匹配的记录。

注：合并节点在进行多源数据多表融合时起关键性作用，一定要掌握其用法。

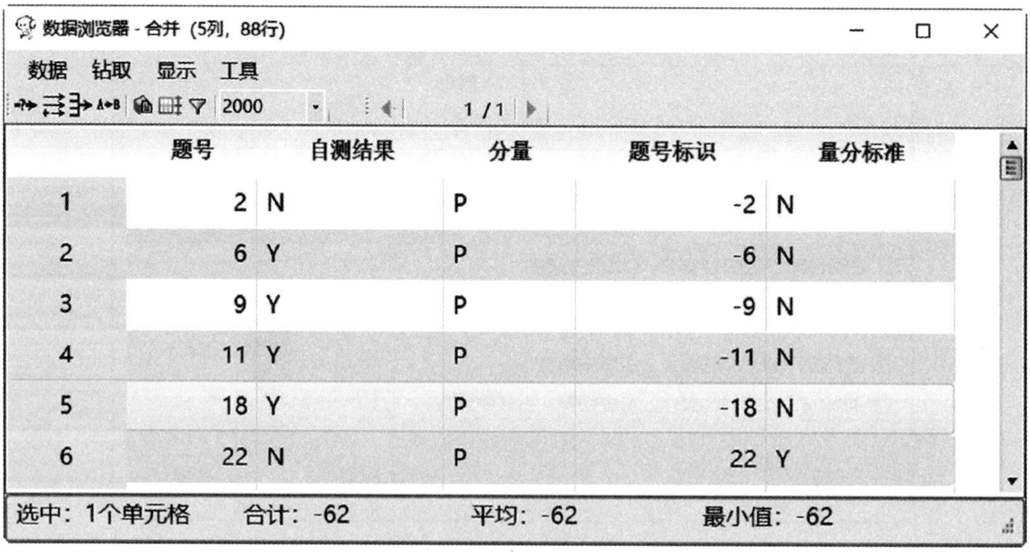

	题号	自测结果	分量	题号标识	量分标准
1	2	N	P	-2	N
2	6	Y	P	-6	N
3	9	Y	P	-9	N
4	11	Y	P	-11	N
5	18	Y	P	-18	N
6	22	N	P	22	Y

数据浏览器 - 合并 (5列, 88行)

数据　钻取　显示　工具

选中：1个单元格　　合计：-62　　平均：-62　　最小值：-62

图 7.8　合并结果

　　运行合并节点，数据浏览器显示出自测数据和量分标准数据的合并结果；共有 5 列数据，包含题号、自测结果、分量、题号标识、量分标准等数据列（图 7.8）。看到这里，小 G 心里不明所以，心中念道怎么才能直观地量化心理测验结果呢？

7.2　统计各分量得分

7.2.1　计算每道题的得分

　　小 G 在合并节点之后，又链入新列节点，新列名指定为"得分"，整型字段创建方式设置为条件，如果条件为"自测结果 == 量分标准"，则为"1"，否则为"0"（图 7.9）。

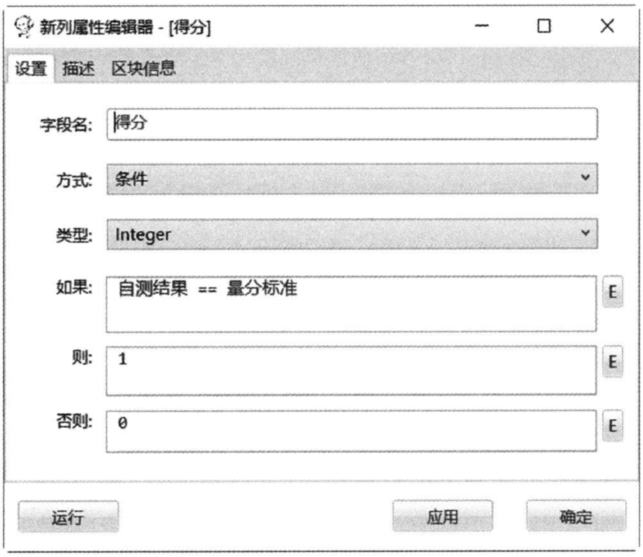

图 7.9　计算得分

Tip 7-2：条件表达式和取值表达式有什么区别

　　数据专家中涉及的表达式有两类：

　　（1）条件表达式：计算结果为布尔型，只有两种取值：真 (true) 和假 (false)，数据专家内部也支持用 1 代表真、0 代表假；如：上述新列节点中的"如果"。

　　（2）取值表达式：计算结果为任意类型，可以使用任意类型的函数来构建取值表达式，或依据数据处理要求自行赋值；如：上述新列节点中的"则""否则"。

　　再例如：替换节点实际是 IF（条件）THEN（替换值）的关系，条件为逻辑表达式；替换值为取值表达式。

7.2.2　计算分量总分

链入汇总节点，以分量字段为分类项，得分字段为汇总项进行求和（图 7.10）。运行结果显示出了 E、N、P 和 L 各个分量的得分情况；运行结果由分量、得分两列数据表示（图 7.11），小 G 希望把它们进行列转换，能以各分量作为字段，以便于后续的计算。

图 7.10　计算总得分

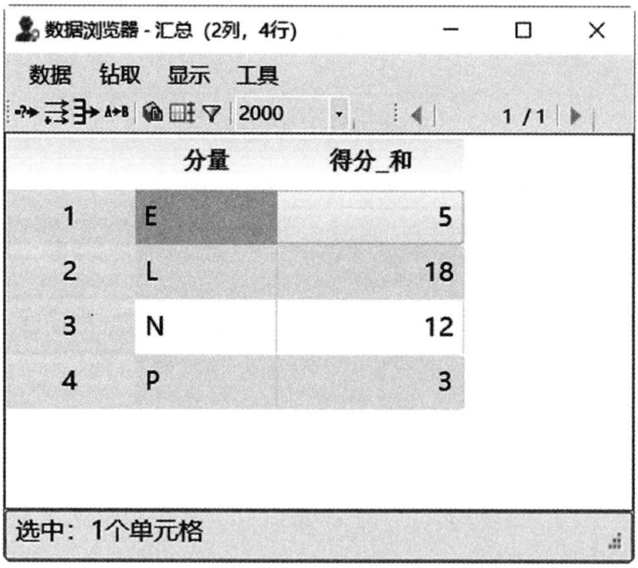

图 7.11　得分结果

7.2.3　行列转换

于是又将汇总转列节点链在汇总节点之后。将值翻转字段设置为"分量",将"得分 _ 和"字段作为计算项(图 7.12)。

图 7.12　汇总转列节点设置

7.2.4　分量标准化

心理测验结果,需要 EPQ 标准分数换算,采用标准 T 分数的换算方法:

公式:$T=50+10*(X-x)/sd$

式中,X 表示被试者某个分量上个人得分;x 表示某个分量上平均得分;sd 表示该样本组的标准差;x 和 sd 可通过查表获得。

小 G 在汇总转列节点之后,链入新列节点,定义为 E1,数值型,表达式为 50+10(E-9.65)/4.77,用以计算标准化的 E 分量值(图 7.13)。同理计算 N、P 以及 L 分量的值(图 7.14)。

小 G 觉得流程中节点过多,希望能够把部分节点组合起来,让数据处理的逻辑更为清晰。

图 7.13　计算 E1

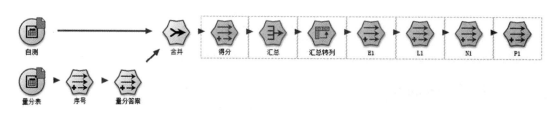

图 7.14　计算各分量流程

7.2.5　创建超节点

　　选中得分、汇总、汇总转列等节点，在右键菜单中，单击创建超节点菜单。在超节点的右键菜单中，单击节点信息菜单项。在打开的超级节点编辑器中，将超级节点命名为量分计算（图 7.15）。

　　心理测验需要借助于专业的统计图来进行分析，如：EN 关系图，一种特殊类型的散点图。然而数据专家中的原生节点并不包括这些统计图，如何扩展它呢？

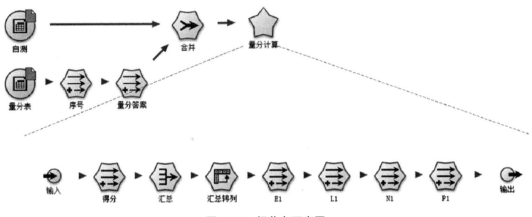

图 7.15 超节点示意图

7.3 绘制统计结果图

7.3.1 生成统计图

将统计图节点链入数据流程中（图 7.16）；选中散点图图标，将 X 轴设置为 E1，Y 轴设置为 N1（图 7.17），运行统计图节点，打开统计图查看器，查看 EN 散点图（图 7.18）。

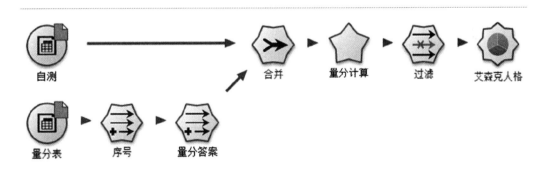

图 7.16 绘图流程

以下（2）～（5）步涉及统计图表的定制，可视为扩展内容，建议初学者跳过。

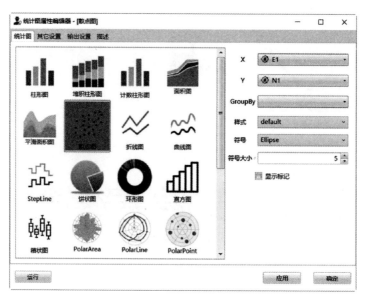

图 7.17　统计图节点设置

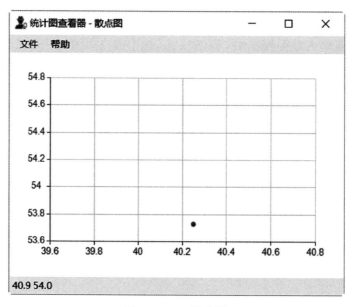

图 7.18　EN 散点图

7.3.2　查看统计图脚本

在统计图查看器的文件菜单中，单击脚本菜单项，打开统计图脚本窗口；在脚本编辑区中，输入 LinearScale、AxisTitle 等命令，设置 X 轴与 Y 轴的坐标范围及标题，点击应用按钮（图 7.19）。统计图查看器中 EN 散点图随之发生了变化（图 7.20）。

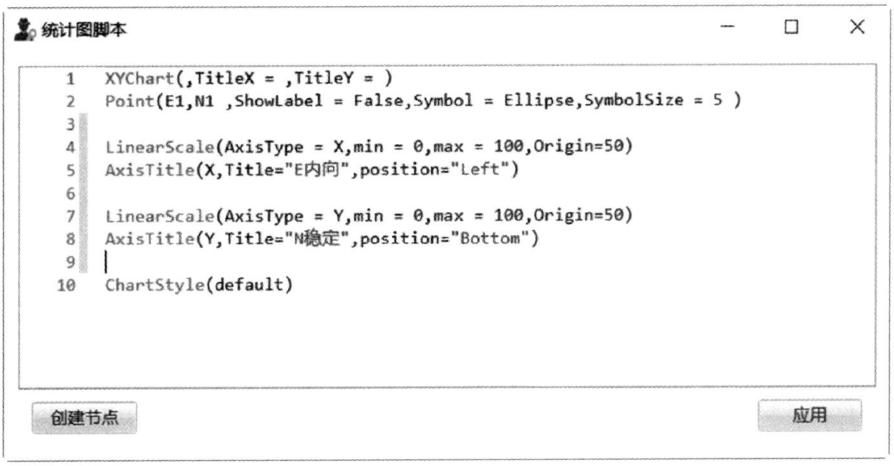

统计图脚本 — □ ×

```
1    XYChart(,TitleX = ,TitleY = )
2    Point(E1,N1 ,ShowLabel = False,Symbol = Ellipse,SymbolSize = 5 )
3
4    LinearScale(AxisType = X,min = 0,max = 100,Origin=50)
5    AxisTitle(X,Title="E内向",position="Left")
6
7    LinearScale(AxisType = Y,min = 0,max = 100,Origin=50)
8    AxisTitle(Y,Title="N稳定",position="Bottom")
9    |
10   ChartStyle(default)
```

创建节点　　　　　　　　　　　　　　　　　　应用

图 7.19　编辑统计图脚本

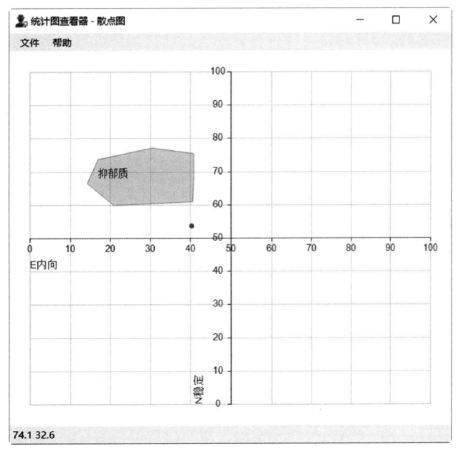

图 7.20　绘图分区区域

7.3.3　绘制分区区域

在统计图查看器的右键菜单中，单击绘制折线，在统计图区里绘制多边形；将绘图模式切换为添加标记，创建标记，在统计图脚本窗口中将其命名为"抑郁质"（图 7.20）。

至此，小 G 成功绘制出了一张完整的 EN 关系图，从投图的结果来看，初步认定小 G 为一名忧郁型小帅哥。然而绘制过程实在是繁琐，小 G 希望把这张图扩展到统计图面板中，以便将来心理测验分析时使用。

7.3.4　保存 EPQ 统计图脚本

小 G 在数据专家运行目录下的 ChartEx 文件夹中，创建一个文本文档，并将其命名为"EPQ.cht"（存储格式为 UTF8）（图 7.21）。从统计图脚本窗口中，把脚本复制、粘贴到该文件中。在脚本的第一行添加上扩展图的说明信息，删除原有脚本中的 Point 投点命令，删除 ChartStyle 样式定义命令，保存文件。

```
1   //艾森克人格问卷(EPQ)
2   XYChart()
3   LinearScale(AxisType = X,min = 0,max = 100,Origin=50)
4   AxisTitle(X,Title="E内向",position="Left")
5
6   LinearScale(AxisType = Y,min = 0,max = 100,Origin=50)
7   AxisTitle(Y,Title="N稳定",position="Bottom")
8
9   Polyline(16.9 73.8,30.4 77.2,40.8 75.5,40.8 68.8,40.5 61.0,27.3 60.3,20.8
    60.0,14.2 66.6,16.9 73.8)
10  Label('抑郁质',20.8 69.1)
```

图 7.21　创建的 EPQ.cht 文件

7.3.5　扩展统计图

将 EN 关系图添加到统计图列表中，打开 Chart.cfg 文件，在文档的结束处，添加如下脚本，如图 7.22 所示。

```
194    {
195        "ChartId":"EPQ",
196        "Title": "艾森克人格",
197        "ChartName": "EPQ",
198        "SeriesName": "Point",
199        "Multi": "Series",
200        "DataNames": "E,N"
201    }
```

图 7.22　统计图列表扩展代码

其中，ChartId 用于区分统计图；Title 为统计图的名称；ChartName 为统计图的命令名；SeriesName 为新增系列的类型；Multi 为多个系列的组合方式；DataNames 为数据轴的标题（图 7.22）。

7.3.6　定义统计图列表中的图标

定义 EN 关系图在统计图列表中的显示图标。在 ChartEx 目录的 Images 文件夹下，添加一个名为 EPQ.png 的图片文件。图标文件的长宽建议在 400 像素以内。

小 G 再次打开了统计图属性编辑器，艾森克人格 EN 关系图就出现在统计图面板中（图 7.23），它的使用方式和原生统计图相同。

图 7.23　扩展统计图效果

7.4　小结

心理测验结果的数据分析，是社会调查表数据分析研究的缩影，小 G 的心理验证分析与应用案例陈述了数据分析应用的基本套路。研究者根据课题的需求设计出一系列的题目，然后依据标准答案对被调查者的答案进行量化打分，将字符串型的答案进行数值化，再依据量化的数据进行统计建模与可视化，在对大量案例进行统计分析的基础上开展判识、归纳生成报告。

本质上讲，数据专家是一个数据转换工具。将不同来源的数据转换成结构化的规范的二维数据表；将松散多变的原始数据转换为规整数据；将有歧义、多义的表述转换为标准的表征方式；将结构化数据转换为模型、算法、专业软件所需格式；将抽象的数值转换为读者可理解的报告。在数据专家的应用过程中，我们可尝试变换数据的格式，以便于后续节点的计算，合适的数据格式可大幅度减少数据计算的工作量。

数据专家是一个开放平台，提供大量的接口，以便于用户进行功能扩展。模式图、交叉图板在专业领域大量应用，这些业务领域统计图大多派生至散点、折线等基本统计图。数据专家统计图绘制基于脚本语言（Datist Chart），用户也可以使用 Datist Chart 定义自定义模式图。自定义模式图基于特定的坐标系，系统中支持的坐标系有平面直角坐标系、三角坐标系、极坐标系、雷达图坐标系、吴氏网坐标系、三线图坐标系等。系统中的多边形绘制、矩形绘制、添加标记等多种工具，构造了一个交互式的模式图定义环境，使得专业模式图的定义与编辑更为容易、简捷。

第8章　可视化晋级之旅

前面几章介绍的统计图节点，可以满足常见的二维数据散点、曲线类和统计图的绘制需求。但是要实现地震科学研究中常用的断裂构造、震源机制解等专业图件制作需求，统计图节点的功能就远远不够用了。不过不用担心，数据专家平台除了自带的绘图工具外，还支持很多种扩展方式。本章小 G 就结合地震科学研究中常见的几类专业绘图软件，来介绍一下如何集成第三方绘图接口到业务流程之中。

8.1　接口集成原理

深入了解地震业务和数据专家之后，小 G 发现数据专家内部可视化功能比较单一，不能绘制出专业的图件，展示效果不能满足业务要求。小 G 开始请教行内前辈如何绘制出专业图件，前辈告诉他，一些图形是用专门的软件绘制的，比如震中位置和断裂带分布图是用 GMT 或者是 ArcGIS 绘制的，M-T 图一般用 R 或 Python 绘制……

小 G 想，要绘制出专业的图还需要掌握这些软件？当他知道数据专家能够对接第三方可视化工具时，便开始了深入的学习。

Tip 8-1：怎样绘制出效果理想的图件

地震行业科研人员常用的绘图软件有 GMT、Python、ArcGIS、Surfer、MATLAB 等，数据专家支持和这些第三方软件对接、绘制图形，使用者不必精通这些软件，只需了解每种软件在绘图时需要什么样的数据，能够看懂代码的大概逻辑即可。具体的代码编写，可以请教领域内的专家实现。使用者需要做的，是利用数据专家将原始数据处理成可视化软件需要的数据格式，并将这些数据作为参数传进代码，绘制出效果理想的图件。

小 G 深入了解到，自己想要绘制的图件，地震局中的前辈大都已实现过，他只需按照显示效果编写绘图代码即可。而且，正好可以趁这个机会，多加了解地震局的前辈们的各项研究成果，加深个人对业务的理解。

为了更好地应用数据专家，小 G 研究了数据专家对接第三方可视化工具的原理。

之前介绍过，"数据专家"是以数据流为驱动的工具，将数据以一条条记录的形式读入，沿"箭头"指向流动，经过一个节点处理后流向另一个节点（顺序），最终以我们想要的形式呈现出来（终点）。节点在数据专家中是指"数据流"的一个交汇点，具有特殊功能，就像汽车流水线上的某道工序，是连接、处理及呈现数据流的工具。数据在节点之间流转的基础是二维表，类似 Python 里面的 DataFrame 数据结构。

第三方可视化节点和数据专家中的其他节点不同。其他节点的功能都是固定的，比如 WebMap 节点，只能绘制格式单一的地图。而第三方可视化节点，根据自定义脚本的不同，可以绘制样式更为丰富的统计图和地理图。

并且，之前的绘图步骤都是手动的，绘制前需要花费很长时间整理数据，打开软件加载数据绘制图件，写报告时再把图复制粘贴到文档里，很费时间和精力。数据专家和第三方可视化工具对接之后，可以实现专业图件自动化绘制，一劳永逸地解放业务人员。为了理解第三方可视化工作原理，小 G 特意绘制了一张示意图，为大家具体地描述其工作原理（图 8.1）。

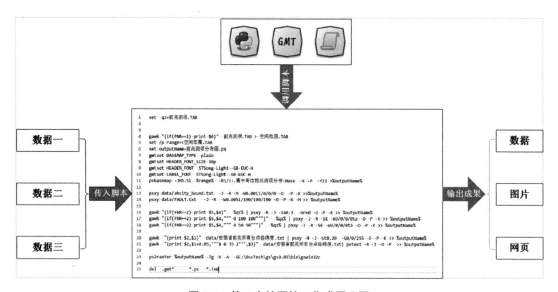

图 8.1　第三方绘图接口集成原理图

整个过程分三步：第一步，利用数据专家各个节点的组合处理原始数据，使数据能够满足绘图应用要求；第二步，将数据传入第三方软件脚本进行绘图；第三步，输出数据、图片、网页等成果，并进行下一步应用。经过这三个步骤，可实现专业图件自动绘制和应用。

8.2　脚本式绘图工具集成

GMT，全称 Generic Mapping Tools，一般翻译成"通用制图工具"。是拥有 80 多种命令行工具的开源绘图软件，支持 30 多种地图投影，自带模块包括海岸线、河流、国界等数据信息，支持精确控制图形的显示，例如线条宽度、圆的大小，可用于绘制不同类型的专题地图。GMT 采用纯命令行的输入方式，所有的绘图操作都是通过命令行脚本执行的，相对于图形界面的优势在于内存占用更低，具有可批量处理、可重复、可自动化的特点。GMT 输出的图件格式为矢量图片格式，具有可以任意放大缩小而不失真的特点。基于上述优点，GMT 在地球科学领域得到了广泛的应用。数据专家有专属的 GMT 接口节点，将流程式数据处理的特性与 GMT 高质量绘制优势有机地融合在一起，进一步促进 GMT 在地球科学研究中的应用。

小 G 接到这样一个任务，在地震发生后，快速绘制震中周边历史地震震源机制解分布图。小 G 决定利用刚学习的 GMT 绘制出图 8.2。

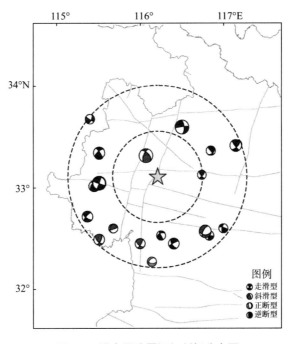

图 8.2　震中周边震源机制解分布图

经过学习和反复调试，小 G 编写出了利用 GMT 绘制震中周边历史地震震源机制解分布图脚本，如下：

```
set size=5i
set focal= 震源机制解 .TAB
gawk "{if(FNR==2) print $12}" 震源机制解 .TAB > 空间范围参数 .TAB
set /p range=< 空间范围参数 .TAB
set outputName= 历史震源机制解 .ps
gmtset BASEMAP_TYPE  plain
gmtset HEADER_FONT_SIZE 10p
gmtset HEADER_FONT  STSong-Light--GB-EUC-H
gmtset LABEL_FONT  STSong-Light--GB-EUC-H
psbasemap -JM%size%  %range% -B1/1sWNe  -K -P > %outputName%
psxy data/prov_new.zh -J -R  -W0.001i/0/0/0 -O -P -K -M >> %outputName%
psxy data/FAULT.txt      -J -R  -W0.008i/190/190/190 -O -P -K -M >> %outputName%
gawk "{if(FNR==2) print $10,$11}" %focal% | psxy -J -R -Sa0.35i -Gyellow -W0.5p/0/0/0 -O -P -K
>> %outputName%
gawk "{if(FNR==2) print $10,$11,""" 0 100 100"""}"  %focal% | psxy -J -R -SE -W3/0/0/0ta -O
-P -K >> %outputName%
gawk "{if(FNR==2) print $10,$11,""" 0 50 50"""}"  %focal% | psxy -J -R -SE -W3/0/0/0ta -O -P
-K >> %outputName%
gawk "{if($9==1) print $2,$1,$4,$5,$6,$7,$3,$2,$1}"  %focal% |psmeca -R -JM -Sa0.3/5 -Gblue
-W2 -L -C -O -P -K >>%outputName%
gawk "{if($9==2) print $2,$1,$4,$5,$6,$7,$3,$2,$1}" %focal% |psmeca -R -JM -Sa0.3/5 -Gred -W2
-L -C -O -P -K>>%outputName%
gawk "{if ($9==3) print $2, $1, $4, $5, $6, $7, $3, $2, $1}" %focal% |psmeca -R -JM -Sa0.3/5
-Ggreen -W2 -L -C -O -P -K>>%outputName%
gawk "{if ($9==4) print $2, $1, $4, $5, $6, $7, $3, $2, $1}" %focal% |psmeca -R -JM -Sa0.3/5
-Gblack -W2 -L -C -O -P -K>>%outputName%
psbasemap -JM0.8i -R0/2.6/0/4 -B0e -X4.2i -O -P -K  -G255/255/255 >>%outputName%
echo 1.4 3.2 10 0 35 2 图例 | pstext -J -R  -O -K>>%outputName%
echo 0.7 2.6 5 51 85 178 2 0.7 2.6 |psmeca -R -JM -Sa0.3/5 -Gblue -W2 -L -C -O -P -K >>%outputName%
echo 1.7 2.5 8 0 35 2 走滑型 | pstext -J -R  -O -P -K >>%outputName%
```

```
echo 0.7 2.0 5 213 38 139 2 0.7 2.0 | psmeca -R -JM -Sa0.3/5 -Gred -W2 -L -C -O -P -K>>%outputName%
echo 1.7 1.9 8 0 35 2 斜滑型 | pstext -J -R -O -P -K >>%outputName%
echo 0.7 1.4 5 2 33 -78 2 0.7 1.4| psmeca -R -JM -Sa0.3/5 -Ggreen -W2 -L -C -O -P -K>>%outputName%
echo 1.7 1.3 8 0 35 2 正断型 | pstext -J -R -O -P -K >>%outputName%
echo 0.7 0.8 5 2 33 92 2 0.7 0.8 | psmeca -R -JM -Sa0.3/5 -Gblack -W2 -L -C -O -P -K>>%outputName%
echo 1.7 0.7 8 0 35 2 逆断型 | pstext -J -R -O -P >>%outputName%
ps2raster %outputName% -Tg -V -A -GC:\DssTech\gs\gs9.05\bin\gswin32c
del .gmt*　*.TAB
```

　　小 G 利用 GMT 脚本绘制出了震源机制解分布图，但是他发现要整理出适合画图的数据却要花费很长世间，他决定利用数据专家编写流程，实现震源机制解分布图自动化绘制。

　　小 G 编写的震源机制解分布图自动化绘制流程，如图 8.3 所示。

图 8.3　震中周边震源机制解流程图

　　流程内容分三步：首先是数据准备，处理好所需的震源机制解数据；之后将数据传入 GMT 中绘制图件；最后使用浏览图件节点查看绘图结果。

　　数据专家利用 GMT 节点，实现和数据专家交互。其交互原理如下：数据以二维表的方式作为参数传入绘图脚本，图形绘制完成之后，由数据专家回收，嵌入报告中。

　　GMT 代码可支持流程变量，实现 GMT 绘图脚本与数据流程之间的参数传递。运行时，数据专家首先将前节点的数据（图 8.4）以文件的形式转存到工作目录中（图 8.5），再

图 8.4　震源机制解原始数据

逐行替换 GMT 代码中流程变量的值，调用 GMT 程序执行图件绘制命令，最终依据指定的输出文件列表，回收绘图文件。在 GMT 节点中，流程变量的使用方式为"＄流程变量名＄"（图 8.6）。

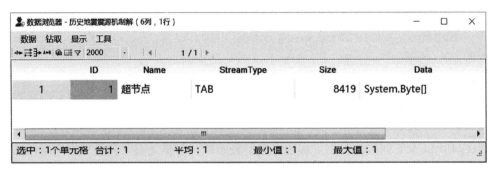

图 8.5　TAB 数据

图 8.6　GMT 节点设置界面图

> **Tip 8-2：在节点脚本中，怎么才能获取输入数据文件的列表呢**
>
> 　　数据专家中，CMD、GMT、Python 等脚本节点的工作原理基本相同，都需要从前节点中把数据转存到工作目录中，再进行处理。在脚本中，如何知道前节点中有哪些输入数据文件呢？这些脚本节点中，都内置了一个名为 inputfiles 的文本型变量，用来表示输入文件列表，使用格式为：$inputfiles$。

8.3　基于 Python 的可视化

　　数据可视化是数据探索的主要途径，其目标是通过所选方法的视觉展示、清晰有效地与用户交流信息。有效的可视化有助于分析和推理数据。这使得复杂数据更容易接触、理解和使用。Python 是目前市面上用于大数据分析和数据可视化的优先选择，一种跨平台的计算机程序设计语言。是一种面向对象的动态类型语言，可以应用于 Web、科学计算和统计、人工智能、教育、桌面界面、后端开发等多种领域。具有数据分析功能强大，对数据抽取、收集整理、分析挖掘及可视化都可以实现，避免了开发程序的切换。Python 的数据挖掘能力和产品构建能力兼而有之，是跨平台且开源的技术，成本较小。

　　Python 语言有标准库和第三方库两类，标准库随 Python 安装包一起发布，用户可以随时使用，第三方库需要安装后才能使用。强大的标准库奠定了 Python 发展的基石，丰富的第三方库是 Python 不断发展的保证，随着 Python 的发展，一些稳定的第三方库被加入到了标准库里面，使得 Python 的应用更加广泛。

　　小 G 要利用 Python 绘制 M-T 图，如（图 8.7）。

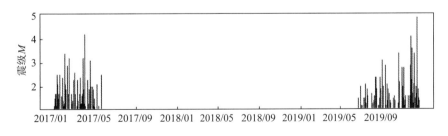

图 8.7　M-T 图

　　有了绘制震源机制解分布图的经验，小 G 上手更快了。这次他自己写出了 Python 绘制 M-T 图的脚本，如下：

```
import matplotlib.pyplot as plt
import numpy as np
plt.xlabel('时间（年 / 月）')
plt.ylabel('震级 /M')
plt.title('M-T Figure')
a = plt.subplot(1, 1, 1)
plt.ylim=(0, 5)
x = $ 时间 $
y = $mag$
plt.bar(x, y, facecolor='black', width=0.01)
plt.show()
plt.savefig("D:/temp.png")
```

之后，小 G 考虑利用数据专家编写流程，实现自动化绘制 M-T 图，他依照脚本内容，总结出绘图需要的数据及其格式，之后编写出如图 8.8 所示的流程。

地震目录   Python   浏览报告

图 8.8　M-T 图绘制流程

其中，地震目录是数据源，数据传进 Python 节点绘制 M-T 图，绘制完成之后交给后边的节点应用图件。整个过程如图 8.9 至 8.11 所示。

	date	year	month	day	hour	min	sec	lat	
1	2017-01-11 00:00:00.000	2017	1	11	21	8	43	36.53	117
2	2017-01-13 00:00:00.000	2017	1	13	8	8	19	31.29	117
3	2017-01-13 00:00:00.000	2017	1	13	9	45	35	29.09	120
4	2017-01-15 00:00:00.000	2017	1	15	5	26	18	35.28	113
5	2017-01-17 00:00:00.000	2017	1	17	16	19	57	31.07	113
6	2017-01-18 00:00:00.000	2017	1	18	11	18	40	36.87	113
7	2017-01-20 00:00:00.000	2017	1	20	13	9	29	36.49	114
8	2017-01-20 00:00:00.000	2017	1	20	17	47	45	31.36	113
9	2017-01-22 00:00:00.000	2017	1	22	7	43	49	35.52	117
10	2017-01-22 00:00:00.000	2017	1	22	19	40	25	31.69	119
11	2017-01-23 00:00:00.000	2017	1	23	16	6	54	31.38	116
12	2017-01-23 00:00:00.000	2017	1	23	20	20	41	36.84	121
13	2017-01-23 00:00:00.000	2017	1	23	22	31	16	33.97	113
14	2017-01-25 00:00:00.000	2017	1	25	10	29	33	36.43	114
15	2017-01-26 00:00:00.000	2017	1	26	2	18	42	33.69	120

图 8.9　原始数据截图

图 8.10　Python 节点设置界面截图

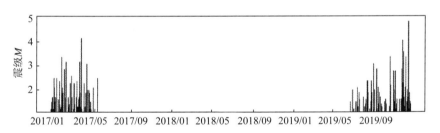

图 8.11　M-T 图显示效果

8.4　ArcGIS 绘图集成

地理信息系统是一门综合性学科，结合地理学与地图学以及遥感和计算机科学，已经广泛地应用在不同的领域，是用于输入、存储、查询、分析和显示地理数据的计算机系统。同时，地理信息系统是一种基于计算机的工具，它可以对空间信息进行分析和处理（简而言之，是对地球上存在的现象和发生的事件进行成图和分析）。GIS 技术把地图这种独特的视觉化效果和地理分析功能与一般的数据库操作（例如查询和统计分析等）集成在一起。

ArcGIS 产品线是 Esri 公司出品的，为用户提供一个可伸缩的、全面的 GIS 平台。ArcObjects 包含了许多可编程组件，从细粒度的对象（例如单个的几何对象）到粗粒度的对象（例如与现有 ArcMap 文档交互的地图对象），涉及面极广，这些对象为开发者集成了

全面的 GIS 功能。目前 ArcGIS 已经广泛应用于地震行业，有许多科研成果的展示，是通过 ArcGIS 实现的。

小 G 要利用 ArcGIS 绘制震中周边断裂带分布图，如图 8.12 所示。

经过学习和反复调试，小 G 编写出 Python 脚本，调用 ArcGIS 绘制震中断裂带分布图，如下：

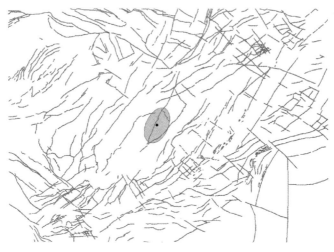

图 8.12　震中周边断裂带分布图

```
# coding=gbk
import xlrd
import xlwt
import arcpy,os,sys
from arcpy import env
env. overwriteOutput = True
ID= []
x= []
y= []
name= []
mag= []
date= []
tpath = os.getcwd() + os.sep + u 'zz.xlsx'
spath = os.getcwd() + os.sep
data=xlrd.open_workbook(tpath)
```

```
# sheets=inputfile.sheets()
# sheet1_by_function=inputfile.sheets()[0]
sheet1_by_function=data.sheets()[0]
n_of_rows=sheet1_by_function.nrows
i=1
while i<n_of_rows:
    l=sheet1_by_function.row_values(i)
    ID.append(l[0])
    x.append(l[1])
    y.append(l[2])
    name.append(l[3])
    mag.append(l[4])
    date.append(l[5])
    i=i+1
    recordnum=len(ID)
arcpy.CreateFeatureclass_management(spath,' ',' POINT')
arcpy.env.workspace = spath
arcpy.AddField_management(' .shp','mag','FLOAT')
arcpy.AddField_management(' .shp','name','TEXT')
arcpy.AddField_management(' .shp','date','TEXT')
arcpy.AddField_management(' .shp','lon','FLOAT')
arcpy.AddField_management(' .shp','lat','FLOAT')
point=arcpy.Point()
rows=arcpy.InsertCursor(spath+".shp")
pointGeometryList=[]
for n in range(recordnum):
    row = rows.newRow()
    point.X=x[n]
    point.Y=y[n]
    pointGeometry=arcpy.PointGeometry(point)
    pointGeometryList.append(pointGeometry)
    row.shape=pointGeometry
```

```
        row.name=name[n]
        row.date=date[n]
        row.mag=mag[n]
        row.lon=x[n]
        row.lat=y[n]
        rows.insertRow(row)
    del row
    del rows
    print "finished!"
```

接下来，小 G 编写流程。将上述脚本接入数据专家，实现自动化绘制，由于 ArcGIS 支持 Python 脚本调用，所以小 G 通过数据专家中的 Python 节点实现上述功能，流程分三部分，如图 8.13 所示。

图 8.13　震中周边断裂带绘制流程图

首先，小 G 用地震位置数据结合震级，确定地震影响范围，再结合断裂带数据生成空间数据；之后，空间数据作为变量传入 Python，脚本调用 ArcGIS 绘制图件；最后，图件返回给数据专家进行进一步应用。

具体过程见图 8.14 至图 8.16。

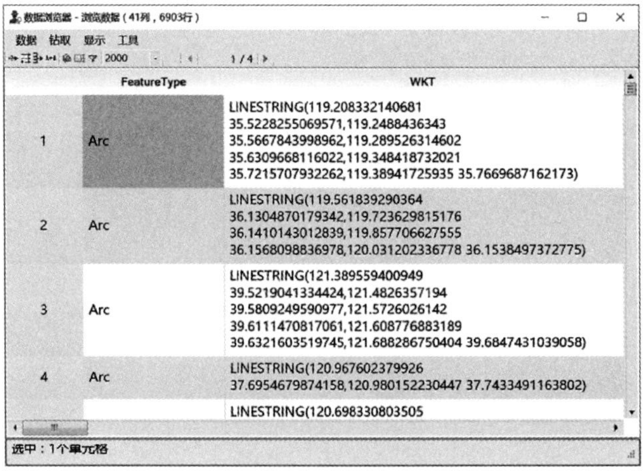

图 8.14　数据图

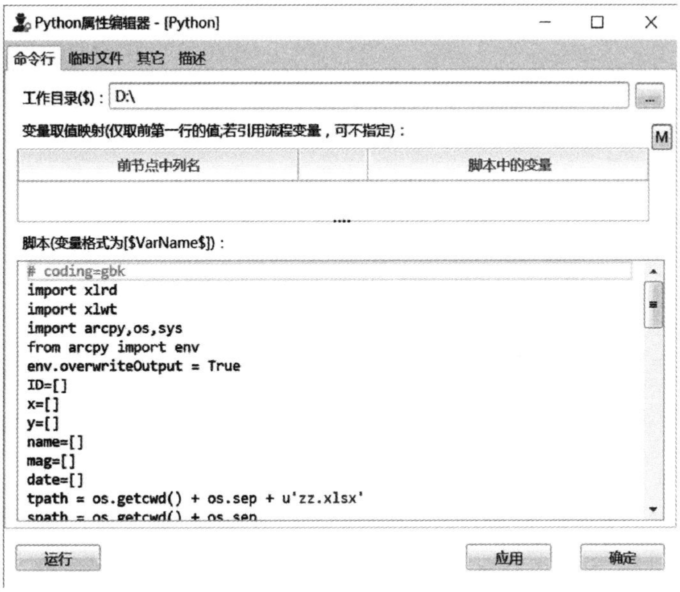

图 8.15　Python 节点设置界面截图

图 8.16　震中周边断裂带分布图

Tip 8-3：浏览报告节点对数据有什么要求

通过前面章节的学习，我们了解到浏览数据节点以二维数据表的形式查看数据流中的数据。

与浏览数据节点不同，浏览报告节点是一种特定数据流的查看方法。这一特定数据流被称之为文件数据流。

借助扫描目录节点，把本地的文件引入数据流程，从而构建文件数据流。

运行时，文件收集器可以将图片、文字、表格或字符串加工成文件数据流。

文件数据流，是一种特殊的数据流，必包含 Name、Data 和 StreamType 数据列，其中 Data 为 Blob 型（Byte[]），存放数据体的内容；Name 为字符型，用于表示数据体的名称；StreamType 为字符型，用于表示数据体的类型。

因此，您也可以构建自己的文件数据流，只要数据流满足文件数据流的格式即可。同时文件数据流的操作方法与数据流相同，您可以进行增、删、改、查等操作。

数据体 Blob 是一种特殊的数据类型，它与文件、字符串 Base64 之间，可以进行相互转换，例如，字符串转换为文件体的方式，可使用 String2Base64(String) 函数实现。各种数据型之间转换方式，如下图所示。

图中箭头标注的内容为数据转换的方法，扫描目录和数据项转存为节点，其他均为函数。

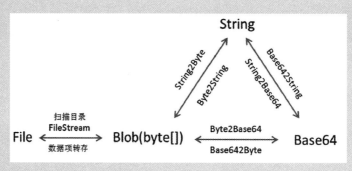

8.5 自动化绘图工具集成

Surfer 由美国 Golden Software 公司出品，具有的强大插值功能和绘制图件能力，是地质工作者必备的专业成图软件。它可以轻松制作基面图、数据点位图、分类数据图、等值线图、线框图、地形地貌图、趋势图、矢量图以及三维表面图等系列图件。提供 11 种数据网格化方法，包含几乎所有常用的空间数据网格化方法；提供各种常规图形图像文件格式的输入输出接口，支持常规 GIS 软件数据格式，方便文件和数据的交流和交换；提供完善的脚本编辑引擎，可用于自动化绘制各类图件。

　　基于 Surfer 软件的特性，小 G 决定利用它绘制震后烈度分布图。经过几天的学习和调试，小 G 编写出 VBS 脚本，调用 Surfer 绘制震后烈度分布图，脚本如下：

```
#path= "D:\ProgramFiles\sufer16\Golden Software\Surfer 16\Scripter.exe" -x {script}
Sub Main
Debug.Clear
' Declare the variable that will reference the application
Dim SurferApp As Object
Set SurferApp = CreateObject("Surfer.Application")
SurferApp.Visible = True
' Declares Plot as an object
Dim Plot As Object
Set Plot = SurferApp.Documents.Add
' Declares MapFrame as Object
Dim MapFrame As Object
' Creates a contour map and assigns the map frame to the variable "MapFrame"
Set MapFrame = Plot.Shapes.AddContourMap(GridFileName:="D:\数据专家书籍\书稿\绘图\samples\等值线数据.grd")
' Declares ContourLayer as an Object and assigns the contour map to variable "ContourLayer"
Dim ContourLayer As Object
Set ContourLayer = MapFrame.Overlays(1)
' Sets the contour level method to Simple
ContourLayer.LevelMethod = Simple
' Reports the minimum contour
Debug.Print ContourLayer.LevelMinimum
' Reports the maximum contour
Debug.Print ContourLayer.LevelMaximum
' Reports the contour interval
Debug.Print ContourLayer.LevelInterval
' Sets the simple minimum contour value, maximum contour value, and contour interval
    ContourLayer.SetSimpleLevels(Min:=1, Max:=5, Interval:=1)
' Sets the major contour every value
ContourLayer.LevelMajorInterval = 1
' Fills the contours
```

```
ContourLayer.FillContours = True
' Selects the fill colors
ContourLayer.FillForegroundColorMap.LoadPreset（"Yellow-Red"）
' Shows the color scale
ContourLayer.ShowColorScale=True
' Sets the major contour line properties. Use properties of LineFormat object.
ContourLayer.MajorLine.ForeColorRGBA.Color = srfColorRed
' Sets the minor contour line properties. Use properties of LineFormat object.
ContourLayer.MinorLine.ForeColorRGBA.Color = srfColorPink
' Show the major contour labels (default is True)
ContourLayer.ShowMajorLabels = True
' Show the minor contour labels (default is False)
ContourLayer.ShowMinorLabels = False
' Sets the label font, use the FontFormat object properties
ContourLayer.LabelFont.Face = "Calibri"
' Sets the label format, use the LabelFormat object properties
ContourLayer.LabelFormat.NumDigits = 5
' Sets the label orientation uphill
ContourLayer.OrientLabelsUphill = True
' Save Picture '
Plot.SaveAs（"output" + ".png"）
End Sub
```

绘图效果如图 8.17 所示。

小 G 编写了流程，实现了地震发生后自动绘制出烈度分布图，流程如图 8.18 所示。

Tip 8-4：报告中的节点描述文字内容怎么加

　　文件收集器可收集输出图片、表格等数据体，同时也可将前节点中描述信息存放于 Description 列中；Description 列是文件数据流的可选字段，在生成报告过程中，可以作为段落的文字描述信息或是图片、表格的题注信息。

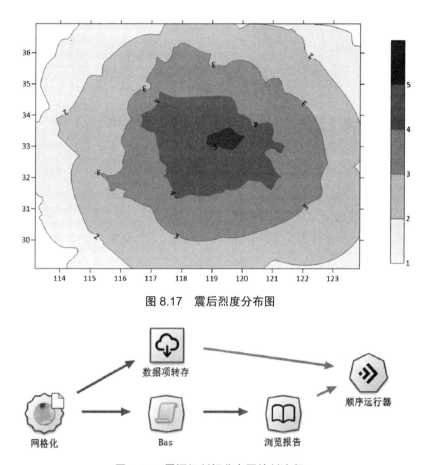

图 8.17 震后烈度分布图

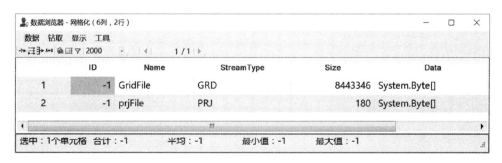

图 8.18 震源机制解分布图绘制流程

小 G 此次编写的流程和之前不同，之前的流程数据都是通过数据流的形式直接被绘图脚本调用（数据专家自动转存数据），而此次，则是小 G 先将绘图数据利用数据专家组织好；通过数据项转存节点，将数据文件保存到工作目录中（半自动数据转存）；再使用 BAS 节点调用 Sufer 工具绘制图件。具体过程见图 8.19 至图 8.21。

图 8.19 网格数据图

Tip 8-5：如何设置报告的层次

　　报告是数据专家的最常见的输出物之一，一般认为报告的组织结构包含递进与包罗两种关系。递进关系，即段落与段落之间的先后并列关系；而包罗关系则是指各级标题之间的层级关系，一级标题下的二级标题。

　　数据专家中递进关系由二维表中的记录顺序来确定；包罗关系由节点的先后关系来确定，由报告组件完成；报告节点中可将输出流格式设置成 Html-Tag，意为报告组件，即将输出物视为报告的一部分，如三级标题中的一段内容。您需设置输出标题的级别，以便于系统对报告组件进行层级编号，与其他的报告组件或内容共同组建一份完整的报告。

图 8.20　Bas 节点设置界面截图

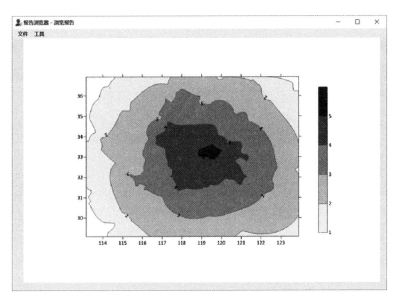

图 8.21　烈度分布效果图

8.6　小结

　　地震科研工作研究中，对数据的可视化水平要求较高，很多时候，数据专家内置的数据可视化功能不满足某些地震数据的可视化要求，或者渲染的效果不如专业软件好，数据专家提供了可用于集成 GMT、Python、ArcGIS、Surfer 等第三方专业可视化软件的接口。

　　在本章中，小 G 分别用 GMT 绘制了震中周边历史地震震源机制解分布图，用 Python 绘制了 M-T 图，用 ArcGIS 绘制了震中周边断裂带分布图，用 Surfer 绘制了地震烈度分布图，并且实现将以上软件绘图脚本接入数据专家，实现自动化图形绘制，改变了之前重复、机械化的数据准备与报告组织的工作方式，大大提高了科研成果产出效率。

在上述场景中，小 G 用数据专家完成了简单的任务，而在实际业务中，地震数据可视化工作会非常复杂，有一些甚至难度会比较大。但是，读者只要顺着小 G 解决问题的思路，理解数据专家的特性，充分利用数据专家，大部分问题都会化解成数据专家中各个节点及函数的组合，从而全面实现图件绘制自动化，减轻工作负担。

第9章　专题图与空间分析

　　地震科学研究离不开地图，这就涉及到地理空间数据，对这类数据的管理与传统的关系型数据库不同，这里涉及到一个空间数据库（Geodatabase）的概念，而与之配套的技术便是地理信息系统（GIS）。小 G 并不懂得什么是空间数据库，以及如何实现地理信息系统的功能，那么，还是回到业务工作本身，我们看看最近小 G 又面临着要解决什么样的新问题。

　　首先，小 G 接到一个研究陕西省内不同城市的抗震设防烈度状况的课题，其中要求用专题图来展示各地抗震设防烈度。这里提到的区域专题图是反映对象空间分布特征的方法，如：人口分布图、城市分布图、建筑分布图、抗震设防烈度分布图等。数据专家提供了区域分布、地理图等多种区域专题图制作方案。其次，小 G 还需要研究汶川地震余震发生的空间分布规律，通过地震目录等信息来划定一个余震区，这样以便后续对发生的地震做出判定，通过是否发生在这个余震区来给出不同的应对措施。下面小 G 和大家一起来探索数据专家提供的 GIS 功能，并尝试完成上面的两项新任务。

9.1　初始 GIS 工具

　　数据专家中已经集成了一套 GIS 工具，通过在图 9.1 所示的主界面工具栏上的地图浏览器按钮，可以直接打开地图浏览器。

图 9.1　地图浏览器入口

9.1.1　基本功能

图 9.2 是地图浏览器主界面，其中可划分为主菜单栏、工具栏、图层管理区、地图显

129

示区和状态栏五个功能区。主菜单栏中，文件菜单提供新建、打开、保存地图文件以及新建图层、导入数据等操作；视图菜单提供浏览器功能区显示控件；分析菜单提供缓冲区分析、绘制等值线、空间关系查询、图元聚类分析、创建外包络线等空间分析功能；工具菜单提供图元数据钻取设置功能。

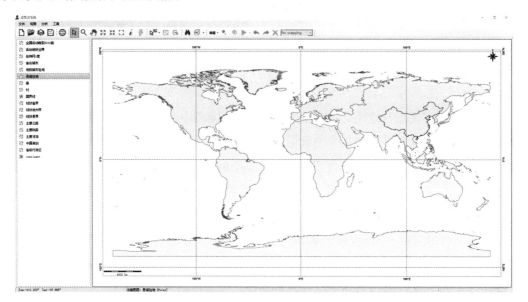

图 9.2　地图浏览器启动后界面

首先，我们可以点"文件"菜单，可以新建、打开、保存图件和添加图层。新建图件负责创建一个空白图件；打开图件支持从本地文件夹中打开一个图件，支持格式包括 ArcView Shape File、MapInfo WorkFile、OpenStreetMap 等近百种 GIS 通用数据格式；保存图件提供保存当前地图文件，一般当图件做了修改后才可用；添加图层是以追加的方式，向当前打开的图件中添加一个或多个空间文件，在追加过程中，系统将根据追加图层类型进行图件的加载顺序优化，并指定图层的默认样式。

Tip 9-1：图元在地图上定位不出来怎么办

　　坐标不一致，经纬度、横纵坐标整反了是空间分析中很常见的错误，当把这类图元投影到地图上时，会出现黑屏、白屏或位置不对的现象。

　　在使用坐标时要特别注意经度与纬度的区分；中国范围内（经度：73 ~ 135，纬度：3 ~ 53）通常经度为 3 位，纬度为 2 位。

在统一坐标时，使用投影变换节点，将高斯投影坐标向转换到 WGS84 变换，此时系统不严格区分横纵坐标，系统将自动区分中国范围内的高斯坐标（横坐标为 8 位，纵坐标为 7 位）。

其次，如果要新加一些地图信息或要素，需要使用"新建图层"功能，新建是根据指定的投影系统、图元类型及字段列表，创建一个新的地图图层，如图 9.3 所示。

图 9.3　新建图层

另外，对于 EQT 标准格式的地震目录，可以直接导入到地图浏览器，加载文件后弹出图 9.4 所示的对话框，支持时间、震级、深度等范围的限定。其中，数据微调功能，在原始的震中坐标的基础上进行了数据优化处理，从而优化震中的空间显示效果。

最后，浏览器提供的"导出"功能可将当前视域保存为图片文件。

9.1.2　绘图功能

在地图浏览器中，支持 GIS 最常用的地图操作功能，如缩放、平移、放大一倍、缩小一倍等，并提供地图自动缩放及属性查询等功能。点击属性查询按钮，选择图元对象后，

图 9.4　加载地震目录数据

图 9.5　工具栏不同布局方式

可以得到图 9.5 所示的查询窗口，切换至图元信息窗口，提供可见图层、可选图层等多个图层同时探查模式。

　　对于空间离散点表示的物理场，通常需要插值获得网格化数据，实现等值线图的绘制。在该工具中提供了地统计分析功能，可方便快捷地实现上述目标。如图 9.6 所示，软件中支持反距离权重、普通克里金插值、规则样条插值等多种等值线绘制算法；灵活多样的充填色编辑与应用机制为用户提供优质体验效果。

图 9.6　地统计分析节点设置

通过插值获得网格化后数据，再进行等值线图渲染后，一张具有地球物理场信息的地图显示效果便如图 9.7 所示。

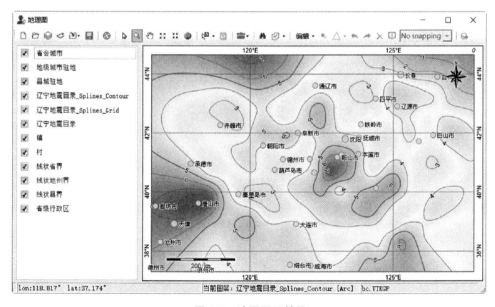

图 9.7　地图显示效果

如果大家注意看图 9.7，可以看出地图中标注了经纬度网格信息，但在左边图层列表中没有专门的图层对象。这是由于在地图浏览器中已经提供了多种投影变换和经纬网自动生成的算法。

图 9.8 是不同坐标系统下的投影地图样式。

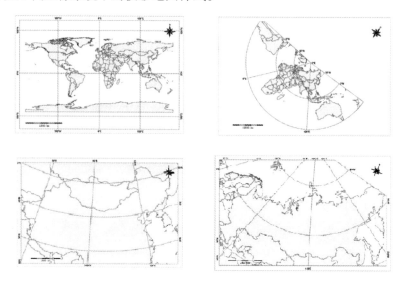

图 9.8　不同坐标下的视图

具体设置可以通过地图浏览器工具栏中的"坐标系统与网格"按钮激活图 9.9 所示的设置对话框。

图 9.9　坐标系统与网格设置界面

如果我们对地图工具栏按钮的功能不熟悉，图 9.10 给出了全部按钮的功能说明。

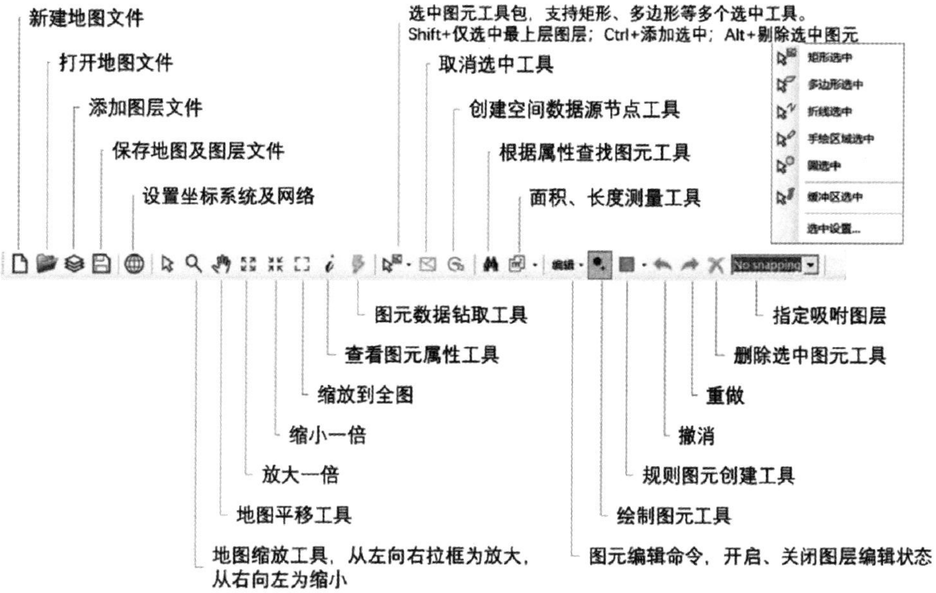

图 9.10　地图工具栏

9.1.3　扩展功能

除此之外，我们的地图浏览器还支持空间分析和数据钻取管理等一系列扩展功能。空间分析简单地讲就是要知道一个地理对象周边有哪些对象，即拓扑关系。下面我们看一下地图浏览器的几个扩展功能。

1. 缓冲区分析

切换至缓冲区分析模式；求选中图元的缓冲区，用户可以指定缓冲距离，或通过鼠标拖拽定义缓冲区范围，如图 9.11 所示。

2. 空间关系查询

提供一组空间关系查询图元的功能，将空间关系进行可视化展示。同时，提供数据映射功能，将当前已选中图元（空间关系查询之前）的值赋值到目标图元上，大幅度减少了空间操作的步骤，查询界面如图 9.12 所示。

3. 数据钻取管理

数据钻取的详细概念在后面章节（10.5 节）还会提到，在这里是指根据图元的属性字段名和数据钻取工具管理器中指定的数据钻取项之间的对应关系，触发图元数据钻取功能。开启数据钻取管理器如图 9.13 所示，在管理中允许用户添加、修改、删除图元钻取功能菜单。

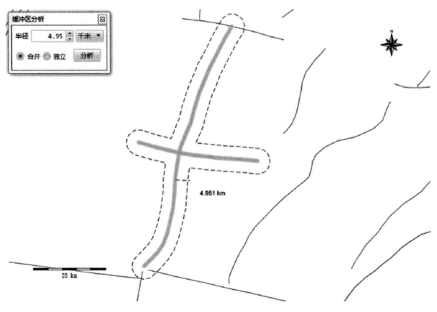

图 9.11　缓冲区分析

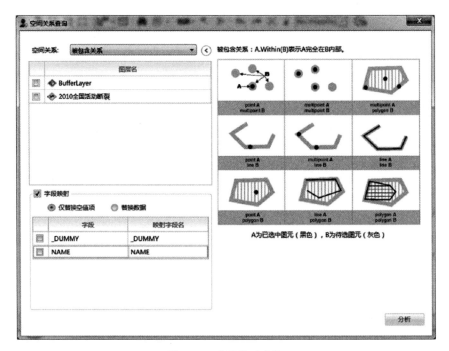

图 9.12　空间关系查询

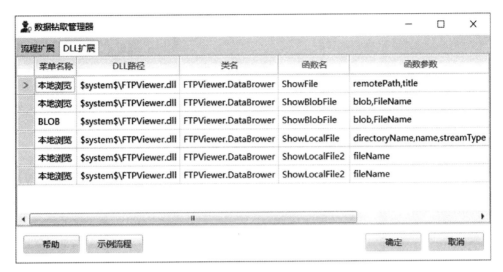

图 9.13　数据钻取管理器

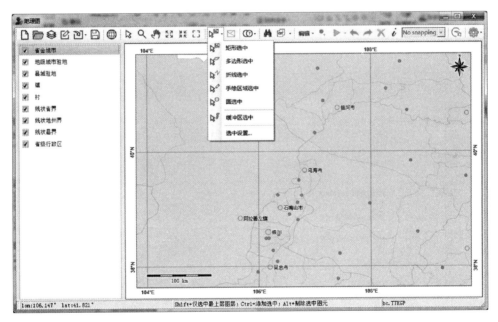

图 9.14　多种方式筛选空间数据

4. 选取工具组

提供了矩形选中、多边形选中、手绘区域选中、圆选中、折线选中、缓冲区选中共六种模式选中工具，弹出菜单样式如图 9.14 所示。状态栏中将显示选中图元的统计结果。

六种模式分别对应的选中效果如图 9.15 所示。

另外，还允许用户设置选中方式，在如图 9.16 所示的界面中，用户可以设置选中图

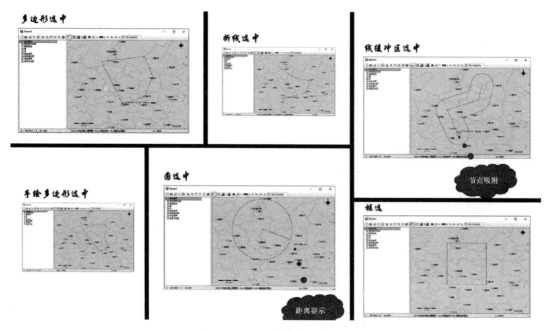

图 9.15　不同筛选方式的效果

图 9.16　选择可见图元

元的方式及缓冲选中的距离；同时为了方便选取操作，还提供了顶部图层、可见图元、可见图层等选中模式。

5. 创建空间数据源节点

在浏览器的工具栏中，提供了创建空间数据源节点按钮。该功能一般在探索性的数据分析中非常有用，可以实现在数据专家流程区创建缓冲数据节点，其数据为选中图元的属性数据；若图元涉及多个图层，将合并多个图层的属性字段列表。

6. 查找图元

提供根据图元的属性信息查询图元功能（图 9.17），用户可以指定查询关键字、查询方式等查询条件；在查询结果中双击图元记录，地图显示区的图元会高亮闪烁。

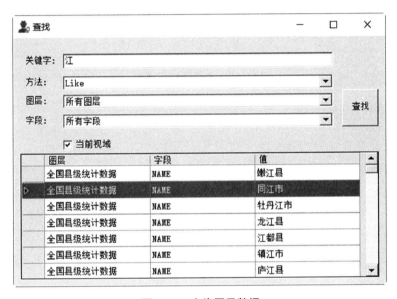

图 9.17　查找图元数据

7. 测量长度

切换至测量长度模式；提供一个测量尺用于测量长度。

Tip 9-2：为什么空间距离求不出来

数据专家中提供多个距离计算数，如 CentroidDistance、DistanceByDegree、DistanceByMeter 等，这些空间分析方法都基于 WGS84 坐标系统。因此，在空间分析时，需先将图元坐标进行投影变换，将其统一到经纬度（WGS84）上。

8. 量面积

切换至测量长度模式；提供一个测量尺用于测量面积。如图 9.18 所示。

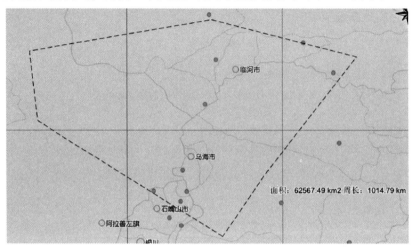

图 9.18　测量面积示意图

9.1.4　图元编辑功能

地图浏览器也提供一组点、线、面图元的编辑功能，如图 9.19 所示。同时，支持三角形、正方形等常规图形的快速绘制。图元编辑是基于当前图层的（可在图层管理栏中选中一个矢量图层，作为当前图层），不同的图层所支持编辑的内容不同。

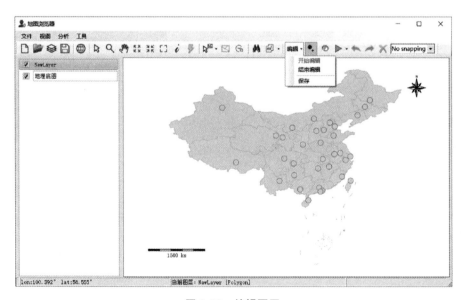

图 9.19　编辑图层

通过开始编辑和结束编辑切换，用户可以在当前图层中创建图元。

需要注意的是，可以创建的图元类型与图层设置有关。对于面图元类型，系统支持创建复杂图元功能，包括：三角形、正方形、五边形、五角星、六边形、圆形等。对创建后的图元，可以通过编辑图元按钮，在地图上实现交互式编辑，效果如图 9.20 所示。

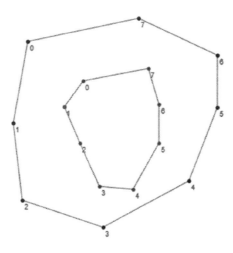

图 9.20　图层编辑效果

另外，还可以在图元编辑过程中，撤销当前的操作，重做撤销的操作，以及实现删除选中的一个或多个图元。对于精细编辑，支持图元端点自动吸附的图层功能。

9.1.5　图层管理栏菜单

在图层管理区，通过右键弹出菜单如图 9.21 所示，提供一组关于图层的操作工具，如属性表、选中图元、图层属性等功能。

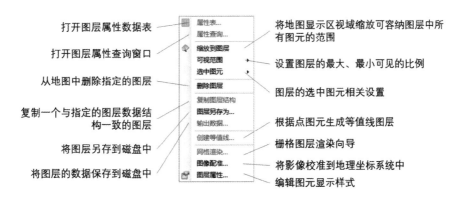

图 9.21　图层管理弹出菜单

1. 属性表与属性查询

打开矢量图层的属性数据表，系统提供一组强大的关于属性数据表操作功能（在本文后面部分将详细描述）。而属性查询则提供一种类 SQL 语言的查询图元的方法，用户可以创建表达式查找图元，同时也可以指定查询结果的输出方式，如创建选中、添加选中、删除选中等，查询界面如图 9.22 所示。

图 9.22　图层属性查询

其他的菜单项内容如：缩放至图层、可见范围、选中图元等操作相对容易理解，用户可以通过实践操作来体会功能含义。

除此之外，菜单中的删除图层是指从地图图件中删除当前图层，磁盘中图层文件不变；而复制图层结构是指复制当前的图层的结构，并新建一个图层；图层另存为是导出当前图层中的所有图元，可以用于图层文件格式的转换；输出数据是将当前图层所有图元的属性数据输出为 Excel 文件；网格渲染可开启栅格图层渲染向导窗口，对于网格（GRID）文件进行渲染；图像配准是将影像校准到地理坐标系统中，为图像数字化打基础。

2.图层属性

可以打开下图所示的图层编辑属性窗口，用户可以进行图元线型、图元大小、标签样式等图层显示样式的创建与修改。

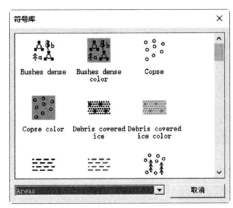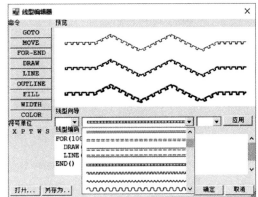

图 9.23 符号库界面

9.1.6 属性表工具箱

地图浏览器面向矢量图层的属性数据，还提供了一套编辑、查询与分析功能。用户可以从图层管理栏右键菜单中开启属性数据表（图 9.24）。属性表具有两种模式：所有图元数据与仅选中图元，模式切换位于窗口的最下方。

GIS_UID	GIS_LENGTH	GIS_AREA	AREA	PERIMETER	PROVINCE	NAME	ENAME	GB1999	TOWNS
1	661842	18070653389	18101666000	665425.69	23	南充市	nohexian	440825	17
2	582069	14141716887	14166033000	583142.81	23	塔河县	tahexian	232722	3
3	1278608	30362949852	30415041000	1277285.3	15	额尔古纳右旗	geergunyouqi	152105	0
4	1207686	31536302187	31590267000	1209216.4	23	呼玛县	humaxian	232721	10
5	841993	19773196108	19807111000	839650.75	15	额尔古纳左旗	geergunzuoqi	152106	4
6	1332202	55535699918	55630975000	1331748.3	15	鄂伦春自治旗	elunchunziz...	152127	6
7	540704	13904196719	13928034000	539919.5	23	黑河市	heiheshi	231101	0
8	858737	16000853586	16028258000	856922.94	23	嫩江县	nenjiangxian	231121	18
9	1176063	27444778880	27491791000	1175707.9	15	牙克石市	yakeshishi	152104	0
10	526536	8941846350	8957250600	526856.13	65	哈巴河县	habahexian	654324	6
11	577384	10229889747	10247430000	577454.13	65	布尔津县	buerjinxian	654321	6
12	603430	17368333353	17398092000	603509.38	23	逊克县	xunkexian	231123	12
13	284294	4323654413	4331044400	284779.22	23	孙吴县	sunwuxian	231124	12
14	473908	6965088404	6977057300	473863.19	23	嘉荫县	jiayinxian	230722	9
15	577837	9647186611	9663681500	577033.63	15	莫力达瓦达...	molidawadah...	152123	21
16	403541	6130521816	6141068800	404010.38	23	抚远县	fuyuanxian	230833	6
17	681249	18239936981	18271033000	682370.69	15	陈巴尔虎旗	chenbaerhuqi	152131	8

图 9.24 图层属性表

在图层属性表界面中的主菜单部分，提供了一组关于整个数据表操作功能集合，如文字查找与替换、新增列、重置等。界面如图 9.25 所示。

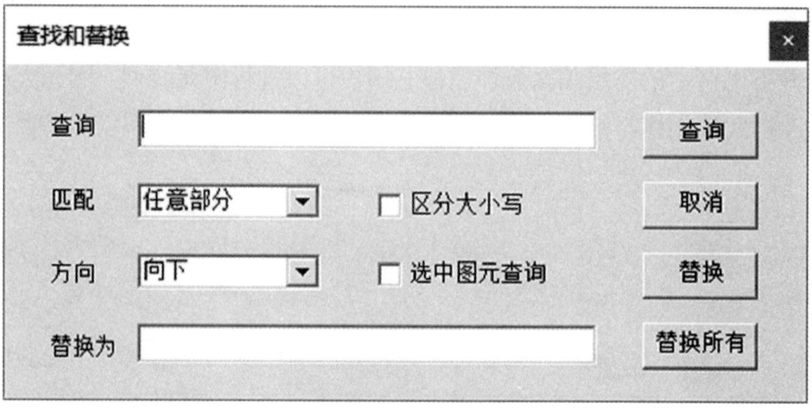

图 9.25　查找和替换

图 9.25 中的查找与替换提供字符串的查找与替换的功能，仅支持在选中图元范围内查找与替换。另外，在字段头右键菜单中，提供了一组关于数据列操作的功能集合，如排序、字段计算、汇总、统计等，界面如图 9.26 所示。

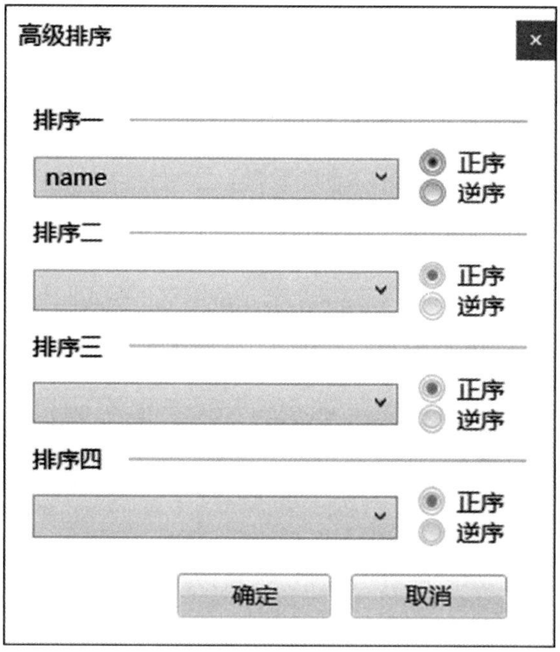

图 9.26　排序界面

通过字段计算功能，还可以生成数据项中的数值，计算器如图 9.27 所示。

针对于字符串型字段，还提供图 9.28 所示的数据汇总功能，汇总结果可导出为 Excel 文件。

图 9.27 字段计算器

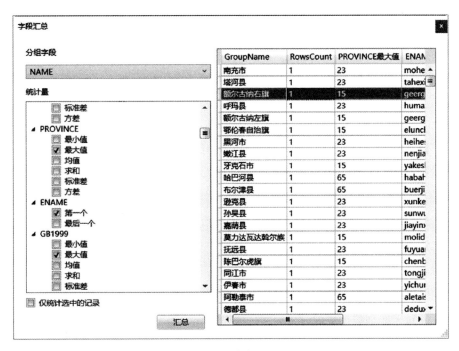

图 9.28 字段汇总

统计则是针对于数值型字段，提供的数据直方图统计功能，以探查数据分布情况，界面如图 9.29 所示。

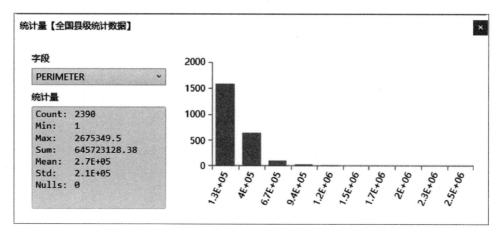

图 9.29　字段统计汇总结果

9.2　位图矢量化

在数据专家工具箱中有一个名为区域分布的节点，该节点用于可视化展示区域数据某一方面特征，可预置多个面图元数据。面图元是区域分布图的载体，专题图节点已经预置了陕西省各个市县的边界图元，但小 G 想要自己练习创建图元，则需要首先在地图浏览器中绘制图元。

9.2.1　位图配准

小 G 打开数据专家的工具栏，点击地图按钮，打开地图浏览器。打开地图文件工具，加载名为"陕西地图"的 JPG 图片文件，准备位图配准。如图 9.30 所示。

地图的数据格式大体可以分为两类，一种是矢量数据，利用欧几里德几何学中点、线、面及其组合体来表示地理实体空间分布的数据组织方式，如 ArcGIS Shape File、MapInfo Tab、AutoCAD Dwg 等；另一种是位图数据，又叫点阵图或像素图，图像是由像素点组成的，每个点用二进制数据来描述其颜色与亮度等信息，这些点是离散的，类似于点阵。

位图像素点坐标与真实地理坐标之间的校正工作，称之为图像配准。图像配准是给定两幅待配准的图像，对其中一幅图像作变换使得变换后的图像与另一个图像内容在拓扑和几何上相对齐。而对于地理数据来说，可以将一幅图像作为待配准图像，将另一幅具有一定坐标系统下的经纬网地图对待配准图像进行坐标匹配，使其配准后的图像具有实际的地理坐标值。

数据专家提供图像配准功能（图 9.31）。在图层的右键菜单中，单击图像配准菜单项，开启图像配准功能。在地图显示区，绘制图像像素坐标与地理坐标配对关系，并单击确定按钮，完成影像配准工作。

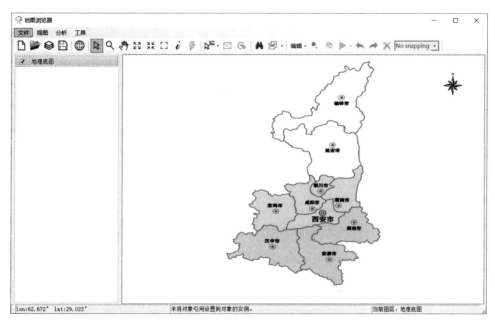

图 9.30　加载陕西地图图片

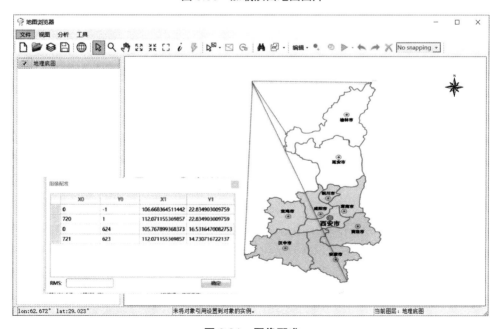

图 9.31　图像配准

数据专家系统中图像配准采用仿射变换方法，它能够保持图像的"平直性"，包括旋转、缩放、平移、错切操作，配准的结果以 World file 的格式存储。World file 是 GIS 领域里用来给普通栅格图片添加地理参考的纯文本文件格式（由 Esri 公司制定）。World file 文件名和主图片的文件名一致，但是扩展名不同，将文件扩展名中间的字符去掉，再加上字符 w，如：water.jgw，water.tfw，water.pgw。World file 没有指定坐标系，坐标系信息通常是直接保存的图片本身（如：geotiff），或者在附加文件里，如 esri 的 .prj 文件就是指定坐标系的文本文件。仿射变换是一种相对简单的图像配准技术，更复杂的变换工作需要小 G 使用 ArcGIS 等专业软件进行。

9.2.2 创建多边形图层

图像配准将图像校正到真实的地理坐标系统之中，接下来小 G 需要创建一个矢量图层，以便于存放图元数据。点击文件菜单中的新建图层菜单项，打开新建图层窗口。设置图层的名称、投影系统、图元类型及字段等系列的参数。点击创建按键，在图层管理区中创建矢量图层，该图层为 ArcGIS Shape File 文件（一种区分图元类型的空间文件格式），存储在系统的临时文件夹下。如图 9.32 所示。

图 9.32 新建陕西省城市边界图层

9.2.3 绘制多边形图元

数据专家提供丰富的图元创建方法，支持快速创建各种规则的多边形、手工绘制图元等功能。小 G 创建图元分以下五步：

第一步，选中图层栏中的陕西省城市边界图层；

第二步，单击编辑工具组中的开始编辑菜单项，开启图层编辑状态；

第三步，单击绘制图层工具，在地图显示区绘制多边形；

第四步，在地图显示区的右键菜单中，单击 End Shape 菜单项，结束当前图元绘制工作；

第五步，多个多边形创建完成后，需在编辑工具组中使用结果编辑菜单，关闭图层

9.2.4 图元属性赋值

属性是图元必不可少的组成部分，小 G 使用图层属性表，给图元属性赋值。在陕西省界图层右键菜单中，单击属性表菜单项。打开图元属性数据表，在 Name 列输入相应图元的名称信息。如图 9.33 所示。

	GIS_UID	GIS_LENGTH	GIS_AREA	NAME	AREA	PERIMETER	TOWNS
1	1	45620611	29904890216855	榆林市	11583462.72399	30001150.78	0
2	7	94373543	12415047948298	延安市	4754809.4571	12314949.24	6
3	2	199727991	44905638682992	汉中市	17317280.092	44851729.02	1
4	3	26431617	7686937235563	安康市	2973612.2055	7701651.076	2
5	8	105066170	9938915741612	商洛市	3821854.34569	9898596.925	7
6	4	234250429	24266374491907	宝鸡市	9339528.4866	24189364.53	3
7	5	23098545	428854942325	咸阳市	165678.71418	429107.617	4
8	6	60617111	17703637379530	渭南市	6856255.3355	17757690.86	5
9	7	261214132	87395363737213	西安市	6856255.3355	3276891965	8

（共 1 个图元，选中 0 个）

图 9.33 图元属性设置

9.2.5 保存图元数据

小 G 通过另存为的方式将矢量图层中的数据保存到磁盘目录中，便于再次使用或与人分享。小 G 将刚刚绘制好的图层保存为 GeoJSON 的文件格式，以便于区域分布节点使用。在图层右键菜单中，将绘制好的图层以 GeoJSON 的格式另存到"D3\Examples\map\data"目录下。如图 9.34 所示。

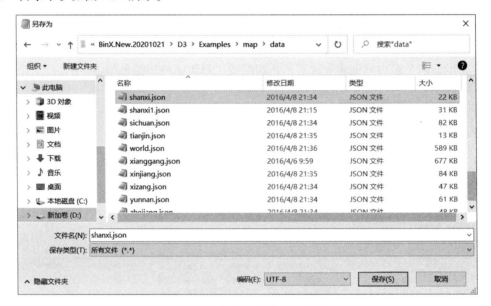

图 9.34　保存陕西省城市边界数据

9.3　专题图绘制

9.3.1　区域分布节点法

陕西省各地的抗震设防烈度如下：

（1）抗震设防烈度为 8 度，设计基本地震加速度值为 0.20g：

第一组：西安（8 个市辖区）、渭南、华县、华阴、潼关、大荔

第二组：陇县

（2）抗震设防烈度为 7 度，设计基本地震加速度值为 0.15g：

第一组：咸阳（3 个市辖区）、宝鸡（2 个市辖区）、高陵、千阳、岐山、凤翔扶风、武功、兴平、周至、眉县、宝鸡县、三原、富平、澄城、蒲城、泾阳、礼泉、长安、户县、蓝田、韩城、合阳

第二组：凤县

（3）抗震设防烈度为 7 度，设计基本地震加速度值为 0.10g：

第一组：安康、平利、乾县、洛南

第二组：白水、耀县、淳化、麟游、永寿、商州、铜川（2 个市辖区）、柞水

第三组：太白、留坝、勉县、略阳

（4）抗震设防烈度为 6 度，设计基本地震加速度值为 0.05g：

第一组：延安、清涧、神木、佳县、米脂、绥德、安塞、延川、延长、定边、吴旗、志丹、甘泉、富县、商南、旬阳、紫阳、镇巴、白河、岚皋、镇坪、子长

第二组：府谷、吴堡、洛川、黄陵、旬邑、洋县、西乡、石泉、汉阴、宁陕、汉中、南郑、城固

第三组：宁强、宜川、黄龙、宜君、长武、彬县、佛坪、镇安、丹凤、山阳

小 G 新建一个数据表节点，包含城市名和设防烈度两列信息。如图 9.35、图 9.36 所示。

图 9.35 设防烈度数据

图 9.36 绘制设防烈度专题图流程

添加一个区域分布节点，选中"陕西省城市边界"底图（若下拉列表中，未出现该底图的名称，重启一下数据专家即可）。将图形显示长宽比设置为1。如图9.37所示。

运行区域分布节点，自定义的区域分布渲染效果如图9.38。

图 9.37　区域分布节点设置

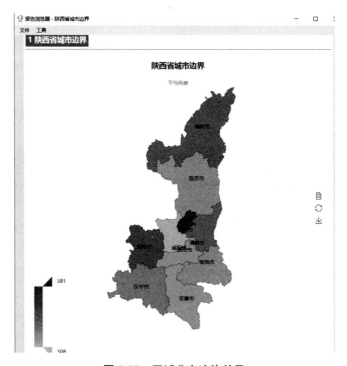

图 9.38　区域分布渲染效果

使用专题图节点的关键是字符匹配。数据专家运行时，通过字符匹配建立起底图类型与底图文件、区域名称与图元名称之间的对应关系。底图类型对应于特定的 JSON 数据文件，它们位于数据专家运行目录"D3\Examples\map\data"子目录中。使用流程变量作为底图类型时，须注意流程变量的值是否与底图类型相一致，并确保底图文件存在，节点才能正常运行。区域名称与地图图元名称之间的对应，依据文本相似度进行匹配（然而人们在表述地名信息过程中，对市、县、区的表述时常比较模糊），因而，需留心节点运行日志，及时调整数据中区域名称信息，以便获得准确的区域分布图。

专题图节点除提供世界、中国和 33 个省市级地图底图之外，还提供自定义底图的功能。在使用自定义底图时，需要按照小 G 上述的步骤，创建自己的底图数据，之后将底图的 GeoJSON 数据文件放置到"D3\Examples\map\data"中。

Tip 9-3：专题图的底图数据太大，能压缩吗

数据专家中为了加快 GeoJSON 的传输速度，可对 GeoJSON 中的坐标信息进行压缩，减少坐标的数据量。

压缩需采用 zigzag 算法，原理是压缩多余的因补位造成数据变大的问题，它的原理是把符号位向右移到最前一位，对负数除最后一位按行求位非；正数求不变。

zigzag 压缩比例是相当高的，这在网络传输上能够加快传输速度，现在客户端的计算机性能都是可以的，解析并不需要很长的时间。

9.3.2　地理图节点法

除了应用专题图节点外，小 G 还尝试应用地理图节点绘制区域分布专题图，地理图节点是地图浏览器的入口，地图浏览器中提供丰富的图元可视化功能。

1. 将图元保存到流程中

在地图浏览器（图 9.39）中，选中多个图元，点击创建空间数据源节点，系统会在流程编辑区创建一个数据表格节点，并将图元及图元的属性数据保存在其中。

创建的表格数据节点，包含 FeatureType、CS、AREA、PROVINCE、WKT、EPSG、ShapeType 和 Name 等数据列（图 9.40），其中 WKT 为图元坐标，EPSG 为图元的坐标系统，ShapeType 为图元类型，Name 为属性数据。

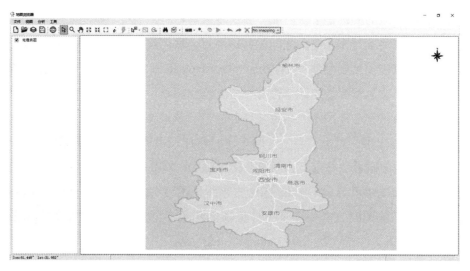

图 9.39　地图浏览器

	FeatureType	CS	AREA	PERIMETER	PROVINCE
1	Polygon	7001496	2611734300	339380	46
2	Polygon	7001496	2021926100	235137	46
3	Polygon	7001496	401981310	104982	46
4	Polygon	7001496	1519031400	187498	46
5	Polygon	7001496	2097761800	255998	46
6	Polygon	7001496	3596346600	351899	46
7	Polygon	7001496	1260204300	205929	46
8	Polygon	7001496	1261494400	175116	46
9	Polygon	7001496	1589083800	241461	46
10	Polygon	7001496	1731033300	195260	46
11	Polygon	7001496	2177225500	226758	46
12	Polygon	7001496	3365153500	312314	46
13	Polygon	7001496	2422851100	222606	46
14	Polygon	7001496	1557277400	239014	46
15	Polygon	7001496	2626459400	251587	46

图 9.40　图元数据

2. 制作可视化流程

使用联合节点，将存有不同县市防震烈度数据的表格数据节点和图元数据联合在一起，使用 Name 字段为联合关键字，为地理图节点提供数据源（图 9.41）。地理图属性编辑器，将数据类型设置项为图元，标记字段项设置为 Name，图元坐标项设置为 WKT（图 9.42）。

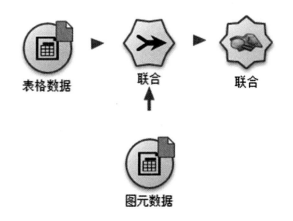

图 9.41　地理图节点绘制专题图流程

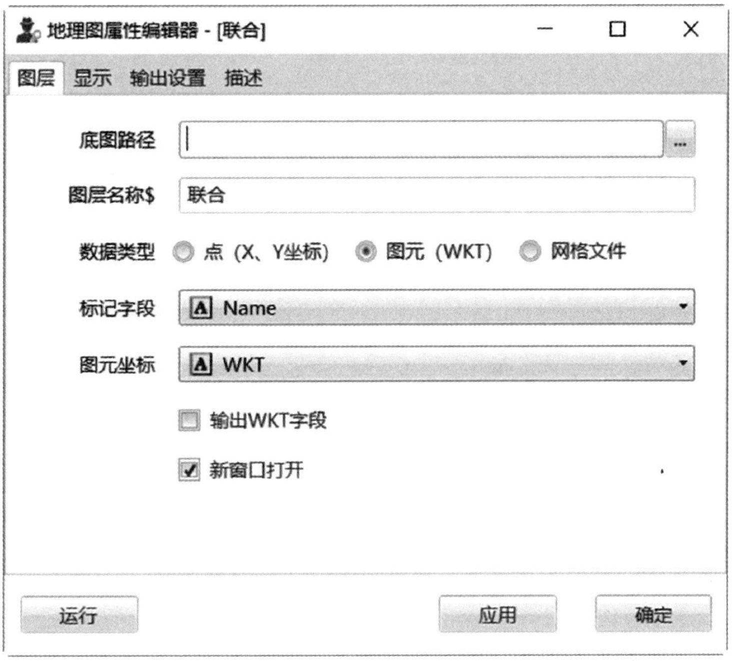

图 9.42　联合节点设置

3. 图元渲染

运行地理图节点，开启地理图浏览器。在图层属性编辑器的渲染页签中，将着色表达式设置为 Value，通常需要设置第一组的间隔、最小值和最大值，并设置开始颜色与结束颜色（图 9.43）。

在面图元页签中，将图案项设置为填充，颜色项指定为根据渲染（图 9.44）。

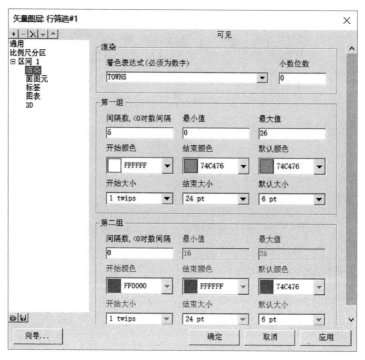

图 9.43　渲染设置

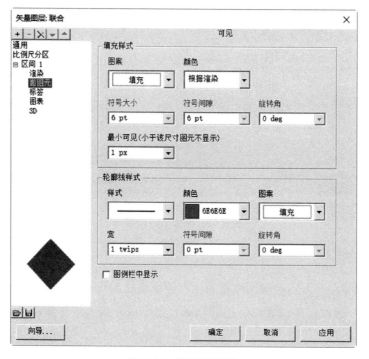

图 9.44　面图元设置

确定图层编辑，便获得如图 9.45 的区域分布图。当地理图浏览器关闭，会自动将图层样式回存至地理图节点中；再次运行时，系统将以此样式显示图元。

Tip 9-4：如何自动定位地理图的视域范围

地理图节点在出图时，输出视域范围支持自适应模式、中心点模式和边框范围模式三种。其中边框范围模式，用户可以根据需要自定义输出图幅范围，同时支持流程变量引用方式。用户可以通过流程变量进行桥接，自动更新地理图的视域范围。

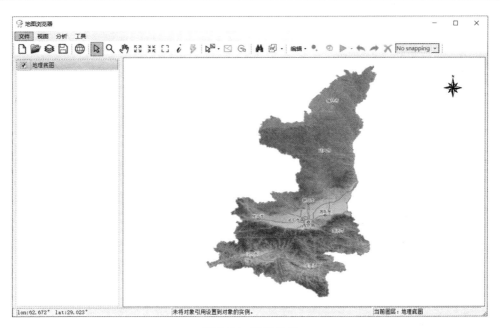

图 9.45　渲染效果

9.4　空间筛选震中数据

空间数据是进行地震研究的依据之一，也是空间数据钻取、挖掘和形象化展示的根基。通常地震空间分布是一个模糊、抽象的概念，如何将它在地图上绘制出来，形象化地表达呢？这是一个时常困扰着地震工作者的问题。这不，今天小 G 接到一项任务，研究汶川地震余震发生的空间分布规律，他从地震目录里筛选出 2008 年四川地区地震数据，应用空间聚类、包络多边形计算等算法，绘制出了汶川地震余震空间分布图。分析流程见图 9.46。

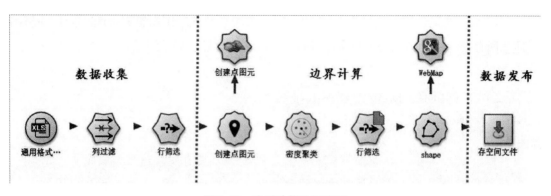

图 9.46　汶川地震分析流程

Tip 9-5：如何利用数据专家开展空间分析

　　地学日常数据分析中，空间分析是必备技能之一，比如：地震周围有哪些城市，发生在哪个构造带上等。说到空间分析，不得不提一下 ArcGIS 这款软件，GIS 是业内绝对的领导者，它功能强劲，非常专业。然而为了进行这些常规的空间分析而去驾驭 ArcGIS 之类的专业软件，学习成本显然过高。

　　空间数据的存储分两个部分：一个是图元数据，一个属性数据；图元数据是点坐标、多边形的边界线坐标，是一对、一组 XY 数值的集合，如省边界线、单井坐标等；属性数据是一系列的业务参数，如省份的人口、GDP 等。通常 GIS 数据存储过程中，会将图元数据与属性数据分别存放，如 ArcGIS 的 SHP 与 DBF 文件。在数据专家中，空间数据源节点读入会将它们合并在一张二维表中，其中，图元是一类特殊的字符串，常为通用的 WKT 格式。同时，您也可以通过其他行列计算节点组织创建编辑自己的图元数据。

　　在空间分析过程中，数据专家提供了创建点图元、创建多边形等系列节点，以便使用户快速创建空间数据。同时，数据专家中提供了一系列常用的空间分析工具，如投影变换、空间匹配、最近图元查找等。

9.4.1　创建震中点图元

　　小 G 收集的地震目录数据为 Excel 数据格式，包含日期、时间、纬度、经度等字段。加载完地震目录之后，小 G 通过列过滤节点，把原本是"Text"型的经纬度数据和日期数据分别转换成"Real"型和"DateTime"型。数据类型转换是数据加载后必须操作的步骤。

　　列过滤节点，是数据专家中最为常用的节点之一，以二维表的数据模型为操作对象，支持删减字段、修改字段名称、修改字段类型等功能。节点分为过滤模式和数据模型化两种应用方式，两者同是建立字段的映射关系，差异在于前者基于二维数据表的数据结构，修改名称赋予实际意义或是简化数据量；后者为逆向过程，以特定的数据模型为基础，从二维数据表找对应的字段，适用于为有特定字段名称及类型要求的算法、专业软件做数据准备。

　　列过滤节点的右键菜单中，提供数值型字段识别、用拼音替换字段名称、重置字段类型、定义数据模型等大量丰富的功能，使得列过滤节点的使用过程更为方便快捷（图9.47）。

图 9.47　列过滤节点设置面

Tip 9-6：过滤节点中替换新字段名 R 与 R2 有什么区别呢

　　R 是一种基于文本的替换，用新的字符串替换新字段名中的字符串。

　　R2 是一种对应关系的替换，其格式为："原字段，新字段名称"，系统根据字段映射，自动替换原字段名相应的新字段名。通常可以把数据字典粘贴至此，从而实现字段名的批量重命名。

此外，在过滤节点编辑器的右键菜单中，收纳了大量快捷的功能，如重置字段名称、用拼音替换字段名、用首字母替换字段名、识别数值型字段、可视化数据模型映射工具等。其中，数据模型映射工具支持可视化的字段名称快速映射方法，根据字段名称之间的相似度，自动建立起字段的映射关系，为枯燥的数据字段映射过程提供了智能化的解决方案。

小G查阅了多篇论文，多数专家认为在汶川主震后4个月内，龙门山地区的应力调整过程基本结束。因而，此次研究只需选用震后四个月的数据。小G通过筛选节点，使用DateAfter和DateBefore函数，抽取出了2008年5月至9月之间的地震数据（图9.48）。在数据专家中，日期是一种特殊的字符串类型，最常见日期格式是"yyyy-MM-dd HH:mm:ss.fff"，如：2017-08-09 21:34:26:37.330。系统提供了大量日期运算函数，如日期比较、加减法等，可借助它们来实现日期型数据的抽取。比如addDays(now(),-1)表示过去的24小时。

图9.48 筛选一定时间内的地震数据

小G载入地震目录，并进行相关数据预处理之后，使用创建点图元节点，将震中坐标数据转换成空间点图元数据。运行节点，系统创建了一个名为点图元的字符型新列（图9.49）。

Tip 9-7：创建图元有哪些方法

图元是一类特殊的字符串格式，数据专家中支持四种图元创建方法：

方法一：使用空间数据源节点加载空间数据，这是一个很好的选择，数据专家支持 ArcGIS、AutoCAD、Google Earth、GeoJson 等几乎所有 GIS 数据格式。

方法二：若有坐标数据，创建点图元、创建多边形等节点可以发挥作用，它们可将坐标转点图元，亦可创建折线、多边形、外包络多边形等几何图元。

方法三：通过行列计算节点，用户自己编写满足数据专家内部标准（WKT）的图元数据。几何坐标可以是 2D（x，y），3D（x，y，z），4D（x，y，z，m），数据专家中不同的几何对象示例如下：

点：POINT (30 10)

线：LINESTRING (30 10, 10 30, 40 40)

面：POLYGON ((35 10, 45 45, 15 40, 10 20, 35 10),(20 30, 35 35, 30 20, 20 30))

多点：MULTIPOINT (10 40, 40 30, 20 20, 30 10)

多线：MULTILINESTRING ((10 10, 20 20, 10 40),(40 40, 30 30, 40 20, 30 10))

方法四：如果没有现成的数据，在地图上绘制图形（点、线、面），使用"创建数据源节点"工具创建成空间数据源节点。具体参考流程商店中"入门 11 自定义多边形数据源"流程。

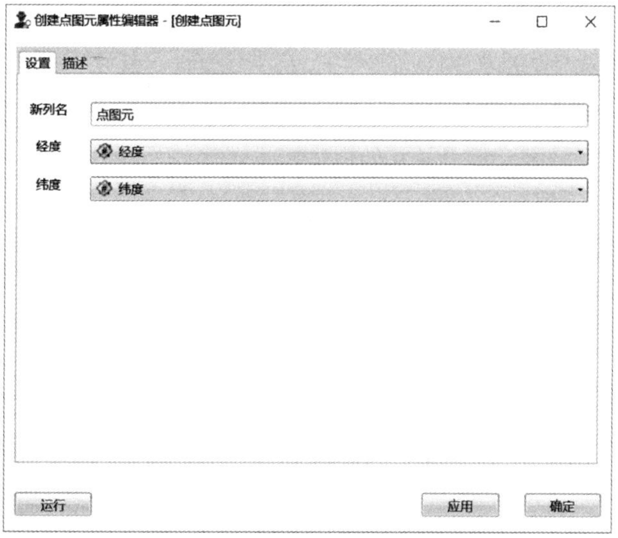

图 9.49　创建点图元节点设置界面

9.4.2　震中空间展布

创建完点图元之后，需要将点投影到地图上查看显示效果，小 G 接入了一个地理图节点，并将图层名称改为图元可视化，数据类型为图元，图元坐标为点图元字段（图 9.50）。

图 9.50　地理图节点设置界面

运行节点后，系统开启地图浏览器窗口，自动创建了一个名为图元可视化的图层，在地图上展现出了 1232 次余震数据位置信息（图 9.51）。然而这些数据仅表示余震位置分布属性，如何在地图上同时展示震级或其他属性呢？

Tip 9-8：什么是空间数据投影变换

　　空间坐标系统有两种，第一种是地理坐标系，为球面坐标，坐标单位为经纬度。第二种是投影坐标系，为平面坐标，坐标单位为米、千米等。从地理坐标到投影坐标是将不规则的球面展开为平面的过程，也就是将曲面拉平的过程。这是一个无法精确处理的问题，有点像剥桔子，要想不破坏橘子皮，是无法从原来的"曲面"展开为平面的。

　　我国常用的坐标系统是高斯平面直角坐标系，在此平面上，中央子午线和赤道的投影都是直线，并且正交。其他子午线和纬线都是曲线。距离中央子午线越远，投影变形越大。为了控制长度变形，测量中采用限制投影带宽度的方法，即将投影区域限制在中央子午线的两侧狭长地带，这种方法称为分带投影。投影带宽度根据相邻两个子午线的经差来划分，有 6° 带、3° 带等不同分带方法。由于地球椭球体的参数不同，高斯平面直角坐标系又有北京 54、西安 80 和 CGCS 2000 之分。通俗来讲，地球这个大桔子很多种不同的剥法，有的叫北京 54 三度带坐标，有的叫北京 54 六度带坐标，不同的剥法不同的名称。

　　数据专家中的空间坐标投影变换节点具有统一各类坐标系统的功能，支持 WGS 1984、CGCS 2000、西安 80、北京 54 等坐标系统之间的相互转换。当原始坐标为 CGCS 2000、西安 80 和北京 54 时，系统具有自动判识功能，因此不必纠结谁是横坐标，谁又是纵坐标，谁是三度带，谁又是六度带。除了指定的坐标系外，系统中还提供指定坐标系 EPSG 编号，定义坐标系统功能。如果想要了解更多，研究者可从 https://epsg.io 网站获取更详细的信息。

　　值得注意的是，数据专家中坐标系统默认是 WGS84，在空间分析过程中，需先通过投影变换节点将其他坐标系的数据统一为 WGS84 坐标系。

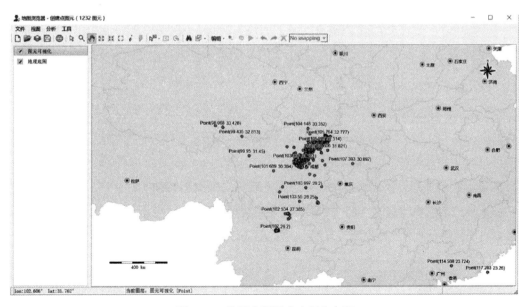

图 9.51　汶川余震震中空间分布图

小 G 使用矢量图层编辑器，修改地震位置图元的显示样式（ 图层管理栏→图元可视化图层右键菜单→图层属性菜单项）。数据专家中提供了丰富多彩的图元显示样式，图层编辑器中可设置图元的显示符号、线宽、前景色、背景色、充填符号等显示效果。编辑器中渲染向导提供向导式的图元样式的设置方式，快捷地定义图层的样式（图 9.52）。

小 G 在渲染向导中，以地震震级字段为分类项，以图元颜色为渲染对象，格式化地震位置图元样式。

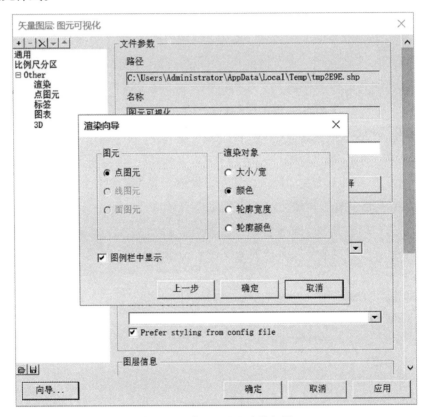

图 9.52　地理图图元渲染向导

从显示效果上看，汶川地震余震在空间上有一定的聚集特征（图 9.53）。

图元样式的编辑与修改，是一个相对复杂且繁琐的过程，地图浏览器中，图层样式修改之后会自动回存至对应的地理图节点里，再次运行该节点时，系统将启用此样式显示图元。

9.5　震中空间聚类分析

小 G 选取的是整个四川省的地震目录，有一些地震不是龙门山断裂带发生的地震（不

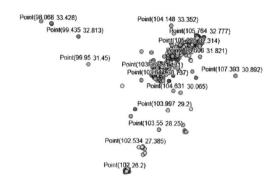

图 9.53　汶川余震震中渲染效果图

属于汶川地震余震），小 G 希望把这些非余震区的地震去除，只研究汶川地震余震，并绘制余震区边界。

9.5.1　聚类计算

小 G 使用密度聚类节点，对研究区的地震位置进行聚类，以剔除不属于汶川地震余震的地震（图 9.54 ）。密度聚类节点，采用 DBSCAN 聚类算法，是基于一组邻域来描述样本集的紧密程度，参数 (ϵ, MinPts) 用来描述邻域的样本分布紧密程度。其中，ϵ 为搜寻半径，描述了某一样本的邻域距离阈值；MinPts 为最少数目，描述了某一样本的距离为 ϵ 的邻域中样本个数的阈值。核心思想是从某个核心点出发，不断向密度可达的区域扩张，从而得到一个包含核心点和边界点的最大化区域。

小 G 以 30 千米为搜寻半径，最少数目为 60 个，进行密度聚类分析（图 9.55 ）。运行节点后，系统在原有二维数据表的基础上，新建了一个整型的 DBSCAN 字段，将非余震区与余震区数据分为两簇，分别用 –1、1 区分。其中，–1 代表噪声点，图 9.55 上以 "黑色叉号"表示。借助筛选节点，将 "黑色叉号"代表的非余震区噪声点数据从数据表中剔除出去。

9.5.2　绘制地震带的边界

通过震中空间聚类分析，小 G 获得了龙门山断裂带引发的地震空间展布规律。那么如何才能把地震活动的空间边界勾绘出来，从而便于后续的分析研究？

数据专家中创建多边形节点，支持凸包多边形和凹包多边形两种外包络线的勾绘方式（图 9.56 ）。

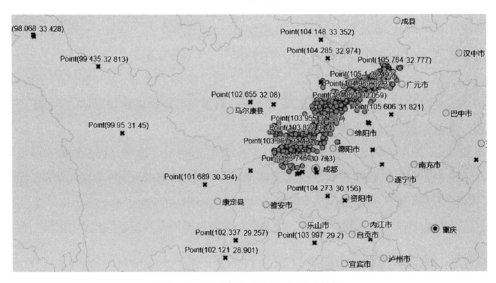

图 9.54　密度类聚节点设置界面

图 9.55　汶川地震余震空间聚类结果

　　凸包多边形 (convex hull)，在给定的二维平面点集中，将最外层的点连接起来构成凸多边形，该多边形能包含点集中的所有点。凸多边形主要特点是每个内角均为锐角或钝角，而没有大于 180° 的优角，如正方形。凸多边形像在一块木板上钉了 N 个钉子，然后用一根绷紧的橡皮筋把它们都圈起来，这根橡皮筋的形状就是凸包轮廓多边形。

凹包多边形 (concave hull)，与凸包多边形不同，它是至少有一个优角的多边形，如五角星。它是在凸包多边形的基础上内缩而来，在满足包含所有点的前提下，减少多边形的空白面积，使之更接近真实的边界。与凸包多边形相比，其面积较小，多边形的边界长度更长。凹包多边形创建过程需设下边长阈值，当两个点之间的长度小于阈值时，不再考虑进一步细分处理。

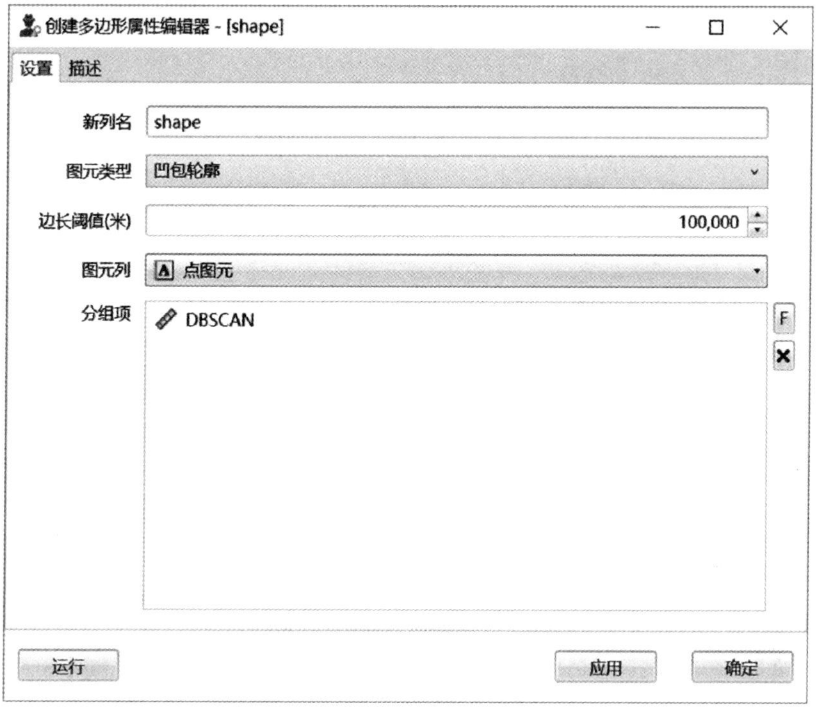

图 9.56　创建多边形节点设置

小 G 以 DBSCAN 为分组项，以点图元字段为图元数据列，边长阈值为 100000 米，绘制凹包轮廓线。运行节点，系统自动创建一个字符型的 Shape 字段，以便存放凹包轮廓线的图元数据。

9.5.3　高清影像图上显示地震带

数据专家中，支持多种空间展示方式，如地理图、WebMap、区域分布、地理热力图等。其中 WebMap 节点，可以将点、线、面图元样式化加载到百度地图、Google 高清影像等通用地图上。使用 WebMap 节点显示图元时，需要在节点编辑器中指定图元的显示样式（图 9.57）。

图 9.57　WebMap 显示样式设置界面

　　编辑器中，支持定义点、线、面图元及标记文本的显示样式，同时也支持按类别分组显示图元。小 G 将龙门山断裂带的边界多边形加载到 Google 高清影像上，结果如图 9.58 所示。

图 9.58　汶川地震余震空间范围边界图

　　数据专家中提供大量的空间分析工具，用于计算区域边界，如缓冲区分析、图元交并补等。在实际应用过程中，用户可以根据具体需求自行选择。

Tip 9-9：如何提升空间图元的展示效率

　　图元绘制需要耗费大量的系统资源，在输出报告过程中，受图幅限制，通常出现大量图元重叠的现象。

　　数据专家中提供简化图元、平滑图元节点，可以对线状、面状图元进行简化，以减少曲线多边形构成点的个数。针对点图元提供密度聚类节点，通过空间聚类方式对点图元进行分组，再求取中心点减少点图元的个数。此外，也可以通过降低点图元经纬度精度，再进行汇总，以减少点图元个数。

　　绘制完余震区边界图之后，小 G 使用存空间文件节点将余震区边界数据保存下来，便于后期再次利用。存空间文件节点，支持 ArcGIS、MapInfo、Google Earth、AutoCAD、GeoJSON 等多种空间文件格式（图 9.59）。

图 9.59　存空间文件设置界面

9.6 小结

本章中围绕 GIS 专题图与空间分析这两个概念，先从地图浏览器开始，一步步展开介绍，其中涉及的空间数据获取与应用是小 G 日常工作中的重要组成部分。

数据专家中提供了大量的空间数据处理相关的节点，如空间数据源、栅格数据、地理图、WebMap 等。小 G 在此次实践过程中，熟悉了地理图浏览器的使用方法，尝试了图像配准、创建矢量图层及属性字段、图元数字化、图元编辑、属性编辑和创建空间数据源节点等一些用法，完整地走完了图像数据矢量化的基本过程。同时，利用创建空间数据源节点将矢量化后的数据保存为 GeoJSON 文件，实现了地理图浏览器与数据流程、与区域分布节点之间的数据共享和应用。

小 G 使用区域分布节点和地理图浏览器两种方法都能够实现区域分布专题图件的绘制，但两者略有区别。区域分布为区域专题图量身定制，采用关键字匹配的方式，成图过程极为简便，生成的区域分布图还具有交互式效果，用户体验较好。而地理图浏览器提供专业级的图元展示工具，能够精细刻画填充样式、边框线形、标记字体、字体粗细等一系列的图元显示样式。数据专家自带丰富的符号库和线形编辑器，使得构建专业级的专题图件成为可能。

另外，小 G 基于汶川地震震后四个月的地震目录数据，通过空间聚类、包络多边形计算等空间分析算法，勾绘了龙门山断裂带的地质应力调整的空间边界，带领我们了解了空间数据与空间分析的方法。空间数据属于一种复杂的数据类型，可分为三大类。列运算有投影变换、缓冲区、简化、平滑等；行操作有区域筛选等；空间聚合有网格化、创建多边形、权重多边形等。

数据专家中，对复杂的数据类型，可以将它们序列化后作为字符串存储于数据表，便于使用者更为方便地表征实体，这种方式给数据专家带来了更为开放、丰富的表征方案。作为一种特殊格式的字符串数据，将字符串的相关节点和函数合理应用到数据流程中，是数据处理的精髓所在。本质上讲，系统中并没有图元、列表等特定的数据类型，它们只是遵循一定的协议、约定的文本。例如上文中的空间图元就是遵循 WKT 编码规则的字符串；列表就是遵循 JSON 数组编码规则的字符串。除了字符串之外，二进制数组也是一个很好的载体，如前文所述，将文件读入数据流程中，作为数据表的组成部分。

正如《孙子·虚实》中所述"故兵无常势，水无常形；能因敌变化而取胜者，谓之神。"数据专家没有固定的套路，没有固定的招式，我们只需记住把问题解决了就行。

第 10 章　效率提升方法

在不少实际问题中有许多具有规律性的重复操作，如医院编制病人的体检报告、分析各个省的地震活动情况、每个层系的油藏空间分布等。数据专家中流程式的处理方法，是将遇到的数据处理问题转化为数据流程，属于这一种典型的顺序操作方式。如何在数据专家中，实现循环数据处理呢？

下面，就让小 G 以 2018 年有感地震活动区域差异研究为例，尝试几种实现循环数据处理的方法。

10.1　分支流程法

复制粘贴节点，构成多个分支流程，这是最简单的解决方案。地震数据为 2018 年中国境内的有感地震数据（3.0 级以上），有 26 个省份的 1484 条记录，包含省份、城市、地震震级等数据项。小 G 通过复制分支流程，构建了其中的新疆、四川、西藏等地区的区域分布展示分支流程（图 10.1）。

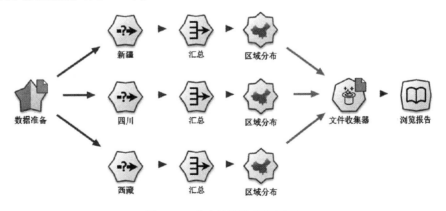

图 10.1　分支流程法实现循环

行筛选节点中，以"省份 == '新疆'"为条件筛选出了新疆的数据。

使用汇总节点，按城市统计地震次数。使用区域分布节点，以新疆的区划图为底图，CITY 字段为区域名称字段，RecordCount 字段为数值项，绘制新疆的地震次数分布图。同样制作了四川、西藏等省份的区域分布图。最终通过文件收集器将各个省份的区域分布图汇聚在一起，便于浏览报告节点生成可视化报告（图 10.2、图 10.3）。

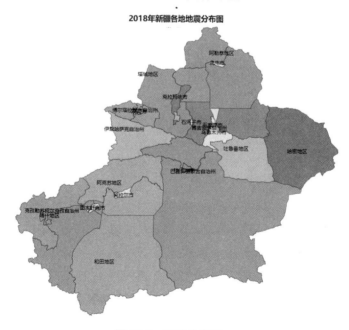

图 10.2　区域分布属性设置

图 10.3　区域分布图

流程中仅实现了 3 个省份的区域分布图，若将 26 个省份（样本数据中只涉及了 26 个省份的数据）都绘制出来，只需要将行筛选和区域分布节点复制出 26 份即可。各个省份的数据筛选与绘图过程极为相似，只是省份名及底图类型等参数略有差异。

在软件研发过程中，按照代码重构学的研究，建议程序员将函数内的代码压缩到 50 行以内，主要是因为人类大脑的局限性，行数越多越难从中判读其中的逻辑，使得程序的可读性下降，不易理解与维护。复制粘贴方法，虽然操作非常简单，然而这个方法其流程维护工作量很大，比如，修改一次图件名称，就需要修改 26 次。本例中的分支流程仅涉及了两个节点，复制粘贴后产生的节点不算太多，若涉及节点较多时，这种方式将是流程维护的灾难，使流程的可读性和可维护性急剧下降。

Tip 10-1：谁发明了复制粘贴

1969 年，艾芙琳·贝瑞森发明了人类历史上第一台电脑化的文字处理器，名为"资料秘书"（Data Secretary），也就是复制粘贴的前身，当然除了这项发明外，她拥有至少 9 项与电脑有关的发明专利。2011 年她就被选入了国际科技女性名人堂（WITI）。

10.2　批量运行法

分支流程法在数量多时非常复杂和麻烦，各个省份的分支流程中，仅行筛选的条件、区域分布节点的底图类型等参数存在差异，其他的参数各个省份都相同。因此，小 G 想到了使用流程变量配合文件收集器中循环运行的方式来简化流程（图 10.4）。

数据准备　　宁夏　　汇总　　区域分布　　文件收集器　　浏览报告

图 10.4　批量运行法

在流程属性窗口中，定义了一个名为"省份"的字符串流程变量。

行筛选节点中，将筛选条件修改为" PROVINCE=$ 省份"（节点中流程变量的引用方式为：$ + 变量名称），意为提取 PROVINCE 字段中数据项等于流程变量省份的所有记录。例如，当 PROVINCE 的值为"四川"时，则提取四川省的所有数据。

图 10.5　改变筛选条件

区域分布节点中，将底图类型指定为"＄省份"，标题名称指定为"2018 年＄省份有感地震次数分布图"（图 10.6）。意为底图类型与"省份"的值同名，例如，当省份的值为"四川"时，则标题名为"2018 年四川有感地震次数分布图"。（对话框的标题中带有＄字符的，意为该对话框支持流程变量，运行时以流程变量的值替换指定的流程变量。）

在文件收集器中，将运行方式指定为批量运行，流程变量指定为"省份"，待执行值框中输入"新疆，陕西，河北，山西，内蒙古，辽宁，吉林，黑龙江，江苏，安徽，福建，江西，山东，河南，湖北，广东，湖南，海南，重庆，四川，贵州，云南，西藏，甘肃，青海，宁夏"（图 10.7）。

运行时，系统先从待执行值中，取"新疆"赋值给流程变量"省份"，接着通过变量由筛选节点提取新疆的有感地震数据，再交由区域分布节点绘制区域分布图，最终文件收集器收集图片，从而完成一次循环。接着依次取河北、山西等省份的名称，分别执行。

运行流程中的浏览报告节点，输出 26 省份的有感地震次数分布图。流程的运行效果和分支流程法的相同，而节点数大幅度降低。

图 10.6　改变区域分布属性设置

图 10.7　批量运行设置

10.3　增强版批量运行法

上一节中，在文件收集器中的待执行值中（图 10.7），需要输入陕西、甘肃、河南等省份的名称，数据源中有 26 个省份，那么就需要输入 26 个省份的名称。显然这样的方式相对原始，适应性比较差。有没有办法让待执行值与数据源自动匹配呢？

小 G 注意到文件收集器的待执行值的标题中，含有 $ 符号，这就说明该输入框支持流程变量。如果有一个流程变量包含了数据源中涉及的所有省份数据，再把它作为待执行值，问题不就解决了吗？于是，小 G 在流程属性窗口增加了一个名为"省份列表"的字符型变量（图 10.8）。

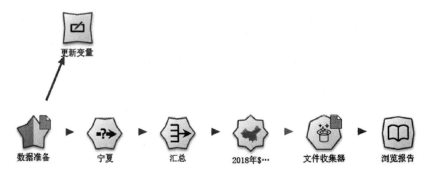

图 10.8　增强版批量运行流程

从工具箱中，将更新变量节点拖到流程中。将运行时间设置为在流程执行前自动运行，即在流程运行之前将自动运行该节点。取值方式为取所有数据，即字段中所有数据值。流程变量映射列表中，将 PROVINCE 字段与省份列表变量建立对应关系（右键菜单中，加载流程变量功能，可将流程中的所有流程变量加载到列表中）（图 10.9）。

将文件收集器中的待执行值修改为"$ 省份列表"，即以流程变量"省份列表"的值作为待执行值（图 10.10）。

运行浏览报告节点，系统首先执行更新变量节点为流程变量赋值，从数据准备超节点取出所有省份数据，如"新疆；内蒙古；吉林；……"，并将它赋值给"省份列表"变量；接着文件收集器从其中读取第一个省份数据"新疆"，将其赋值给"省份"变量……，之后的过程与上文相同，此处不再赘述。

至此，研究各省有感地震活动次数分布问题似乎得到完美的解决，其中使用到了"省份列表"和"省份"两个流程变量，使用到了更新流程变量节点，使用到了待执行值、批量运行等概念。然而，这种隐式的批量运行方式，多个变量之间的倒来倒去，思维跨度较大，令人费解。学习过程中，小 G 也是一个头两个大。

图 10.9　更新变量节点设置

图 10.10　修改运行方式设置

10.4 ForEach 分支流程法

数据专家 2019 Q3 版，提供 ForEach、IF 节点，它们与文件收集器协作构建循环与条件分支流程。与之前的通过流程变量的批量运行方式相比，ForEach 分支流程更为直观，更为简捷。

小 G 想要体验最新功能，所以改写了原有流程，在流程中加入了 ForEach 节点（图10.11），将分组字段设置为 "PROVINCE"，循环变量指定为 "省份" 变量（图 10.12）。

图 10.11 增加 ForEach 节点的流程

图 10.12 ForEach 节点设置界面

在文件收集器节点中，将运行方式设置为分支流程，勾选了 ForEach 节点（图10.13）。

ForEach 节点，按省份将地震数据划分为 26 个组，运行时，依次从中取出，给后续的节点提供数据源，同时将对应的省份名称赋值给 "省份" 变量，以便于后续节点中的使用。文件收集器节点负责收集每一组数据的区域分布节点运行的结果。系统在 ForEach 节点与文件收集器之间构造一个循环体，依次运行每个分组中的数据，直至所有分组数据都被运

图 10.13　文件收集器运行方式设置

行后，再运行后续的节点。这里没有待执行值，也没有更新流程变量等令人费解的概念，一切变得如此简单。

Tip 10-2：几种控制器有什么区别

在数据专家的节点中，有一组控制流程执行方式的特殊节点，包括：流程调度、文件收集器、顺序运行器、条件运行器。

（1）文件收集器，是将前面节点可视化结果转化为数据体＋元数据（描述）的方式存储，在这里二维表内容发现了变化。

（2）顺序运行器和条件运行器是两种运行方式，它们一般有多个前节点；顺序运行根据前节点的顺序依次运行；条件运行则是选择性运行，当条件为真时，才会运行对应的前节点，否则不运行。

（3）流程调试是实现流程之间的跳转的方法，适用于大型的数据处理项目，流程思维跨度较大，初学者慎用。

10.5 可扩展的数据钻取器

在生产应用中，将信息划分成多个不同层次，数据钻取技术帮助用户驾驭报表内不同层次的信息，建立起从一个信息层到更低层或更高层之间的通道。分析时，通过鼠标点击某个数据点时就会捕捉到下个页面，让用户关注的数据范围在不同的层次、粒度之间进行切换。

从功能实现的角度，数据钻取是按照某个特定层次结构或条件进行数据细分呈现。主要分为两种：一种是 drill down，改变维的粒度对数据进行层层深入的查看，让用户关注的数据范围从一个比较大的面逐步下钻并聚焦到一个小的点上。例如，在企业网站分析报告上，看到了 10 个注册转化记录，点击之后就可以看到这 10 个转化记录的详细信息。另一种是 drill through，指的是不同条件或维度之间的切换，如对这 10 个转化的信息从年龄进行钻取，再从性别和使用设备等维度钻取。

10.5.1 数据钻取设置

数据专家中的数据钻取是指通过执行外部的流程、DLL 对浏览器进行扩展的功能。目前支持扩展功能的浏览器有：数据浏览器的右键菜单、地理图浏览器的信息钻取功能和报告浏览器的钻取命令。

数据钻取的基本原理是从相应的浏览器中获取部分字段的信息，作为参数传递给数据钻取项并执行。数据钻取项的定义有流程扩展项和 DLL 扩展项两种。在数据专家主窗口"设置"主菜单下，单击"数据钻取管理"菜单项可以开启数据钻取管理器（数据浏览器、地图浏览器、报告浏览器均提供此入口）。

1. 流程扩展

流程扩展项的执行目标是流程。执行时，从浏览器中获取数据，传递给目标流程，并执行流程中默认输出节点（图 10.14）。

定义流程扩展项，增加流程扩展项操作步骤如下：

步骤一：右键菜单，单击"添加流程"菜单页，在弹出的打开文件对话框中，选取流程（图 10.15）；

步骤二：在新增的记录行中，补充菜单名称和表单字段（图 10.16）；

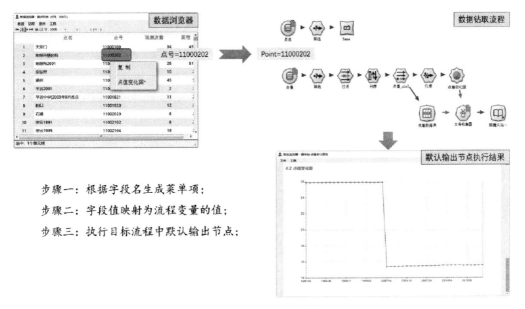

步骤一：根据字段名生成菜单项；

步骤二：字段值映射为流程变量的值；

步骤三：执行目标流程中默认输出节点；

图 10.14　流程扩展项步骤

图 10.15　打开流程

图 10.16　流程扩展项设置

2. DLL 扩展

　　DLL 扩展项的执行目标是 DLL 中的静态函数。执行时，从浏览器中获取数据，作为参数传递给 DLL 的函数并运行。可以用它来集成企业里的信息系统，也可用它来快速访问、查看各类文档功能（图 10.17）。

　　定义 DLL 扩展项，步骤如下：

　　步骤一：右键菜单，单击"添加 DLL"菜单页，在弹出的"设置 DLL 数据钻取器"对话框中，选取 DLL 文件、命名空间、及函数名称，系统自动映射出函数的参数列表（图 10.18）；

　　步骤二：在新增的记录行中，补充菜单名称和表单字段（图 10.19）；

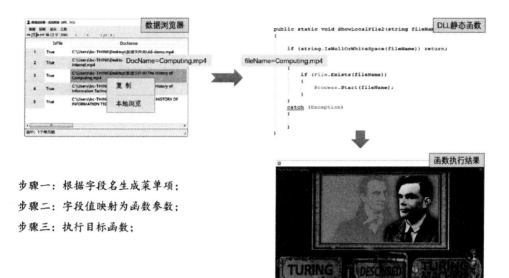

步骤一：根据字段名生成菜单项；

步骤二：字段值映射为函数参数；

步骤三：执行目标函数；

图 10.17　DLL 扩展项步骤

图 10.18　选取 DLL 文件

图 10.19　DLL 扩展选项

Tip 10-4：DLL 扩展项设置有哪些功能

数据钻取管理器中，DLL 扩展页，右键菜单中，菜单功能说明如下：

（1）添加 DLL：新增 DLL 数据钻取项。

（2）在文件夹中显示：在文件浏览器查看 DLL 文件。

（3）编辑 DLL：更新 DLL 路径、类名、函数名及函数参数等内容。

（4）删除 DLL：删除选中的 DLL 钻取项。

10.5.2　数据浏览器中的数据钻取

单击数据钻取管理器下方的"示例流程"按键，打开示例流程如下（图 10.20）：

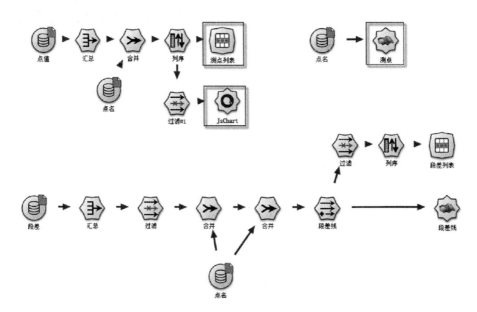

图 10.20　数据钻取流程

运行"测点列表"节点，打开数据浏览器，如图 10.21 所示。在关注的行上点击右键菜单，就可以看到"点值变化图 *"菜单项。"点值变化图"菜单项，源于数据钻取管理器中流程扩展的设置，其中"*"表示是流程扩展（相对于 DLL 扩展）。

单击"点值变化图 *"菜单，系统弹出报告如图 10.22。

单击菜单时，运行的流程如图 10.23（在数据钻取器中，右键菜单"查看流程"可查看对应的流程）。请注意，默认输出项的设置，运行时，仅运行具有默认输出项标记的节点。

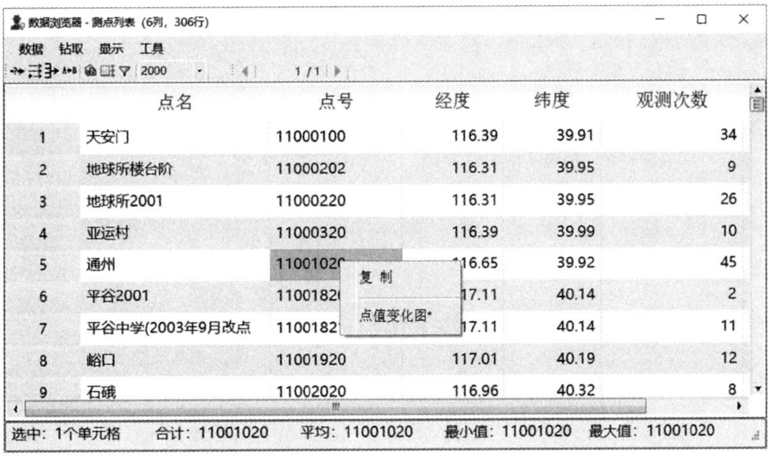

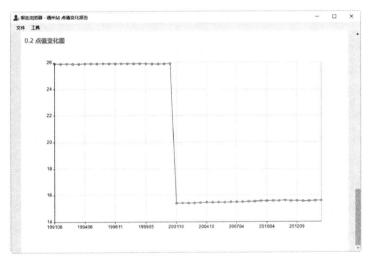

图 10.21　数据浏览器

图 10.22　点值变化图

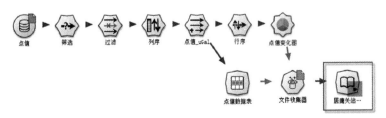

图 10.23　默认输出项节点

Tip 10-5：数据浏览器中钻取菜单为什么不显示

钻取菜单显示与否，是依据"表单字段"中定义来判断的，当数据浏览器中包含"表单字段"中定义的字段时，才可以显示。

此外，在 DLL 数据钻取函数参数的定义时，建议使用字符型。

10.5.3　地理图浏览器中的数据钻取

运行"测点"节点，打开地图浏览器，如图 10.24 所示。单击"信息钻取"按钮，将地图浏览器切换至数据钻取模式；在测点图元上，单击右键菜单，可以看到"11003320 点值变化图 *"菜单项。其中 11003320 为点号的值，也就是"表单字段"中定义的第一个字段的值，该值用于区分图元单元。地图浏览器中，数据钻取菜单项的执行结果与"数据浏览器"中的类似，这里不再赘述。

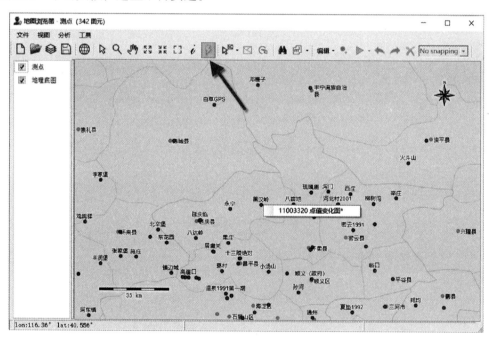

图 10.24　地图浏览器的数据钻取按钮

10.5.4　报告浏览器中的数据钻取

运行"JSChart"节点，打开报告浏览器，在图元上，单击左键，执行数据钻取功能（运行结果与数据浏览器数据钻取相同），如图 10.25 所示。

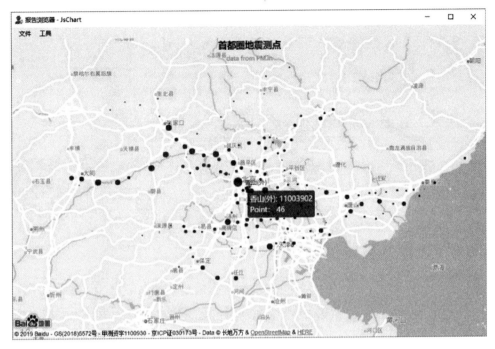

图 10.25　数据钻取报告

报告浏览器中，数据钻取功能实现与其他两种方式不同，它通过用户代码来实现；案例中，JSChart 节点是使用百度 Echart 组件创建统计图的功能。示例流程中的数据钻取代码：

```
myChart.on('click', function (params) {
    print(params.componentType);
      if (params.componentType === 'series') {
        // 对应于 菜单名 , 参数 1, 参数 2……
        DrillDown("点值变化图",params.value[3]);
      };
});
```

其中，DrillDown 函数为浏览器内置，第一个数据对应于"数据钻取管理器"中的菜单名称，运行时依据该名称调用相应数据钻取项；其后的参数则对应于流程参数或 DLL 函数参数（图 10.26）。

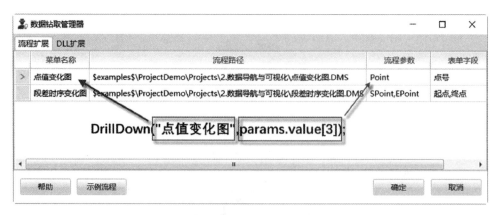

图 10.26　DrillDown 函数参数

10.6　流程变量与快捷运行

小 G 在制作生成报告流程时，需要将地震震级信息、地点信息和时间信息人工输入流程，流程运行过程中需要多次利用三要素数据，这就导致小 G 需要输入多次。小 G 不禁想，每次地震发生后，能不能把中国地震台网中心发出的地震消息复制下来，自动解析出地震三要素，直接传入流程，不用人工去操作？

10.6.1　流程变量

小 G 发现中国地震台网中心发出的地震消息格式是固定的，每次只是时间、地点、震级、深度的数据在变化，所以他就利用多列节点和字符串函数进行解析（图 10.27）。

字段名	类型	表达式
时间	Text	SubStrBetweenS($Question , '测定:', '在')
县级地点	Text	SubStrBetweenS($Question , '在', '发生')
经度	Text	SubStrBetweenS($Question , '东经', '度')
纬度	Text	SubStrBetweenS($Question , '北纬', '度')
震级	Text	SubStrBetweenS($Question , '发生M', '级')
深度	Text	SubStrBetweenS($Question , '深度', 'km')
地震信息	Text	$Question

图 10.27　地震短消息解析

解析出来的结果如图 10.28 所示。

图 10.28　地震短消息解析结果

因为在整个流程中，多处应用到地震三要素数据，并且每次地震三要素数据都在变化。小 G 于是想到一个方法，把地震三要素设置成流程变量，这样就大大方便了每次流程的运行。在数据专家界面，单击右键，选择流程属性（图 10.29）。

↶	撤消	Ctrl+Z
↷	重做	Ctrl+Y
	剪切	Ctrl+X
	复制	Ctrl+C
	删除	Delete
	粘贴	Ctrl+V
	选中所有	Ctrl+A
	显示比例	▶
	保存流程	Ctrl+S
	在文件夹中显示	
∿	分享流程...	
	临时数据	▶
	内存回收	
✓	导航条	
	系统设置...	
	统计公共节点组合...	
	流程信息...	
	流程属性...	F6

图 10.29　流程空白区单击右键菜单界面

之后，就可以在图 10.30 的对话框中设置需要的流程变量。

设置之后，在流程中需要使用流程变量的地方，就将取值表达式写成"＄变量名称"（图 10.31）。

同时，小 G 还把地震消息设置成流程变量，控件类型选成 TextBox，设置成可见，小

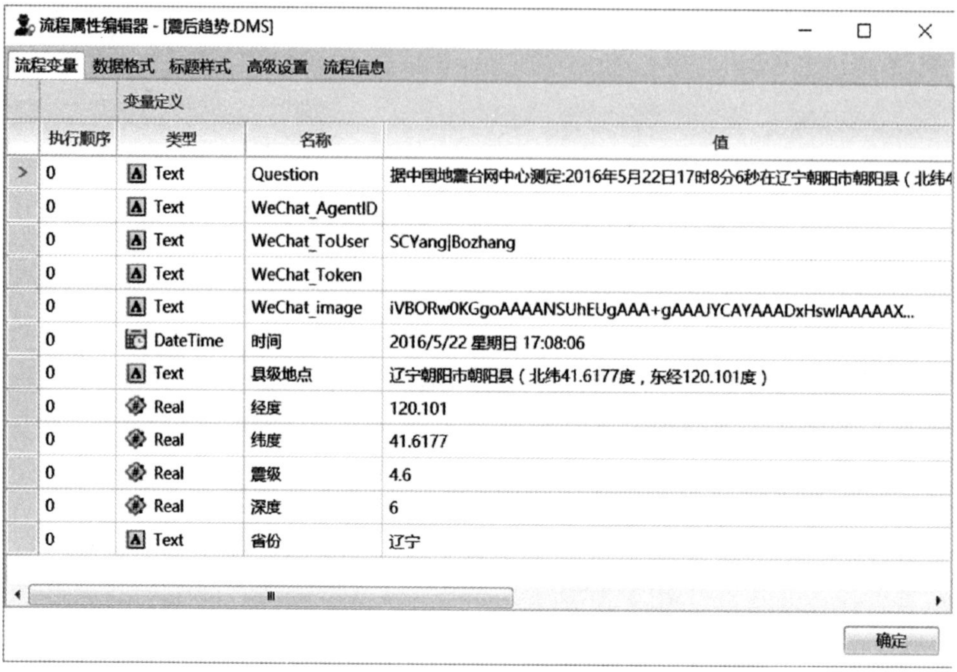

图 10.30 流程变量设置

图 10.31 添加经纬度参数

G 可以在流程设置窗口里输入地震消息，让流程自动解析出地震三要素，传入流程，生成报告。在使用过程中，小 G 归纳出了流程变量使用的场景及注意事项：

流程变量是流程中的公共参数，常用于节点间协作、流程间传参、条件分支流程构造、循环流程的构造、外部调用等过程中。可在流程属性编辑器中定义流程变量，定义内容由执行顺序、变量定义和显示样式定义三个部分组成。

（1）执行顺序指定相应更新变量节点的运行顺序，序号小的先运行，序号大的后运行。

（2）变量定义指定流程变量的类型、名称及值；其中数据类型最为关键，它决定变量在流程中的数据引用方式。

（3）显示样式，定义变量在快捷运行窗口中的显示方式，包括是否显示、显示标题、控件类型、控件参数等。

其中：控件参数，仅适用于 ComboBox、FilePicker、FilePickerBase64 控件类型，当控件为 ComboBox 时，控件参数定义下拉框中的列表，以逗号间隔，如"亚洲, 北美洲, 南美洲…"；当控件为 FilePicker、FilePickerBase64 时，定义文件的类型遵循 Windows 文件对话框过滤字符串的规范，如"流程文件 (*.dms)|*.dms;*.dmz| 图片 |*.png"。

数值单位，仅适用于 TextBox 控件类型，在控制右侧显示单位。

刷新变量，仅适用于 ComboBox 控件，指定一个流程变量，当控件的值改变时，系统将查找与指定流程变量相对应的更新变量节点，并执行此节点，从而给指定的变量赋值；如指定的变量名为 aPar，更新变量节点 bNode 给 aPar 赋值，那么在快捷运行窗口中，当 ComboBox 的值改变时，就会运行 bNode 节点为 aPar 赋值。

在流程变量定义页的右键菜单（图 10.32）中，有两个很有用的功能：

（1）复制所有。可将当前流程中的所有流程变量粘贴到剪切板中，再粘贴到其他流程中；这在多个流程之间的参数传递过程非常有用，可大幅度减少流程变量的定义时间。

（2）清除节点调用关系。流程变量的赋值和引用，需要在运行时建立起节点与流程变量之间的引用关系，然而随着流程编辑、流程变量的更改、数据缓冲的建立，这种关系建立往往滞后于实际的业务需要，导致流程运行异常。此时，调用此节点清除引用关系，在再次运行过程中重新建立引用关系，以便于流程正常运行是非常必要的。

流程变量的赋值，主要有更新变量节点、快捷运行窗口和流程属性编辑器三个主要方式。

（1）更新变量节点，通过流程组织变量所需的数据，比较灵活，可用于分支流程之间的协作，将一个分支流程的结果作为另一个分支的条件或参数，如先根据井名称查询到 ID，再根据 ID 查询相关内容。

图 10.32　流程变量右键菜单

（2）快捷运行窗口，系统根据流程变量的定义，自动创建可视化的组件，用户使用它构造一个简洁的用户界面，通过输入或选择参数，快速运行流程。屏蔽复杂的流程关系，一个简洁的业务逻辑界面，不失一个完美的选择。

（3）流程属性编辑器，在流程变量的定义过程中，赋予一个指定的值。在直观的界面进行流程变量的统一管理。

流程变量的应用，在很多的节点编辑器中，输入框的标题栏含有 $ 符号，指的就是该输入框支持流程变量。流程变量的引用，遵循"$+变量名称"的引用规范，如"$经度"即对流程变量"经度"的引用。

总的来说，使用流程变量包含定义、赋值和引用三个步骤，它是沟通节点与节点之间、分支流程之间、界面与流程之间的沟通的纽带，灵活使用流程变量，会让节点更具适应性，流程更为简洁，更具可读性。

10.6.2　快捷运行

在使用数据专家过程中，小 G 发现数据专家提供一种快捷运行方式，根据选中的节点，自动创建一个简洁的运行界面。快捷运行是针对默认输出节点进行，也就是说想要在快捷运行窗口运行，就必须先在节点的右键菜单中将其设置为默认输出节点。默认输出是节点非常重要的一个标记，常用于多流程之间协作过程中，作为流程中的默认执行节点。当节点为默认输出节点时，在软件中可以看到节点图标的右下角会有蓝色小三角的标识。

快捷运行窗口中，控件是根据选中的默认输出节点自动创建的。由于默认输出节点的所有前节点中使用到的流程变量不尽相同，因而同一流程指定不同的默认输出节点，系统自动创建的控件界面是不一样的。

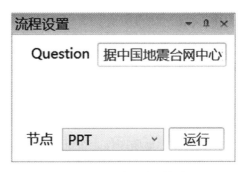

小 G 将 PPT 节点设置为默认输出节点，在快捷运行窗口中将执行节点设置为 PPT 节点，系统生成的界面如图 10.33 所示。

图 10.33　变量输入控件

Tip 10-6：流程变量何时起作用

数据专家中提供流程变量的功能，流程变量应用非常广泛，常见于流程中的多个节点之间的参数共享，流程外部调用时的参数传递、批处理等应用场景中。

流程变量的使用包括变量定义、表达式中应用、变量赋值等多个环节：

（1）变量定义，在"流程属性"窗口的"流程变量"栏中，新增、编辑流程变量。注：您可以在不同的流程文件之间复制、粘贴流程变量。

（2）表达式中应用，在表达式中常会见到'$'开始的标记，这就是流程变量，它由 $ 符号＋流程变量名称构成；流程运行过程中会用流程变量的值替换流程变量。

（3）流程变量的赋值操作有多种：

更新变量节点方式：最常用的方式，从流程中取值赋值给流程变量；

批处理方式：批处理运行时，取待执行列表的值赋值给流程变量；

值传递方式：流程外部调用时，流程变量参数的值传递，常见于 B/S 系统、流程调试节点使用过程中。

在批处理运行时，若需同时更新多个变量进行循环，可将更新变量的节点作为控制器节点的前节点，将更新变量节点设置为不在流程运行前运行。当控制器节点运行时，先调用该更新变量节点对相应的流程变量进行赋值，从而实现多个变量更新与协作。

10.7　小结

经过本次研究，小 G 有很多感慨，办法总比困难多。多个分支流程、批量运行、ForEach 循环体等方法，用来处理具有规律性的重复操作问题。小 G 解决问题方法的改变，见证了数据专家的成长历程，在应用中不断改进，在改进中不断迭代，在迭代中不断简化，为解决实际生产中问题提供更多、更简捷的解决方案。

规模应用中，往往需要将多个领域里的成果组织在一起，以便研究人员快速获取各个方面的信息。数据钻取过程中，数据专家起着信息集成平台的作用，为用户提供入口，在二维数据表、地质图件、统计图的基础上，向外拓展系统功能。数据钻取功能提供了一种信息集成方法，通过外接数据分析流程，实现多个业务之间的衔接；通过 DLL 扩展，可实现数据专家与其他系统之间的无缝对接。最后，小 G 初步了解到流程变量的定义与快捷运行窗口的使用方法。经历了数据收集、整理、流数据准备、报告模板制作、默认输出节点设置、流程快捷运行等操作过程。

数据专家的宗旨是提供一个数据汇聚与集成的环境，一个简洁易用的平台。"数据汇聚与集成"体现在将多源的数据汇聚在一起，加工、整合成完整详细的成果报告。它就像一个强力胶一样，将网络数据、图片数据、报表数据、数据库中的数据等等引入数据流程中，通过低代码编程方式，把这些数据有机组装在一起，再以办公软件、专业图表的格式发布出来。它有效地粘合了数据源、数据处理过程、数据质量控制及专业软件应用等多个科研环节，打通了科研生产的链路。"简洁易用"，低代码的运行环境，对于编程人员而言，它是一个简洁易用的环境，不用再考虑数据库连接字符串书写问题，不用再考虑文本文件的编码问题，不用再考虑 FTP 服务器接入问题，不用再考虑邮件的发送问题……。然而对于普通用户来说，这种节点式开发方式让人感到密集恐惧，人们更习惯于界面上仅有几个输入框或是几个按钮的交互方式，因此数据专家系列产品也在积极探索为普通用户提供简洁易用的环境，如数据专家云平台运行方式、桌面版的快捷运行方式等。

第 11 章　报告生成与信息推送

文档编写与分享是地震局日常工作中很重要的一部分。按照传统的工作方式，小 G 要编写一份报告给领导或同事看，只能将报告打印出来，或用 U 盘、QQ、邮件、微信等方式和其他人分享。平常还好，如果进行紧急会商，或者小 G 在出差，其他人不能及时看到报告，会给工作造成很大的不便。

11.1　开始创建报告

报告是科研成果的主要载体，是科研人员交流的主要介质，小 G 每天要写许多报告，数据专家提供 HTML、PPT、Word、Excel 等多种文件组织节点，以便研究人员将流程中创建文字、统计图表、专题地图等内容组成一份完整的报告，从而生成一份综合性的成果资料。报告的创建采用"模板＋数据"的机制，小 G 通过报告标记创建报告模板，定义数据显示位置、字体、颜色等样式信息，系统再根据这些信息把相应的数据充填于其中，从而生成报告。

数据专家中的生成报告节点的数据源必须为流数据结构，也就是说它们的数据源节点必须包含 Name、StreamType 和 Data 字段。正如上文所述，流数据结构是一种特殊的二维数据表，除了流数据结构必需的字段之外，系统允许数据表多个非流数据结构字段的存在，称之为扩展流数据结构。

Tip 11-1：如何将一行数据输出成多段报告

生成报告时，常需将一行记录中的多个数据项分别输出到不同位置上，常规做法是使用过滤节点分别将每个关键字重命名，再通过文件收集器节点将它们向后扭转；当关键字数量较多时，则需要使用多个过滤与文件收集器节点，会使得流程布局不够优雅。文件收集器提供输出文本流功能，将数据表中第一行记录以文本流方式进行收集并向后扭转。

数据专家提供默认模板机制，当节点中没有指定模板时起用，也就是说这些节点可以不指定数据模板，也是可以运行的。

小 G 将 PPT 节点添加至流程中，他没有设置模板，想看看没有模板的情况下生成报告的效果，运行 PPT 节点之后，系统自动创建并打开了 PPT 文件，文档中多个 PPT 页面，每一个页面对应一条记录（图 11.1）。但小 G 对这样的报告显示效果非常不满意，他希望通过自定义的精美模板，将成果信息展现出来。

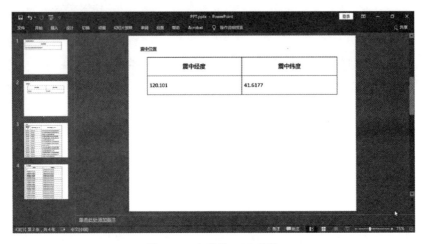

图 11.1　生成的 PPT 报告

小 G 双击 PPT 节点，打开节点属性编辑器。单击编辑模板按钮，当存在指定模板时，则打开指定模板文件；当模板不存在时，系统将自动创建一个示例模板文件，给出了支持标记的基础语法以及前节点中的数据标记（图 11.2），供小 G 参考。

图 11.2　PPT 报告标记语法

数据输出过程中，支持整表和特定行两种输出方式。整表方式，将前节点中的所有记录输出到报告中。特定行方式，仅使用指定行的记录生成报告。标记基础语法如下：

整表标记：$= 表名 . 数据字段名 (参数)=$
特定行标记：$= 表名 . 数据字段名 . 记录名称 (参数)=$

其中，表名为前节点名称；数据字段名，为文字、图片、表格内容所在的列名，图片和表格的数据体的存储字段一般为 Data ；记录名称一般为 Name 列中数据项的值，注意，Name 列的记录值不能重复。

PPT 文档中，支持字符串、图片和表单三种数据内容。不同的数据类型的标记语法之间的差异在于参数设置上。

11.1.1　字符串标记

默认输出方式，不带任何参数，语法如下：

整表标记：$= 表名 .DataFieldName=$
特定行标记：$= 表名 .DataFieldName.NameFieldValue=$

11.1.2　图片标记

参数为 Picture，对应的 StreamType 有 PNG、JPG、JPEG、GIF 和 SVG，语法如下：

$= 表名 .DataFieldName(Picture:Stretch)=$

其中，Stretch 为图片填充方式，支持 Auto、Stretch、StretchH 和 StretchV 四种拉伸方式。Auto，默认显示方式，保持图片原有纵模比，拉伸图片宽度，使图片占据标记文本框中的最大面积；Stretch，不考虑图片原有比例，将图片的宽高拉伸至标记文本框尺寸相同；StretchH，保持图片原有纵横比，将图片宽度拉伸至与文本框的宽度相同，当图像纵横比与文本框的不一致时，图像的可能会超出文本框指定的范围；StretchV 与 StretchH 相似，保持图片原有纵横比，沿高度拉伸，宽度随之变化。

Tip 11-2：PPT 模板报告图片为什么被压偏了

系统中报告生成功能是基于"模板 + 数据"的思路，如 PPT 模板 +Datist 数据。PPT 模板生成报告功能，以文本框中的标记为基础进行数据、图片等内容的替换，数据替换过程受文本框原有设置、样式的约束。

报告生成过程中，出现图片被压偏的现象，可在 PPT 的设置形状格式窗口将文本框设置为不自动调整，即可。

11.1.3 表单标记

参数为 Table，对应的 StreamType 为 TAB、TABEX，语法如下：

$= 表名 .DataFieldName(Table:PageRowCount)=$

其中，PageRowCount 可选项，正整数，设置分页记录数，当相应的数据表中记录数超过 PageRowCount 值时，系统自动将其劈分成多张数据表，显示在不同的页上。

小 G 将页面内容修改如图 11.3，PPT 另存到与流程的同级磁盘目录中作为模板文件，命名为 PPT.pptx。

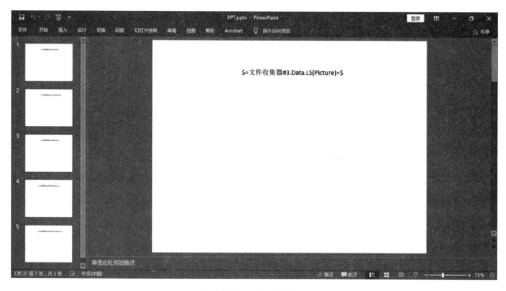

图 11.3　PPT 模板

回到节点编辑器中，小 G 使用选择模板文件按钮，将模板文件加载到节点中。在表名映射列表中，把标记表名对应的前节点设置为 Data（新列节点的名称）；单击字段映射列表右侧的 M 按钮，系统根据标记的字段名自动建立起字段之间的映射关系（图 11.4）。这是一种自动匹配的方式，研究者也可以根据需要指定字段之间的映射关系。

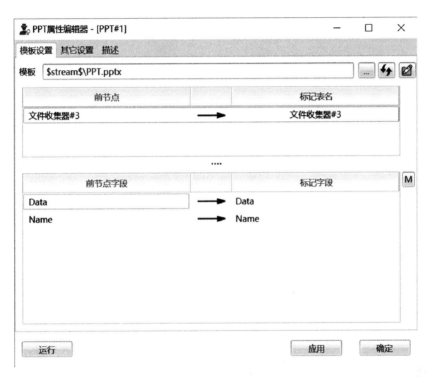

图 11.4　PPT 节点设置

此外，PPT 文档创建节点可以有多个前节点，即支持多个数据源。模板加载后，如果修改了模板文件中的标记，PPT 节点不能够自动获取模板文件中的标记信息，需要使用更新模板标记按钮，以刷新模板标记并重新定义标记之间的对应关系。

PPT 文档中的标记仅支持文本框和表格两种形状类型，其他形状类型是不支持的。

11.2　企业微信推送

报告准备完成后，剩下的问题就是这份报告应该推送给谁？以及采用什么方式发出去，数据专家内置发微信、发邮件、上传 FTP 等节点，支持将图件、报告或消息推送至指定用户的微信、电子邮箱或手机，还支持发送至特定的 FTP 服务器，实现科研成果永久保存和分享。传递的方式与原理如图 11.5。

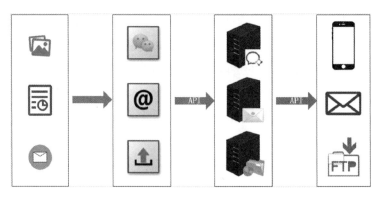

图 11.5　发送原理图

这样一来，小 G 通过数据处理流程自动创建分析报告，通过以上方式分享给同事和领导使用，在紧急会商等类似关键时间节点提供及时的报告产出。

企业微信，是腾讯微信团队为企业打造的专业办公管理工具。与微信一致的沟通体验，丰富免费的 OA 应用，和连接微信生态的能力，可帮助企业连接内部、连接生态伙伴、连接消费者，助力企业高效办公和管理。企业微信基于微信开发有庞大的用户基础，可作为移动应用的入口，通过统一的身份认证，方便地连接内部系统和应用，消除信息孤岛。安全性方面，企业微信为企业内部使用而制定，采用分级分权限管理机制，用户只有在被授权以后才能关注和使用，支持用户关注后的二次验证，确保了企业资料的安全可控。数据专家中通过发微信节点，实现数据专家和企业微信平台的对接。发布微信是数据专家常用的移动端输出节点之一，可以将数据专家制作的成果推送给企业微信用户。

基于企业微信以上功能和特征，小 G 尝试利用企业微信创建应用，可以让同事在任何时间、任何地点通过企业微信实时获得小 G 所编写的流程成果。小 G 注册了企业微信，创建了名称为小 G 的应用。根据企业微信官方说明，可以进行相关的设置，这里不再赘述。应用创建完成，了解参数从哪里取之后，小 G 开始依照实际，设置发微信节点。

11.2.1　指定微信推送模式

发微信节点可以设置微信推送模式，支持三种模式：第一种是发送图文消息，将主题相关的文字和图表进行编辑与排版，推送到微信客户端，呈图文并茂的方式展现。图文消息需要文件标题、文件摘要、图片、文件类型、文件实体、文件名称等参数，其中文件实体为 HTML 型文件数据体，即浏览报告节点的输出内容。第二种是发送文件消息，以文件的方式向微信客户端推送。需要文件类型、文件实体和文件名称等参数，其中文件实体为任意类型的文件数据体。第三种是发送文本消息，向微信客户端推送一段文字，仅需字符串一个参数，支持 TXT 与 BLOB 两种数据类型。几种发送方式的应用效果如图 11.6。

图 11.6　文字消息与图文消息

11.2.2　设置中转服务器

发送微信消息之前，小 G 需要搭建一个 FTP 服务器，存储要发送到企业微信里的图件、数据、报告。中转服务器参数设置如图 11.7。FTP 设置需要的参数包括 URL、用户名、密码、远程路径、HTTP 地址，点击最上方"曾用"，可以选择之前设置的 FTP 参数。默认端口是 21。

11.2.3　设置收信人信息

微信服务器设置需要的参数较多，包括服务名称、CorpId、CorpSecret、ToUer、ToParty、ToTag、AgentId，点击最上方"曾用服务"，可以选择之前设置的服务器参数，能够选择 GetToken 或者 SetToken，小 G 从企业微信管理后台找出这些参数，逐个进行设置（11.8）。

地震大数据科学 >>>>>
与技术实践 BIG DATA ANALYSIS TECHNIQUES IN EARTHQUAKE SCIENCE

图 11.7　中转服务器设置界面

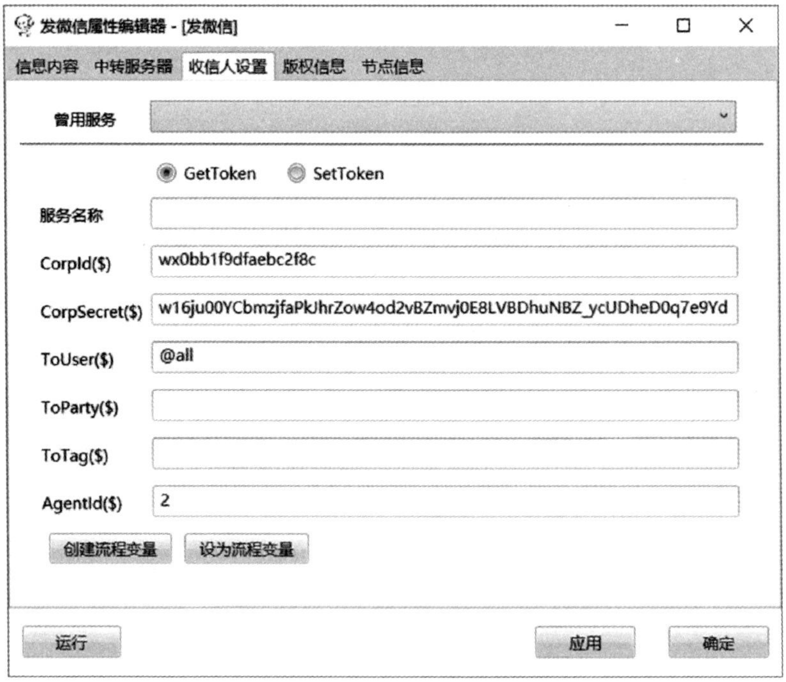

图 11.8　收信人设置界面

设置完成之后，每次发生地震，不管小 G 身在何方，或是同事身在何方，小 G 在本地运行紧急会商流程，紧急会商报告就会迅速发送到同事的企业微信上，让同事快速判断震情，尽早安排好下一步工作。

Tip 11-3：微信节点那么多的参数是干啥的

发微信节点的设置较多，具体说明如下：

（1）CorpId，企业唯一标识。在企业微信里对应的是企业 ID，每个企业拥有唯一 ID。此参数可在企业微信的管理后台（下面称之为管理后台）中，"我的企业"→"企业信息"下查看"企业 ID"。

（2）CorpSecret，访问密钥。在企业微信里对应的是应用里的 Secret，Secret 是企业应用里面用于保障数据安全的"钥匙"，每一个应用都有一个独立的访问密钥，为了保证数据安全，Secret 务必不能泄漏。此参数可在管理后台中，"应用管理"，点进某个应用，即可看到。

（3）AgentId，应用唯一标识。每个应用都有唯一的 Agentid。此参数可在管理后台中，"应用管理"，点进某个应用，即可看到 Agentid。

（4）ToUser，给用户发信息。ToUser 对应的是 UserId，每个成员都有唯一的 UserId，即所谓"帐号"，设置成某一用户的"账号"后，企业微信消息只会向此用户发送。在管理后台→"通讯录"→点进某个成员的详情页，可以看到。

（5）ToParty，给部门发消息。ToParty 对应的是部门 ID，每个部门都有唯一的 ID，设置成某一部门的 ID 后，仅向这个部门底下的 User 发送，在管理后台中，"通讯录"→"组织架构"→点击某个部门右边的小圆点可以看到。

（6）ToTag，给相同标签的用户发消息。ToTag 对应的是标签，每个标签都有唯一的标签名，可以为某些 User 设置相同标签，比如给学科组的用户赋以相同的标签，在发送消息时，向具有该标签的用户发送信息。在管理后台中，"通讯录"→"标签"，选中某个标签，在右上角会有"标签详情"按钮，点击即可进行标签和标签下用户管理。

看似简单的 ToUser、ToParty、ToTag 三种信息发送方式，足显企业微信设计者的匠心，通过三个接口解决了企业内部协作的大问题，将企业组织架构、跨组织的协同以及个人有机结合在一起，从而极大地发挥出了移动办公与协同办公的优势。

11.3 电子邮件推送

电子邮件是因特网上使用非常多的一种应用，它可以使相隔很远的人非常方便地进行通信，既可用于正式交流，又可用于非正式交流。它的主要特点是操作简单、快捷。当你发送一封邮件时，它首先会被发送到收件人的邮件服务器上，再放入到收件人的信箱中。收件人只需要随时读取它的电子信箱，就可以接收别人发送过来的信件。

中国地震局举行会议，邀请多个省地震局的专家前来参会，小G需要发送数百封邀请邮件，他决定用数据专家发邮件节点来完成这个任务。

11.3.1 设置邮件发送方式

数据流中有多条数据，每条数据都包含着文件体数据。在发送邮件过程中，是将数据流中的所有文件发给一个收件人，还是按行发给不同的人呢？因此，在发邮件之前需指定发送方式。数据专家中支持两种发送方式：逐行发送方式，运行时，从前节点加载收件人、主题、内容、附件等信息，以行为单位逐行发送多份邮件；发一份邮件方式，将前节点中的所有行合并成一份邮件，以附件的方式发送给收件人。

小G这次选择的是"逐行发送"方式，给数百位专家发送个性化的邀请函（图11.9）。

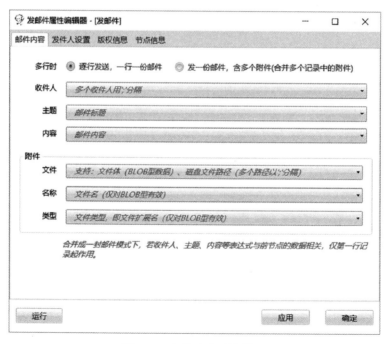

图 11.9　邮件内容设置界面

11.3.2　设置发件人信息

接下来进行邮件服务器设置，这里需要填写服务名称、发件人邮箱、发件人用户、发件人密码、服务器、端口等信息（图 11.10）。小 G 按照实际情况输入了自己的 QQ 邮箱信息，但是在测试过程中，小 G 发现邮件发送不成功，经过网上搜索学习，发现自己邮箱里的 SMTP 服务没打开，打开之后，小 G 的流程成果就能成功地向相关人员的邮箱发送了。

图 11.10　发件人设置界面

小 G 编写的批量发送邮件的流程，如图 11.11 所示。

参会人员⋯　　收件人　　主题　　内容　　文件　　发邮件

图 11.11　邮件批量发送流程

如果按照传统的工作方法，小 G 发送这些邮件至少需要半天时间，但是用数据专家，只用了不到半个小时。

Tip 11-4：POP3、SMTP 和 IMAP 之间的区别

简单地说，SMTP 管"发"，POP3/IMAP 管"收"。

POP3 是 Post Office Protocol 3 的简称，即邮局协议的第三个版本，是 TCP/IP 协议族中的一员（默认端口是 110）。本协议主要用于支持使用客户端远程管理在服务器上的电子邮件。它规定怎样将个人计算机连接到 Internet 的邮件服务器和下载电子邮件的电子协议。

SMTP 的全称是"Simple Mail Transfer Protocol"，即简单邮件传输协议（默认端口是 25）。它是一组用于从源地址到目的地址传输邮件的规范，通过它来控制邮件的中转方式。SMTP 协议属于 TCP/IP 协议簇，它帮助每台计算机在发送或中转信件时找到下一个目的地。SMTP 是一个"推"的协议，它不允许根据需要从远程服务器上"拉"来消息。SMTP 认证，要求必须在提供了账户名和密码之后才可以登录 SMTP 服务器，这就使得那些垃圾邮件的散播者无可乘之机。

IMAP 全称是 Internet Mail Access Protocol，即交互式邮件存取协议，是一个应用层协议（默认端口是 143）。用来从本地邮件客户端（Outlook Express、Foxmail、Mozilla Thunderbird 等）访问远程服务器上的邮件。它是跟 POP3 类似的邮件访问标准协议之一。不同的是，开启了 IMAP 后，您在电子邮件客户端收取的邮件仍然保留在服务器上，同时在客户端上的操作都会反馈到服务器上，如：删除邮件，标记已读等，服务器上的邮件也会做相应的动作。所以无论从浏览器登录邮箱或者客户端软件登录邮箱，看到的邮件以及状态都是一致的。

SSL（Secure Sockets Layer 安全套接层）及其继任者传输层安全（Transport Layer Security，TLS），是为网络通信提供安全及数据完整性的一种安全协议。TLS 与 SSL 在传输层对网络连接进行加密，客户与服务器应用之间的通信不被攻击者窃听。如果您的电子邮件客户端支持 SSL，可以在邮件节点勾选安全连接（SSL 加密发送）方式。当选择了使用 SSL 协议时，需要修改相应的服务器端口号。

数据专家中邮件节点发送邮件，需要设置发件人的 SMTP 服务。国内外主要邮箱的 POP3/SMTP/IMAP 的客户端设置如下：

邮箱	服务器地址	SSL 协议端口号	非 SSL 协议端口号
网易 163	smtp.163.com	465/994	25
腾讯 QQ	smtp.qq.com	465/587	25

网易 126	smtp.126.com	465/994	25
谷歌	Gmail　smtp.gmail.com	465	25
新浪	smtp.sina.com.cn		25
搜狐	smtp.sohu.com		25
移动 139	smtp.139.com		25
雅虎	smtp.mail.yahoo.com		25
FoxMail	smtp.foxmail.com		25

11.4　FTP 推送

文件传输协议（File Transfer Protocol，简称为 FTP）。通过 FTP 客户端从远程 FTP 服务器上拷贝文件到本地计算机称为下载，将本地计算机上的文件复制到远程 FTP 服务器上称为上传，上传和下载是 FTP 最常用的两个功能。FTP 使用传输层的 TCP 协议进行传输，因此客户端与服务器之间的连接是可靠的，而且是面向连接，为数据的传输提供了可靠的保证。建立 FTP 服务器的主要目的是提高文件的共享性；提供非直接地操纵远程计算机；避免用户因主机之间的文件存储系统的差异而导致的变化；为数据的传送提供可靠性和高效性。

小 G 申请了服务器资源，搭建 FTP 网络服务器，希望使用 FTP 服务器将流程所产生的报告、图件、数据等成果存储起来，进行统一管理。小 G 编写了数据上传流程，流程中以扫描目录节点为数据源，从本地磁盘中加载文件信息及数据体，构造了文件数据流，经过一系列的操作之后，通过 FTP 上传节点，将本地的文件上传至 FTP 服务器上，流程如图 11.12。

图 11.12　成果上传流程

FTP 上传节点，支持两种 FTP 操作方式：一是上传文件，将文件体数据上传到服务器上，需要设置上传文件内容、FTP 子目录、FTP 文件名称等信息（图 11.13）；二是删除文件或目录，只需设置远程路径信息（图 11.14）。

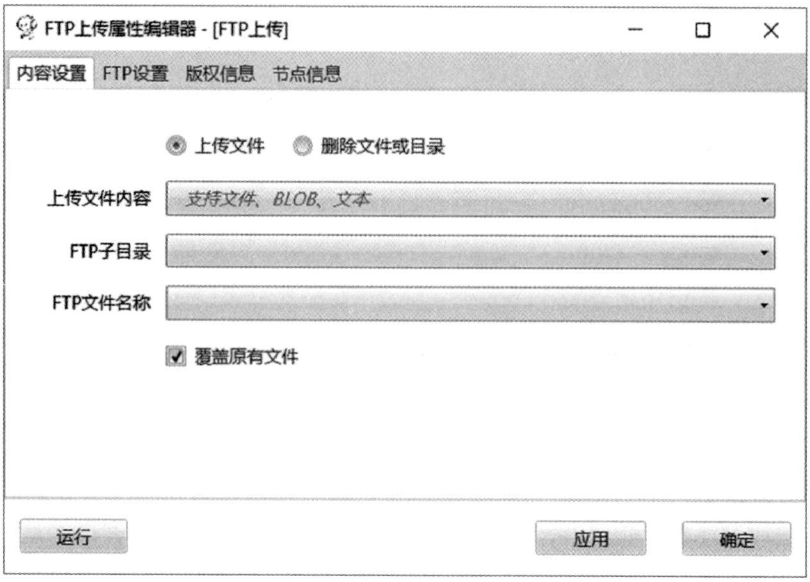

图 11.13　FTP 上传节点内容设置界面

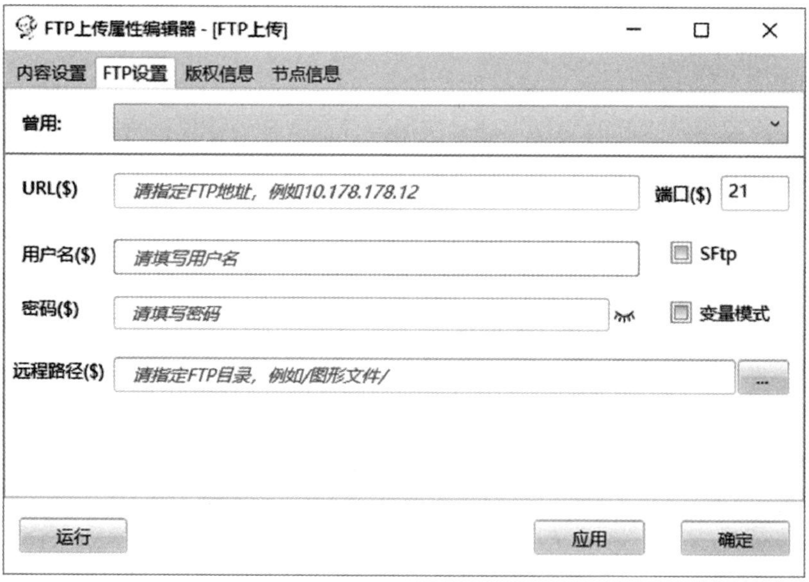

图 11.14　FTP 设置界面

　　接下来是设置 FTP 服务器参数，需要提供 FTP 地址、端口、用户名、密码、远程路径等信息，其中远程路径为 FTP 基准路径，远程路径为绝对路径，内容设置中的 FTP 子目录为其下的子目录，远程路径与子目录共同组成上传节点的远程操作路径。此外，FTP 设置支持安全连接方式，勾选 SFTP 选项，SFTP 全称 SSH File Transfer Protocol，意为安全文件传送协议，使用 SFTP 可以保障数据在传输过程中的安全。若使用安全连接方式，需要把端口改成相应的端口号，默认端口号为 22。

小 G 将资料和科研成果上传到服务器上，并邀请了同事们共同参与进来，实现了科研资料的共享。

11.5　小结

本章，小 G 首先通过报告创建完成了自动化生成报告，之后又利用数据专家内置的发微信节点、发邮件节点、上传 FTP 节点，尝试将个人的研究成果与他人进行分享。在地震发生时，服务器端自动开启震后应急会商应用流程，通过企业微信及时向有关专家发送震后应急会商报告，大幅度提高了会商工作效率。利用发邮件节点，批量发送了百余份的会议邀请函，在半个小时之内就完成了原本需要多半天才能完成的工作。历史成果资料整理流程，通过上传 FTP 节点将整理后的成果上传至服务器上，推进了企业内协同分享的工作模式。

除了发微信、发邮件、上传 FTP 之外，数据专家中还有写入数据库、保存文件、SCP 等节点，可用于将流程中产出成果与他人共享，将数据专家与企业内部的环境无缝集成，形成了面向多人的服务能力。这是面向多人提供即时在线服务的基础，下一篇中将为大家介绍如何将数据专家的流程云化部署应用，从而构建企业级的即时在线应用环境。

小 G 通过一个多星期的学习，基本掌握了流程编辑工具和地震业务数据处理方法。但是，对于处理更加复杂的数据和解决地震行业实际面临的问题，设计算法模型，感觉还是有点功力不足。闲暇之余，小 G 在网上找了一些大数据分析之类的畅销书，他发现几乎所有的大数据分析类技术书籍都提到了一门流行的编程语言——Python，特别是诸如 CNN、Machine Learning、NLP 等一些和人工智能有关的技术和方法，都可借助 Python 及其强大的第三方库实现。

　　在地震行业，通过各种类型的监测设备，大量的实时数据源源不断地传送到数据中心。甚至在"大数据"这个词被定义之前，地震行业就已经面临如何处理高度复杂的海量数据问题。特别是各种类型的传感器数字化后，密集的观测台站所产生的数据量不断增加，对实时计算和分析能力提出了前所未有的挑战。在过去，分析者和决策者们往往通过结构化的定期计划、会商决策管理整个灾害风险过程，而今天，在计算机运算能力和存储能力大大提高、人工智能算法日渐成熟的背景下，小 G 面对的是怎样探索出实时完成这些任务的方法。

　　数据专家体系为小 G 找到这一方法提供了可能，数据专家和急速发展的人工智能技术以及当前流行的编程语言——Python 深度融合，创造出独一无二的科研平台，小 G 可以借助此平台实现数据分析、可视化、对外服务等一系列地震科研工作的自动化、智能化。

第 12 章　筛选地震目录

我们在设计会商技术系统的诸多业务流程中，经常都会要用到各种类型的地震目录，在上一章内容中，小 G 已经了解了如何获取地震目录，下面，小 G 会继续和大家一起学习如何筛选出自己所需要的地震目录。在这里，本书会根据常用的筛选方法及实际的业务需求，介绍以下几种常用方法供大家参考。

12.1　SQL 筛选法

首先介绍使用 SQL 语句对地震目录进行筛选的方法。

数据专家软件在接入数据库节点中集成了 SQL 语句查询功能，双击进入节点属性编辑器，让我们先连接数据库：

如图 12.1 所示，在填写相关帐号、密码等信息后，我们连接到相应的 MySQL 数据库

图 12.1　接入地震目录数据库

中，然后在表与视图菜单栏下勾选 SQL 查询选项，就可以输入 SQL 语句筛选出自己所需要的地震目录。下面我们写入一段简单的 SQL 查询语句，如图 12.2。

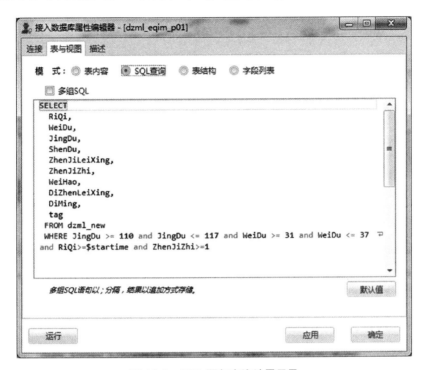

图 12.2　SQL 语句查询地震目录

如图 12.2 所示，该条 SQL 语句即实现在 dzml_new 地震目录表单下，根据经纬度范围（110° ～ 117°，31° ～ 37°），日期（$startime 流程变量）及震级条件（>1）筛选出满足条件的指定字段列信息的地震目录。

如此我们便通过 SQL 语句获取到了我们所需要的地震目录数据。

12.2　函数筛选法

除 SQL 筛选法之外，小 G 发现还可以使用数据专家的函数进行筛选，我们在 SQL 筛选之后（或直接在源数据表中），进一步通过函数灵活组合进行筛选。为了方便开发者查找函数，系统中提供函数查询功能，小 G 在公式编辑器的右键菜单中找到函数帮助菜单项，或是主菜单帮助菜单下的函数帮助，打开函数窗口，如图 12.3。

在关键字查询框中，输入一个或多个关键字，以便筛选出自己想要的函数；也可以将组别、函数、返回值等字段标题拖入到该栏，进行分类，以便查找函数。

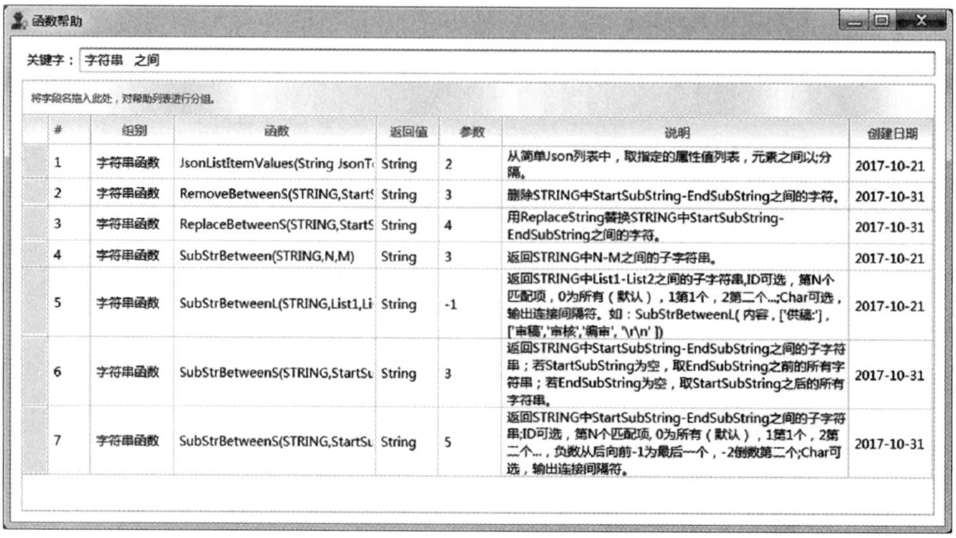

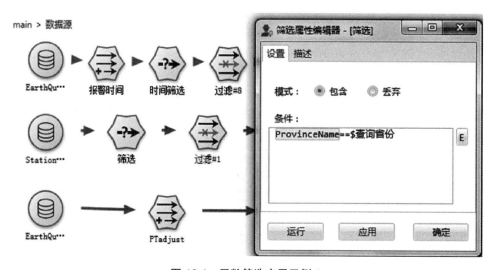

图 12.3　函数帮助

下面举个例子：在 SQL 筛选之后，需要结合流程中用户选定的查询省份变量对地震目录进一步筛选，这时需要在数据库节点后加入一个筛选节点，并在节点中写入函数条件，如图 12.4 所示。

图 12.4　函数筛选应用示例 1

或者是需要通过用户选定的起止时间变量进行筛选，同样也是这种方式，如图 12.5 所示。

通过这种方法，灵活地使用各种节点及函数的组合，最终筛选出自己所需要的地震目录。

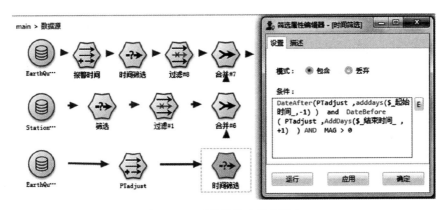

图 12.5　函数筛选应用示例 2

Tip 12-1：数据专家里的函数

　　函数作为 Datist 的重要组成部分，它以节点为载体；如果说节点是 Datist 的骨架，那么函数就是 Datist 的血液，它可以实现数值计算、数据分析、清洗等多项任务；因此，选取适合函数可以达到事半功倍的作用。目前 Datist 提供数值计算、比较、字符串运算等 25 类近 600 个函数。

12.3　空间分析方法

　　在我们的日常数据分析中，空间分析是必不可少的，比如周围有哪些历史地震，一次地震发生在哪个构造带上？为了进行这些常规的空间分析，去驾驭 ArcGIS 之类的专业软件，其学习成本显然过高。

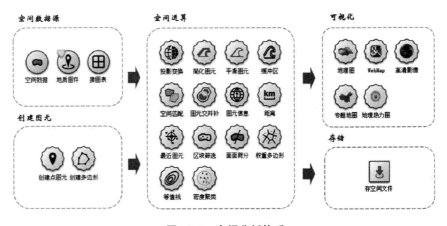

图 12.6　空间分析体系

数据专家的空间分析体系结构:

数据专家系统,具有空间数据处理能力,提供点线面图元构建、投影变换、空间叠加运算等一系列节点工具及扩展函数,实现空间查询与统计分析。

Tip 12-2:数据专家里的空间数据分析体系

空间数据分析体系由空间数据源、创建图元、空间运算、空间可视化和存储五部分构成:

空间数据源:可以将 ArcGIS、AutoCAD、MapInfo、GeoJson 等常用空间数据文件读入系统中,包括空间数据、地质图件、接图表等节点。

创建图元:将二维表数据转换成空间图元,包括创建点图元、线图元、多边形图元、外包络线图元等。

空间运算:提供一组空间分析算法,如投影变换、简化图元、缓冲区分析、空间匹配、等值线绘制等;除了空间运算节点之外,系统还提供大量的空间分析扩展函数,如 PointInPolygon、GetCoordinate 等。

可视化:是将空间分析的结果进行可视化展示,提供内置地图展示、百度地图、Google 高清影像以及各类专题地图功能;除了这些内置的可视化功能之外,您还可以编写自己的 R、Python、GMT 脚本,使用脚本语言节点进行空间数据的展示与应用。

存储:将空间数据保存为通用 GIS 文件格式。

下面小 G 和大家一起通过一个例子来了解空间分析。在自然地震研究过程中,需要从华东地震目录中抽取研究区内历年来发生的地震数据。首先我们准备好数据源:地震目录及构造带空间边界。数据专家中坐标系统默认是 WGS84,在空间分析过程中,需先通过投影变换节点将其他坐标系的数据统一为 WGS84 坐标系。

图 12.7 所示为某地震目录点坐标图层。

图 12.8 所示为某空区条带面图层。

通过创建点图元、构建多边形、区块筛选等节点,我们用获取交集的方法实现地震目录数据自动抽取流程(流程商店中,地震目录之三研究区内地震点筛选)。流程如图 12.9 所示。

通过图 12.9 所示流程,我们用空间边界数据组成的多边形对地震目录数据进行了范围筛选,获得了我们所需的指定范围内的数据。

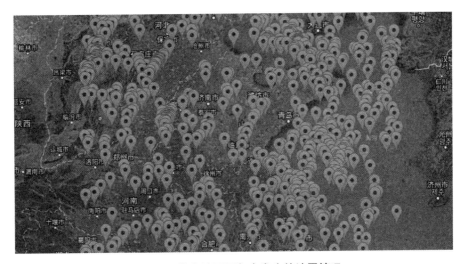

图 12.7 华东地区历年来发生的地震情况

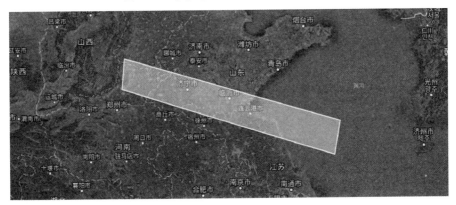

图 12.8 构造带空间边界数据

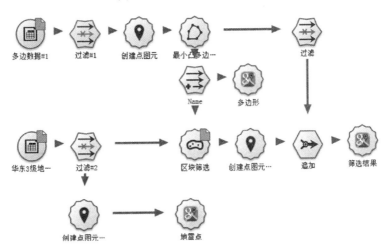

图 12.9 研究区内地震数据抽取流程

Tip 12-3：什么是空间分析

　　空间分析是对于地理空间现象的定量研究，其常规能力是操纵空间数据使之成为不同的形式，并且提取其潜在的信息。空间分析主要通过空间数据和空间模型的联合分析来挖掘空间目标的潜在信息，而这些空间目标的基本信息，无非是其空间位置、分布、形态、距离、方位、拓扑关系等，其中距离、方位、拓扑关系组成了空间目标的空间关系，它是地理实体之间的空间特性，可以作为数据组织、查询、分析和推理的基础。通过将地理空间目标划分为点、线、面不同的类型，可以获得这些不同类型目标的形态结构。将空间目标的空间数据和属性数据结合起来，可以进行许多特定任务的空间计算与分析。

　　研究区内地震数据抽取结果（交集）如图 12.10 所示。

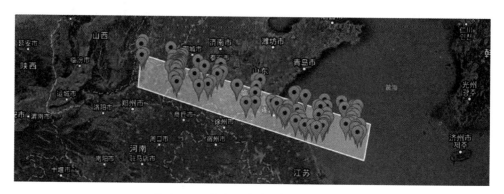

图 12.10　研究区内地震数据抽取结果

Tip 12-4：缓冲区分析

　　缓冲区分析是针对点、线、面等地理实体，自动在其周围建立一定宽度范围的缓冲区多边形。

12.4　API 方式获取

　　下面为大家介绍使用第三方工具（以 USGS API 为例）进行地震筛选的方法示例。小 G 了解到 USGS（United States Geological Survey，美国地质勘探局）网站提供了地震目录下载的第三方 API 接口，并提供配套的 obspy 官方 python 工具包。我们在服务器下配置好 Python 环境及 Obspy 官方包后，便可以使用该项第三方服务。如图 12.11。

我们需要在数据专家中添加 Python 节点，并对其进行编辑（图 12.12）：

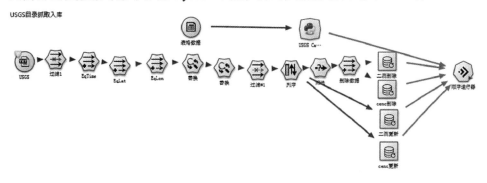

图 12.11　USGS 目录数据入库流程

图 12.12　python 节点中的目录获取代码编写

在 Python 节点内通过编写如图 12.12 所示的 Python 脚本，实现对 USGS 地震目录数据的获取，筛选范围等信息可根据需求自行修改脚本。Python 脚本可以在共享的流程中获取，感兴趣的读者可以经过进一步学习自行修改或者编写。

经过上述步骤，我们就通过 Python 节点调用 USGS API 实现了地震目录的获取。

下面我们再继续介绍一种通过微服务节点的方法来实现地震目录的筛选，本方法不用写任何代码便可以实现地震目录的获取。

在最新版的 Datist 软件中提供了微服务这一节点，我们将 API 接口地址及相关信息输入到微服务节点里，就能获取到相关数据（图 12.13）。

图 12.13　微服务节点的设置

如图 12.13，我们首先设置好 API 地址，点击右侧"刷"按钮后，微服务节点会调取 API，节点页面会出现下方四行参数，输入相应参数，这样，微服务节点便配置完毕。

我们了解到 USGS API 提供的地震目录数据是采用 GeoJSON 编码格式的，在通过微服务调用了 USGS API 后，需要对获取的数据进行层层解析，如图 12.14。

打开解析 Json 节点，选择数据体（上一层数据列），再点击右侧"E"按钮（获取下一层数据列），如此层层解析（数据结构可通过 USGS 相关资料进行了解，也可通过流程分步运行自行测试了解，本例中可将流程放出供大家参考）（图 12.15），本例中共通过四层解析获得了最终所需数据，如图 12.16 所示。

usgs-catalog

图 12.14　微服务实现 USGS 地震目录获取流程

图 12.15　解析 Json 节点的设置

	time	latitude	longitude	depth	mag	place
1	4:42:24	36.61	-121.21	6.32	4.32	10km NW of Pinnacles, CA
2	19:18:11	37.97	-122.04	15.24	3.63	2km W of Concord, CA
3	4:01:27	36.87	-121.81	8.32	4.2	4km SE of Aromas, CA
4	11:19:55	45.43	16.26	10	6.4	2 km WSW of Petrinja, Croatia
5	11:04:44	37.71	-97.34	5	3.7	3 km NE of Eastborough, Kansas
6	:28:50	-29.48	-178.7	224	6.3	Kermadec Islands, New Zealand
7	21:32:59	51.28	100.44	10	6.7	30 km SSW of Turt, Mongolia
8	18:28:18	-2.97	118.89	18	6.2	32 km S of Mamuju, Indonesia
9	21:31:05	26.93	55.19	8	5.5	50 km NE of Bandar-e Lengeh, Iran
10	2:46:22	-31.82	-68.82	20	6.4	27 km SW of Pocito, Argentina
11	12:23:06	5.01	127.52	95.81	7	210 km SE of Pondaguitan, Philippines
12	23:36:51	-61.83	-55.49	9.58	6.9	South Shetland Islands
13	0:07:45	-33.36	-70.22	110.82	5.8	35 km ENE of Villa Presidente Frei, Ñuñoa, Santiago, Chile

图 12.16　最终获取的地震目录信息

12.5 交互式筛选

在实际业务需求中，用户经常需要使用人机交互的模式灵活筛选地震目录，参数通常包括时间范围、震级范围、经纬度范围（或省市等地理或行政单元区域）等。在 CENC（地震分析会商技术系统—台网中心）网页 B/S 系统平台中，便设计了用户交互式筛选的功能，用户通过在网页选择日期范围，输入震级范围及位置等信息，通过 API 接口调用地震目录数据库进行交互，获取需要的地震信息（图 12.17）。

图 12.17　CENC 系统中的地震目录交互式查询

后台的流程是如何实现与前端 API 接口交互的呢？或者如何直接与企业微信进行交互呢？小 G 也对此做了更深入的了解：在 Datist 系统变量中，指定了一项 WxInputText 变量，专门用于前后台交互传递参数，可在系统属性中进行流程变量设置。此处引入地震信息应急触发作为例子，如图 12.18。

流程属性编辑器 - [安徽震区专题信息流程.DMS]			— □ ×
流程变量	数据格式	标题样式	高级设置 流程信息
	变量定义		
执行顺序	类型	名称	值
> 0	Ａ Text	WxInputText	@m 安徽台网正式测定：2019年11月01日 15时33分在安徽宣城市泾县（北纬30.48

图 12.18　WxInputText 变量设置

变量设置后，我们将所需要传递的测试信息编辑成一整段字符串文字填入值项中（图 12.18），然后再对该信息进行多列属性解析，在地震信息筛选中我们常用的就是分解为起止时间、经纬度范围、震级范围、地点信息等，参考方法如图 12.19 所示。

图 12.19　WxInputText 字符串的多列属性解析

分解后的变量信息就可以进一步地在流程中进行分析判断以供使用，如此我们便完成了信息在前后台中的交互传递。

流程编写完成并进行了上线列装的相关设置后，我们便可以在企业微信端输入通配符 + 参数的方式进行流程触发，获取我们想要的地震信息。或者想实现网页端触发也可以进一步进行 B/S 端的 API 接口开发设计，再接入流程进行交互，类似于 CENC 系统中网页录入参数进行地震信息的筛选的功能。

> ### Tip 12-5：前后台之间的信息交互
>
> 前后台之间的信息交互是一项非常重要的技能，它可以让一个流程根据各项参数的变化随时产出你所需要的结果，而不需要每次发生变化就重新修改流程。Datist 流程中通过设置 WxInputText 变量来进行前台企业微信端（网页端）与后台服务器流程的文本交互方式，在众多业务流程中都有着广泛的应用。

12.6　小结

在本章中，小 G 为大家总结出了地震目录的 SQL 筛选、函数筛选、空间分析法、第三方工具（USGS API）、交互式筛选等多种方法。大家可以从具体需求出发，使用自身擅长和喜欢的方式，灵活运用各种方法筛选出自己所需要的地震目录。

关于本章中涉及的函数、空间分析、Python、USGS API 等相关知识，大家感兴趣的话可以在本书中其他章节或者从网络资源做更加详细深入的了解。

　　小 G 终于很方便地获取了地震目录，但成千上万条的地震信息要如何处理？怎么才能从地震目录中提取对地震预报有用的信息呢？"前辈"告诉小 G，接下来要做的就是对地震目录进行可视化处理。

　　将数据以图形图像的形式表示的过程即为数据的可视化，通过对数据的有形化表达，数据分析师们就可以提取一些"隐藏信息"来提供服务。地震目录的可视化通常可分为"两派"：时间序列可视化和空间分布可视化。时间序列可视化专门研究地震随时间变化的图形化表达，而空间可视化是研究地震位置变化的图形化表达。通过对地震目录的时间域和空间域的可视化分析，地震专家们就可以获得地震活动规律和震中迁移等信息。

13.1　M-T/N-T/ △T-T 三剑客

　　进入"时间序列可视化"一派学习，小 G 最先认识的是最有名的"M-T、N-T、△T-T"三位剑客。地震 M-T 图是地震震级随时间的变化图，地震学家们习惯地将代表不同震级大小的线条按照时间顺序直立在时间轴上，得到 M-T 图；地震 N-T 图是地震数量随时间的变化图，通常用直方图或曲线图来描述。地震 M-T 图、N-T 图都可用来表达地震活动水平随时间的变化特点。地震△T-T 图是地震发震时间间隔随时间的变化图，通常用折线图来描述。"前辈"告诉小 G，一些地区的较大地震具有周期特点，地震目录△T-T 图可简洁的表现出其周期特征。

　　在数据专家的帮助下，小 G 能方便、快捷地获取特定时间、特定地点的地震目录，那么是否能够获取地震目录的 M-T 图、N-T 图和△T-T 图呢？很快，小 G 就使用数据专家解决了这个问题。

13.1.1　地震目录 N-T 图

　　小 G 使用数据专家 6 个不同的节点实现了地震目录获取、筛选、计算频度、绘图四个过程，见图 13.1。"接入数据库"节点将地震目录从数据库下载、接入至流程中并利用 SQL 语句进行初步的筛选；"筛选"节点可根据用户要求进一步筛选地震目录；"新列"节点添加"标志"列，将属于同一时间段的目录做同一标志；"过滤"节点删除不需要的经度、纬度和震级等地震信息；"汇总"节点将统计同一标志的地震数量，并依据不同标志赋予不同时间信息；"统计图"节点将获取的时间—频度信息可视化。

图 13.1　数据专家实现地震 N-T 图自动获取流程

Tip 13-1：节点缓存的灵活使用

节点缓存是指将某个节点运行结果保存下来，在运行后面的节点时直接访问保存的数据。图 13.1 中，运行"筛选"节点时，直接访问"接入数据库"节点缓存数据，而不重新运行"接入数据库"节点。

节点缓存机制可以先缓存"接入数据库"节点数据，从而解决因网络故障造成的数据库无法访问时无法调试流程。此外，也可以提高流程调试运行效率。

图 13.1 中，"新列"节点和"汇总"节点完成了地震年频度的统计功能，"新列"节点增加的"标志"信息可直接贴上时间"标签"，参数设置见图 13.2。"新列"节点使用了"SubStr"函数，"SubStr(RiQi,1,4)"实现了提取"RiQi"的字符串的功能（从第 1 位开始，提取 4 个字符），提取的"RiQi"子字符串是地震目录的年份，即时间"标签"。"汇总"节点对新增的时间"标签"列进行分类统计，并统计时间"标签"相同的条目。

"统计图"是数据专家常用的可视化节点，包含了柱形图、折线图、饼图等 24 种常见的统计图模板。地震 N-T 图常使用柱状图，图 13.3 为"统计图"参数设置界面，其中，左图显示 X 轴选择"时间"列，Y 轴选择"时间 _ 计数"列；右图显示 X、Y 轴各自的标题分别设置为"时间 / 年"和"频次"。图 13.4 展示了流程运行后生成的地震 N-T 图。

13.1.2　地震 ΔT-T 图

地震 N-T 图自动获取流程开发完成后，小 G 信心大增，又开始了地震ΔT-T 图的流程

图 13.2 "新列"节点和"汇总"节点的参数设置界面

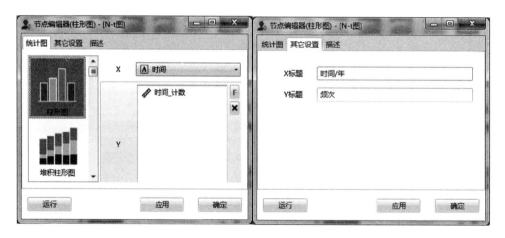

图 13.3 "统计图"界面参数设置界面

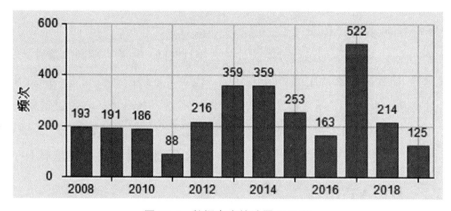

图 13.4 数据专家的地震 N-T 图

编制。发震时间间隔ΔT是后一个地震时间与前一个地震的时间差，小 G 巧妙地运用"值偏离"节点新增了"后一个地震时间"列，从而解决了时间间隔计算的问题。整个流程使用了 9 个节点，见图 13.5。

图 13.5　数据专家实现地震Δ T-T 图自动获取流程

"值偏离"节点的作用是将邻近行的值赋给指定列。图 13.6 展示了"值偏离"节点的参数设置界面和功能示意图。使用"值偏离"节点时需要指定 3 个参数：取值字段表示进行值偏离的列名；新值字段指偏离后的新列名；偏离量表示向上或向下偏移的数量。偏离量为 –1 时，新增偏移列与原始列相比向上偏移 1 行，如图 13.6 所示。 新增偏移列的最后一行是空值，因此，需要将其替换为当前时间（可使用" now()"函数）。发震时间间隔可使用"Datediff('d',RiQi,后一个地震时间)"函数计算得到。

最后利用"统计图"节点实现了发震时间间隔的可视化。图 13.7 是数据专家获得的地震ΔT-T 图。

图 13.6　"值偏离"节点界面设置及功能示意图

（3）地震 M-T 图

小 G 在开发地震 M-T 图自动获取流程时遇到了困难，因为数据专家中"统计图"节点内没有适用于绘制地震 M-T 图的模板。"前辈"告诉小 G，简洁、美观的 M-T 图可使用 GMT 绘制，小 G 十分开心，因为数据专家可以很方便地调用 GMT 脚本。

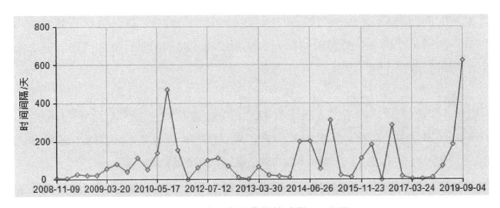

图 13.7　数据专家获得的地震△ T-T 图

　　小 G 很快编制了 GMT 绘图脚本，但脚本中的 -R 参数需要根据实际数据时间和震级范围而变化，运行 GMT 节点前需要准备时间 - 震级数据和时间、震级范围参数。"接入数据库""筛选""过滤"和"新列"四个节点的灵活使用实现了 M-T 图所使用的数据准备工作。此外，多个函数组合使用可确定时间范围和震级范围："' -R '||SubStr(@First(RiQi),1,10)||' T '||'00:00:00'||' / '||SubStr(@Last(RiQi),1,10)||' T '||'12:59:59'||"/2/"||ToString(floor(max(ZhenJiZhi))+1)"，例如，在本文的例子中该公式运算的结果为："-R2008-01-01T00:00:00/2018-12-31T12:59:59/2/6"。

　　最终，小 G 使用八个节点完成了地震 M-T 图自动获取流程（图 13.8），"接入数据库"节点将需要的地震目录数据下载并进入到流程中，"筛选""过滤"和"替换"节点完成了地震目录的"清洗"操作，另一分支的"新列"和"过滤"节点完成了 GMT 绘图参数准备。"文件收集器"将地震目录数据流和绘图参数数据流以文本文件的形式存储在本地，"GMT"节点实现 GMT 脚本调用、绘图。图 13.9 是数据专家获得的地震 M-T 图。

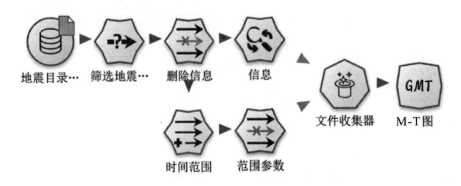

图 13.8　数据专家实现地震 M-T 图自动获取流程图

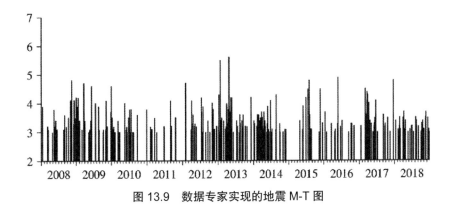

图 13.9　数据专家实现的地震 M-T 图

13.2　基于 GMT 绘制震中分布图

　　地震目录的"空间可视化"能够直观地为地震学家们呈现地震发生的位置。最常使用的是震中分布图，图中不同大小的圆圈表示不同震级的地震，此外，图件还包含必要的行政边界、主要城市和断层分布等信息。小 G 在开发地震 M-T 图自动获取流程中受到启发，打算使用 GMT 节点帮助完成震中分布图的自动获取流程。

　　小 G 在个人 PC 机上先编写了 GMT 绘图脚本，经过不断调试，终于可以绘制特定区域的震中分布图了。数据专家可方便地调用 GMT 脚本，经过一些简单的参数设置，小 G 仅适用六个节点满足了绘制特定区域震中分布图的需求，如下图所示。"速报目录"节点将地震目录库中的数据下载并进入到流程中，同时使用 SQL 语句进行初步筛选；"筛选"节点和"过滤"节点进一步对地震目录进行筛选，数据流经过"文件收集器"节点后传递给"GMT"节点，"GMT"节点实现 GMT 脚本调用、绘图；"报告"节点将绘制好的震中分布图以 HTML 报告的形式展现出来。图 13.11 为本流程绘制的最近一年东北地区 M_L3.0 以上的震中分布图。

| 速报目录 | 筛选 | 东北最近… | 文件收集器 | 震中分布图 | 震中分布图 |

图 13.10　数据专家实现震中分布图自动获取流程

13.3　基于地震目录的指标跟踪

　　我国的地震预报经过了 50 多年的发展，积累了大量的观测资料，形成了长期、中期、短期和临震的阶段性渐进式地震预报思路。小 G 了解到，地震预报终究是尚未解决的世

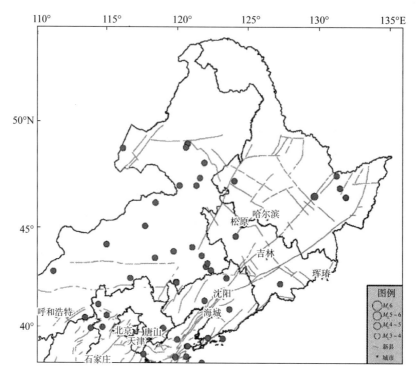

图 13.11　数据专家实现的震中分布图

界性科学难题，仍需要不断努力。目前，我国预报工作仍然以经验预报为主，前辈对大量震例进行回溯性检验，总结了一些普适性较强的地震预测指标，其中，地震活动增强、震群活动、b 值和 GL 值等均以地震目录为基础资料。前辈告诉小 G，这些测震学指标跟踪是十分重要的，但是，跟踪这些指标需要大量重复性的工作来处理地震目录，而且，召开临时会商会或紧急会商会时准备资料的时间也很紧迫。小 G 做了一些调研工作，终于编制了测震学各项指标的跟踪流程，下面以地震活动增强指标为例进行介绍。

地震活动显著增强是指较大范围（几百千米）出现的中小地震活动水平或频度升高的现象，一般出现在主震前几个月至 1 ~ 2 年内。大量震例研究表明，较大地震前，未来震中周围 200 ~ 300 千米范围内地震活动出现增强是一种具有普适性的震兆现象，但是地震活动增强指标的表现具有地域性，因此，需要编制适用于本地的地震活动增强指标跟踪流程。

举例来说：辽宁地区地震活动增强是一项重要的中强地震的测震学指标，是 1975 年海城 7.3 级地震和 1999 年岫岩 5.4 级地震成功预报的重要依据之一。该指标主要表现为：震前一年内，辽宁地区出现 $M_L \geqslant 3.0$ 级地震的频次超过 28 次，$M_L \geqslant 4.0$ 级地震的频次超过 2 次。最终，小 G 使用以下流程满足了该指标的自动跟踪业务需求。

该流程分为五部分，详细结构设计见图 13.12：①为数据的准备和计算，为了提高效率，减少数据库的数据下载量，采用本地目录和数据库目录拼接的方式合成了近 10 年的地震目录数据，利用 R 语言实现 $M_L \geqslant 3.0$ 级和 $M_L \geqslant 4.0$ 级地震的频次随时间的变化数据准备工作；②将保存在本地的震例相关资料接入到流程内；③和④分别为利用 GMT 绘制 $M_L \geqslant 3.0$ 级和 $M_L \geqslant 4.0$ 级地震 N-T 图并接入到流程中；⑤将所有流程中的震例相关资料和结果汇总至 HTML 报告或 PowerPoint 演示报告中，最终利用微信节点将两种格式的报告发送给指定用户。

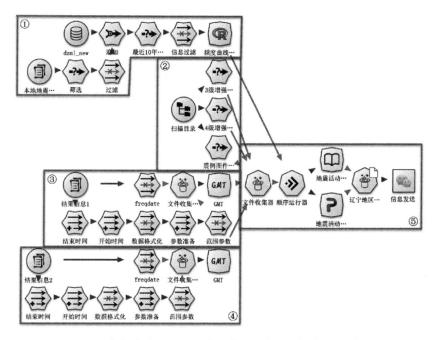

图 13.12　数据专家实现辽宁地区地震活动增强自动跟踪业务流程

前辈对小 G 的工作赞叹不已，目前小 G 已经完成震群活动、b 值、地震平静、地震条带、地震空区等指标的跟踪流程，并将它们部署在"云端"，所有从事地震预测研究的前辈都可以在手机端触发并接收报告。

13.4　小结

在本章中，小 G 以数据专家为平台实现了 M-T 图、N-T 图、ΔT-T 图和地震空间分布图等常用的地震目录可视化流程的编制，并以此为基础，编制了地震活动增强指标自动跟踪流程，极大地提高了工作效率。大家可根据本地区的业务需求，利用本章提供的实例，编制适用于本地区的业务流程。

第 14 章　地震目录质量与预测模型

14.1　地震目录也要质量控制吗

地震目录（earthquake catalogue）是地震观测最基础的产品，也是我们开展地震活动特征、地球动力学、地震危险性分析等的最重要的数据资料。通常的地震目录，包含有发震时刻、震中经度和纬度、震源深度、地震震级等基本地震参数，例如日本气象厅（JMA）地震目录、韩国气象厅（KMA）地震目录、中国地震台网中心的《全国统一正式目录》等等。

除了我们常见的国家和区域地震目录外，还有一些是利用在全球范围布设的地震台网、各个国家地震台网的协议交换等可准实时产出全球地震目录。例如，美国国家地震信息中心（NEIC）的震中初步报告（PDE）、位于英国的国际地震中心（ISC）的地震目录等等。此外，传统地震目录的时、空、强基本要素经常难以满足地震危险性分析等业务和研究的需要。为此，拓展地震目录的维度、引入更多独立的信息就成为重要的尝试和探索。一些地震目录产出其他震源参数信息，例如哥伦比亚大学的全球地震矩张量计划产出的GCMT 目录就包含有标量地震矩 M_0、矩张量分量、矩震级 M_w 等信息。美国 NEIC 还提供宽频带辐射能量目录，给出能量震级 M_e、宽频带辐射能力 E_s 及其测定误差等等信息。

只要有人工参与的工作总会存在质量问题，地震目录的产出也不例外。由于地震台网观测设备运行、数据分析处理人为错误等，都可造成地震目录的数据质量问题，因此进行数据质量控制（data quality control）极为必要，应该列入日常地震监测业务流程。此外，由于地震目录多用于与统计有关的应用和研究，开展地球动力学、地震危险性分析等科学研究之前，对地震目录的完整性进行检测比较，验证是否符合应用和研究要求，也是数据质量控制的重要组成部分。

在一般的定义上，数据的质量控制是指确定数据是否满足总体质量目标，以及符合针对单个值定义的质量标准。数据的质量控制的核心作用是为了确定数据是"好"还是

"坏",或者它们在多大程度上如此,因此必须具有一组质量目标和针对数据进行评估的特定标准。在正式运行的各国国家级地震台网、省级区域地震台网中,地震目录的数据质量控制已逐渐成为常规的业务运行流程,例如,美国 NEIC 设立有专门的数据质量控制(QC)工作流程和软件模块儿。但是,目前中国的地震目录的数据质量控制还没有发布具有统一共识的标准。下边的分析中,我们主要结合常见的地震目录数据问题、在监测预测业务和研究应用中的数据质量控制问题来介绍。

14.2　常见的地震目录问题

第一类的"问题型"数据质量问题。在一般的地震台网观测运行中,常常出现多种影响地震目录数据质量的问题,它们包括:

（1）地震设备故障造成的观测数据断记。

（2）地震台网运行规则的变动造成数据采集的变动。

（3）受到台风暴雨、突发的全球强震造成的地震噪声突然提高,甚至"淹没"地震信号的现象。

（4）常规的自然环境噪声的季节性或每日变化,这会影响较小地震记录的完整性,在台站密度和检测能力较高的地震台网尤其明显。

（5）由于人为原因造成的明显超出正常数据赋值范围的数据录入、数据非正常缺失、重复录入,以及其他的在编辑过程中造成的人为错误。

因此需要针对上述问题,分别进行数据质量的检测和错误识别,并采取措施弥补问题或标注问题。

第二类的"能力型"的数据质量问题。除上述的"问题"型的地震目录质量问题,以最小完整性震级（M_c）为主的地震台网监测效能也是数据质量控制的重要方面。与之相对应的影响因素包括:

（1）由于地震台网分布的空间非规则性,在空间不同位置形成的最小完整性震级分布的不均匀性。

（2）由于地震台站设备故障造成数据断记、增设或裁撤地震台站、台站设备更换等引起的最小完整性震级时间空间的变化。

第三类的"质量型"数据质量问题。还有一些数据质量问题实际上是难以解决的,只能采用根据不同研究和应用对数据质量需求来遴选数据。这些因素包括:

（1）受到地震台网空间布局、台站分布密度、观测点位环境噪声质量、采用的仪器设

备精度和可靠性等影响，造成的地震定位精度（空间水平定位精度、震源深度测定精度）的空间不均匀性，或者难以满足应用需求等问题。

（2）由于地震台站台基校正项的可靠性、仪器标定准确性、台站分布与震源球投影的对应关系等问题，引起震级测定的不确定性。

14.3 怎么分析地震目录

对地震目录的数据质量分析，主要集中在对第一类的"问题型"和第二类的"能力型"的分析检测上。常用的分析方式包括：

第一类的"问题型"数据质量分析。此类问题主要是通过对数据的分析发现存在的重复、遗漏、错录等明显人为错误，可以参考使用的方式包括：

（1）绘制震中分布和地震的深度剖面图。主要用于发现明显的与活动构造、已有地震获取区分布的不一致性，以及在深度分布上的异常集中等问题。

（2）绘制纬度–时间、经度–时间等分布图。主要用于在时空二维图上联合发现地震震中和发震时刻之间的不匹配性，以及对余震、震群等丛集地震的不正常的遗漏。

（3）分析定位所用的台站数与震级、最小震中距与震级等的分布关系，用于判断是否存在超出"使用的台站越多越容易发现小震级的地震""越密集或越近的台站分布越容易发现小震级的地震"等以往经验性认识。

（4）进行震中位置坐标是否超出 60 分和 60 秒，以及发震时刻的月日小时分钟是否超出一年 12 月、每月 28/29/30/31 天、每天 24 小时、每小时 60 分钟……等等常识性的数据范围分析，以便检测出数据录入错误。

（5）绘制震级–序号（Magnitude-Rank）图。主要用于监测是否出现明显的断记和数据缺失、震级标度出现错误、突发事件对数据记录完备性的影响等等问题。绘制时，只需要将地震按照发震的时间先后排序，用序号作为横坐标、震级作为纵坐标即可。

（6）分析相邻地震时间间隔的分布（IETs），用于检测某时间段遗漏较多地震的情况。分析时，计算出相邻地震两两之间的时间间隔，然后在半对数或者双对数坐标系中考察数据的分布形态、检测出明显遗漏地震的时段。

第二类的"能力型"数据质量分析。这类数据质量分析主要是计算最小完整性震级。其中应用较多的是两类方法：一类是假定震级-频度的分布满足 G-R 关系的统计地震学方法，另一类是非基于 G-R 关系的统计地震学方法。

对于假定地震的震级–频度分布符合 G-R 关系假定的方法有：

（1）最大曲率法（MAXC）。该方法认为震级 - 频度分布曲线一阶导数的最大值（曲率最大）所对应的震级为 M_c，即非累积震级频度分布模型中地震事件数最多位置所对应的震级。这种方法计算简单，但 M_c 值往往被低估。

（2）最优拟合度法（GFT）。该方法通过搜索实际和理论震级 – 频度分布下的拟合度的百分比来确定 M_c，计算比较理论拟合和实际观测数据之间的 G-R 关系分布差异。一般会根据定义的严格程度，使用拟合度（GFT）90%、95% 的不同标准来确定 M_c。

（3）b 值稳定性（MBS）方法。该方法将 G-R 关系的斜率 b 值的稳定性作为滑动计算各个截止震级 M_{co} 的函数，并假设 b 值随 M_{co} 和 M_c 两个值越接近越大，当 $M_{co} \geq M_c$ 时 b 值保持不变。

（4）分段斜率中值分析法（MBASS）。该方法主要基于迭代方法在累积震级频度分布 FMD 图中寻找斜率序列多次改变点来估计 M_c。MBASS 方法一般采用秩和检验，从迭代斜率序列中寻找 FMD 中的斜率不连续点，其中最主要的不连续点对应 M_c。

（5）完整性震级范围（EMR）方法。该方法根据 M_c 以下的不完整的震级的频度分布一般呈现近似累积正态分布的情况，用"两段"函数同时拟合。计算过程中，需要寻找链接累积正态分布的不完整的震级段落和对数线性的完整震级段略的衔接点，即为 M_c。

对于非 G-R 关系的方法主要有：

（1）基于概率的完整性震级（PMC）方法。PMC 方法主要是通过构建单个台站记录周边地震的检测概率函数、至少被四个以上台站记录到的联合概率，来计算最小完整性震级的空间分布，以及某一震级档对应的在空间上的检测概率。

（2）贝叶斯完整性震级（BMC）方法。BMC 方法基于 MAXC 方法进行"当前"的最小完整性震级的评估，另一方面通过对各个台站平均的检测地震的能力曲线外推，获得在无地震或弱地震活动地区的监测能力并作为"先验"模型。最好将两者结合获得"后验"的监测能力。

（3）R/S 检验方法。该方法基于以下两个假设：①各震级的地震事件服从泊松分布随机发生；②由于噪声和人类活动的原因，地震台站白天背景噪声大于夜间。该方法的计算原理是：在一个满刻度为 24 小时的"时钟"上给每个地震的发震时刻都对应一个相位角，按地震发生的先后将所有相位矢量相加得到总相位矢量 R，与随机情况下的相位矢量进行比较，判断相应的地震活动是否受到 24 小时周期调制现象的分析，找到出现周期调制与非周期调制分界线所对应的震级阈值，即为 R/S 检验方法获得的最小完整性震级。

14.4　物理预测与概率预测

地震预测从表达方式上分为确定性预测和概率性预测。尽管我们现实中常常接触到确定性预测，例如中国的年度会商给出的重点地震危险区，划定了在未来 1 年中的任意时刻可能会发生相应震级的地点，用不规则的多边形区域表示，区域内的每一位置都是可能发生目标地震的地点。但由于地震预测在地震的发生机制、孕育模式等物理认识上仍极不成熟，目前从经验性认识上发现影响地震孕育发生过程的因素非常多、影响方式极为复杂，因此与其他的复杂系统、非线性过程一样，原则上必须用概率来表达预测结果。

从地震预测所依据的算法原理上，又可分为经验性预测、统计预测、物理预测三类。

1. 经验性预测

主要基于长期大量的震例和震前现象积累，总结出的各类"前兆"现象与未来发生地震的必然关系、震中位置、发生时刻、震级规模之间的经验关系。目前在中国的地震预测业务中，经验性预测仍占重要成分。实际上，包括气象预测尽管已发展到数值模式，但经验性预测仍在这类复杂系统预测的最终判定决策中发挥重要作用。既然经验性预测是如此的定性、不确定，为何仍有存在的必要性？实际上，对包括地震这类复杂系统，多数情况下无法用明确的模型或者数据生成器（DG）来进行预测的，同样的问题也存在于化学危险品状态预测等等。换句话说，无法指望任何预测活动都能搞出明确的模型。

2. 统计预测

实际上也主要依赖经验关系，例如中小地震的频次比例的 G-R 关系、余震频次衰减的 Omori-Utsu 公式等，但这些量化的统计关系相比较经验预测更具可重复、符合后续概率表达和决策推算的需求。

3. 物理预测

目前真正的地震物理预测，在理论体系、模型方法上还较为匮乏。地震物理预测目前已有的方法原理仅限于如下三方面的内容：库仑破裂应力变化（ΔCFF）描述断层受力状态、断层受力状态变化与地震发生率的关系、速率–状态摩擦定律（rate-state friction law）。

下边分别对应用前景较大的地震概率预测、地震物理预测简单予以介绍：

14.4.1　地震概率预测方法

通常所说的地震概率预测，其实是包括地震发生率（seismicity rate）和将预测结果表述为概率两个方面的内容。由于目前掌握的地震孕育发生规律很少，实际上很多地震概率预测都是基于余震衰减的 Omori-Utsu 公式和地震统计分布的 G-R（Gutenberg-Richter）关系建立：

$$N(t) = \frac{K}{(t+c)^p} \tag{14.1}$$

$$f(M) = b\ln 10 \cdot 10^{-bM} \tag{14.2}$$

地震概率预测的关键，是需要给出明确的概率密度函数（PDF）或者在主震震级 M_m、震级不低于 M 的地震在 t 时刻发生率 λ 的表达式。对于预测结果的概率表达，跟很多研究不同的是，地震概率预测常常采用在时间范围 $[S, T]$ 和震级范围（$M_1 \leqslant M \leqslant M_2$）内至少发生 1 次地震的概率，通用的表达式如下式：

$$P = 1 - \exp\left[-\int_{M_1}^{M_2}\int_S^T \lambda(t,M)\mathrm{d}t\mathrm{d}M\right] \tag{14.3}$$

常见的概率预测模型包括，余震预测的传染型余震序列（ETAS）模型、短期预测 STEP 模型、Reseanberg-Jones（R-J）模型、地震警报短期预测（EAST）模型、中长期预测的稳态均匀泊松（SUP）模型等等。其中的 ETAS 模型还分为，以及数十种根据需求进行修改的变种模型。上述这些模型都能实现对地震发生率预测与"至少发生 1 次地震的概率"的转换。这类模型的要点是，具有明确的概率密度函数，概率在时间或者时空上积分后严格地等于 1。

除了上述的基于 Omori-Utsu 公式和 G-R 关系的各时间尺度概率预测模型外，还有一类是无法明确写出概率密度函数，并用"相对概率"来表示预测结果的方法。其中代表性的是图像信息学（PI）算法。PI 算法用来描述地震危险性，是通过在多个时空窗内地震活动相对于长期背景的增加或减少，由于无法确定这种相对变化的幅度在时间演化上是否属于前兆性变化，因此只能给出在任意时刻下的空间上的相对概率。

14.4.2　地震物理预测方法

地震的物理预测，目前也仅仅只有以下三类方法。

用库仑破裂应力变化（Δ CFF）描述断层受力状态。这个 Δ CFF 就是作用在断层上的剪应力减去摩擦力，摩擦力用摩擦系数乘以作用在断层上的正压力。需要留意的是，这里的摩擦系数是考虑了摩擦、流体等多种因素作用后的"等效摩擦系数"。

断层受力状态变化与地震发生率之间存在关系。地震发生率，实际上是与背景地震活动率、剪切应力变化率、背景应力变化率、断层本构参数、断层上的应力变化、有效正应力、地震恢复到正常背景所需的时间、距断层受力状态突然变化的时间等物理量，都存

在关系。

速率－状态摩擦定律（rate-state friction law）。主要基于正应力、滑动位移以及滑移速率与摩擦系数之间存在非线性的相依关系。其理论具体是，剪应力可以用摩擦系数、滑移速率、参考滑移速率、状态变量、临界滑动位移、有效正应力以及描述岩石性质和断层稳定性的参数来表示。这一定律可用于解释地震孕育发生过程中的不稳定性。

上边重点介绍了地震的概率预测、物理预测，这两种预测比较起来哪一种更有效呢？有研究系统地将 7 种不同版本的概率预测的 ETAS 模型和 21 种将库仑应力变化和速率－状态摩擦定理结合的物理预测 CRS 模型，在美国北加州地区进行了预测效能的比较，结果表明，ETAS 模型可以更好地预测近震源区的地震活动，CRS 模型在远离主震破裂区、主震发生后的短时间内表现更好，因此物理预测模型与统计地震学预测模型在地震预测效能上有很强的互补性。故而，已经有研究将库仑应力变化模型作为空间约束，并与短期地震概率预测 STEP 模型进行"混合"应用，取得了比两种模型单独预测更好的预测效果，并认为考虑库仑应力变化带来的物理约束，可以明显提高统计地震学预测模型的预测能力。

但是总体上比较，物理预测模型的表现往往比统计预测模型要差，其中一个原因是，库仑应力受较大的不确定性和内在空间异质性的影响，尤其是参与孕震的断层系统较为复杂的情况下可以产生较强的内在应力异质性。但物理预测模型的一个明显优点是，在距离新近发生的地震的更长的时间尺度上，以及相对更好地模拟出地震活动的变化。

14.5　地震预测模型之 ETAS 家族

传染型余震序列（ETAS）模型是统计概率预测中最为重要的预测模型。ETAS 模型主要基于点分支过程理论，在 Omori-Utsu 公式基础上进行了推广，假定每一个地震总能以一定的概率规则独立地触发"子震"，来描述地震活动时—空丛集结构。

如果仅在时间序列上（研究区域固定、用来选择地震序列），ETAS 模型假定主震发生时刻为零时刻，对观测时间段 $[0, T]$ 内的地震序列 $\{(t_i, M_i); i=1, 2, \cdots, n\}$，ETAS 模型的发生率函数可表示为：

$$\lambda(t) = \mu + K \sum_{t_i < t} \frac{e^{\alpha(M_i - M_0)}}{(t - t_i + c)^p} \qquad M_i > M_0 \tag{14.4}$$

式中，t 为主震发生后的时刻，如在主震之后为正值，之前为负值；M_0 为截止震级；M_i 和 t_i 分别为第 i 个事件的震级与发生时间；μ 为震源区的背景地震发生率；p 表示序列衰减速率的快慢；c 为主震后余震频次达到峰值时的时间；常数 K 表示余震的活跃程度；α 表示序列触发次级余震的能力。

如果继续拓展到时间 – 空间上，分别设计触发子震数目的期望函数、被触发的子震的时间和空间概率密度函数，就可以得到"时—空 ETAS 模型"中的地震发生率λ为：

$$\lambda(t,x,y) = \mu(x,y) + \sum_{i:t_i<t} \kappa(m_i)g(t-t_i)f(x-x_i, y-y_i; m_i)$$

（14.5）

式中，$\mu(x,y)$ 为背景地震活动强度，即"背景"地震发生率，是与时间无关的空间位置的函数。$\kappa(m)$ 表示的是震级为 m 的事件触发子震数目的期望；$g(t)$ 和 $f(x,y;m)$ 分别为子震的时间与空间概率密度函数。无论是时间序列还是时 – 空的 ETAS 模型的参数，一般都是通过最大似然法（MLEs）进行估计，而在地震发生率预测计算中，也均主要采用修正的"瘦化算法"（thinning algorithm）进行，也就是将地震序列转化为齐次泊松过程、外推多次模拟未来的地震发生率。

除了上述"标准"的 ETAS 模型，目前各国还发展了大量的"变种"ETAS 模型。例如：

（1）考虑到背景地震活动发生率 μ 随着时间可能发生变化，例如流体侵入等动力作用下的震群、诱发地震活动过程中，因此考虑 $\mu(t)$ 的 ETAS 模型得到发展。此类算法利用短步骤的迭代算法被用来动态地估算模型参数，已被应用于油气开采诱发地震等的地震危险性分析中。

（2）针对破裂空间展布尺度较大的强震的余震触发各向异性问题，也就是余震更倾向于沿着主震的地表破裂带分布，一种新的考虑到这种触发余震的时空各向异性的 ETAS 模型得到发展，可以对大地震给出更为科学合理的余震发生率估计。

（3）在应用层面的混合模型研发上，近年来的一个重要进展是，时空传染型余震序列（ETAS）模型已正式被用于与"统一的地震破裂"模型（例如美国加州的 UCERF3 模型）相结合，开始在长期地震危险性评价上发挥作用。

（4）为克服以往的时空 ETAS 模型在整个空间范围内只能得到统一固定的模型参数，无法关注到不同活动构造、活动特征区域上的模型参数可能存在的差异，一种称为分层次的时空 ETAS 模型（histETAS）得到发展，可用来计算地震活动的统计学参数在空间上的变化情况。

14.6　预测效能检验与 CSEP 计划

包括地震预测在内的任何预测活动，都离不开预测效能的检验评价。预测效能检验一方面用于验证地震预测方法或假说的可行性与有效能，另一方面也是设计合理的地震预测"警报"阈值、优化预测模型参数、制定科学的预报策略的有效手段。

地震的效能检验在由美国南加州地震中心（SCEC）2007 年开始发起的全球"地震可

预测性合作研究"(Collaboratory for the Study of Earthquake Predictability, CSEP) 计划（http://www.cseptesting.org）中得到高度重视。CSEP 计划采取可比较的统一的数据来源、固定的计算规则、严格的第三方统计检验约束下，获取地震可预测属性，循序渐进地提升地震预测预报的科学认识水平和实际预测能力。根据统计模型的预测时空尺度的要求，用于 CSEP 实验研究的区域包括美国加州、西北太平洋、日本、意大利、新西兰和全球尺度范围共 7 个，预测时间尺度涉及 1 天、1 年和 5 年等多个时间尺度。已投入运行的分布式检验中心包括南加州地震中心、新西兰（地质和能源研究协会）、瑞士（苏黎世联邦理工学院）和日本（东京大学地震研究中心）共四个。在执行的十余年来，CSEP 已发展了数百种地震预测模型、十余种预测效能检验方法（图 14.1）。

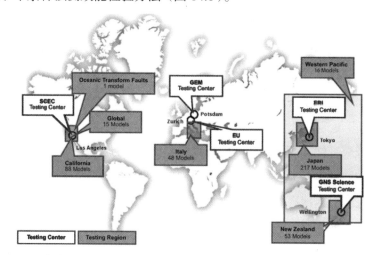

图 14.1 全球 CSEP 计划的测试中心（白框标识，从左到右分别为南加洲、瑞世、欧盟、日本、新西兰）和模型研发机构

如何进行地震预测效能评价？下边简要介绍 CSEP 计划中推荐采用的几种检验方法。

14.6.1 地震数检验（Number test, N-test）

检验预测与实际观测在地震数上的一致性，目的是考察预测的地震是否太多或是太少，换言之，地震预测的地震数应与观测的地震数保持一致。N-test 并没有考虑预测和观察地震的空间分布。

14.6.2 似然检验（Likelihood test, L-test）

检验预测与观测地震在释放的速度和空间 / 震级分布的一致性。以预测结果为条件的实际地震的联合对数似然函数表示的是，假设的预测是正确的情况下、相对于联合对数似然函数的预期分布。

14.6.3　比率检验（Likelihood R(ratio) test, R-test）

是对预测结果的配对 – 比较检验。计算观测目录和两个预测结果的联合对数似然比，在假设其中一个预期的分布联合对数似然比预测是正确的情况下，如果联合对数似然比的观测目录和两个预测结果低于或高于预期分布，则表明采取正确的预测可以拒绝其他的预测。

14.6.4　Molchan 检验（Molchan test）

Molchan 检验是对预测结果与观测目标地震分布差异度的检验。利用"警报"在时空上的占有率与失败率的关系曲线相比于随机预测的优劣程度来检验预测效果。Molchan 检验并不考虑预测或观测的地震数（图 14.21）。

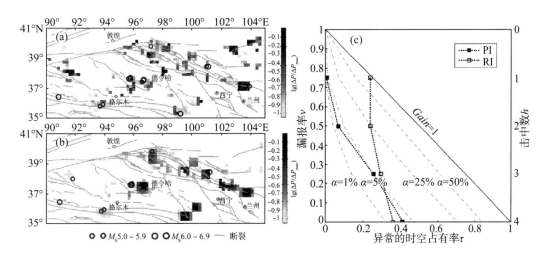

图 14.2　利用 Molchan 图表法对两个地震概率预测结果的效能评价

（a）作为示例的 PI 算法预测结果；（b）作为示例的 RI 算法预测结果。方块标出预测时段中预期发生 M_S 5.5 以上地震的相对危险性水平，圆圈是预测时段内发生的目标震级以上中强地震；（c）Molchan 图表法的统计检验结果，背景中的虚线为不同显著性水平 α 的等值线，对角线为"无预测技能"（unskilled）的分界线

14.6.5　区域技能评分检验（Area Skill Score test, ASS-test）

ASS-test 是一种衍生的 Molchan 检验方法，用于检验预测地震与实际的"目标地震"在分布上的接近程度。ASS 检验中的"警报"在时空上的占有率其轨迹是区域归一化后的 Molchan 轨迹。该方法同样也不考虑预测或观测的地震数。

14.6.6 接收者操作特性检验（The Relative/Receiver Operating Characteristic test, ROC-est）

ROC 检验是通过不同危险性概率门限阈值下各"命中率"（hit rate）与"虚报率"（false alarm rate）的比较，来检验预测结果的优劣程度。这里"命中率"由预测"有震"而实际发震的空间网格数与总的实发地震所占空间网格数之比表示；"虚报率"为预测"有震"而未发生地震的空间网格数与实际未发生地震的空间网格数之比。ROC 曲线下面包含的面积越大，预测效果越好。

14.6.7 博弈评分（Gambling Score）

该方法主要是针对预测不同震级、预测区不同的活动背景所面临不同的"风险"予以公平评分。这种方法的参照模型是简单的泊松模型。基本原理是，如果参考模型给出在某时 – 空 – 强窗口内的发震概率为 P_0，约定预测者每次作"有震"预测时拿出 1 点声望值作为抵押，如果预测成功，抵押将被退回，并奖励 $(1-P_0)/P_0$ 声望；如失败，抵押的 1 点声望值将被没收。该方法的核心是计算给定区域 S 内发生在震级 M_{S1} 和 M_{S2} 之间的地震概率 P_0，并由此计算最终声望值。

为何要发展如此多种类的预测效能检验方法？这主要跟不同的预测方法产出的预测结果形式不同，有的是地震危险性概率，有的是某个震级档对应的地震发生率。也跟需要检验的目标不同有关，例如 CSEP 还发展了专门检验震级预测是否可靠的 M-test 方法。对于上述的预测效能检验方法、不同的应用场景，可推荐优先使用以下方法：

适用于二元预测检验的 Gambling Score 方法；

适用于二元预测和概率预测综合效能评估的 Molchan 图表法；

适用于概率预测检验的 ROC-test 方法；

适用于对地震发生数目预测检验的 N-test 方法。

需要特别指出的是，每种统计检验方法都是在某种假设条件下的。例如，N-test 方法是假定地震发生时泊松分布、在时间和空间上相互独立。这些假设本身是否成立实际上也是值得讨论的，因此，每种统计检验方法很难说都是"上帝的尺子"。对预测效能检验方法的检验，也是一项重要研究。

14.7　小结

本节主要探讨了我们常用的地震目录，为何需要进行质量控制、常见存在的问题，以及进行质量控制可以采用的分析方法。

概括来讲，地震目录受到各种观测客观条件、人为操作的影响，会引起数据质量问题，而业务和科学研究的应用需求也决定了需要对监测能力进行评估。在常用的数据质量控制方法中，可通过对时空分布、时序、事件间隔等的分布，以及与一般规律和常识性分布范围等进行比较研究。也可通过基于 G-R 关系的统计地震学方法等进行最小完整性震级的评价。作为最为基础的工作，数据质量评价是利用地震目录进行业务和科学研究的前提。

另外，本章还介绍了地震预测中主要涉及的概率预测和物理预测的发展现状、建模原理、常见的预测模型等等。其中，概率预测目前仍是构建现代化的地震预测业务体系的主要建设内容。而目前在物理模型研究进展并不明显的现状下，将概率预测与物理预测结合混合模型成为提高预测效能的关键。

在地震预报模型方面，我们介绍了作为地震概率预测中得到大力发展的 ETAS 模型，包括时间序列 ETAS、时 – 空 ETAS，以及变化背景发生率 $\mu(t)$、有限震源和破裂各向异性、空间变化参数分层次的 histETAS、与 UCERF3 等统一的破裂模型结合的变种模型。需要留意的是，由于 ETAS 是当前对真实地震活动描述最好的模型，在中长期、中期、短期等多时间尺度上，ETAS 模型均有适用性。

针对地震预测效能检验，介绍了面向不同的检验目标，CSEP 计划发展的 N-test、L-test、R-test、Molchan-test、ASS-test、ROC-test、博弈评分（Gambling Score）等多种检验方法，以及不同方法的适用范围，并推荐了可以优先使用的方法。

第 15 章　日常会商业务场景应用

15.1　业务场景描述

震情会商机制改革以来，省级地震部门逐渐构建了以周震情监视会为震情跟踪基础，专题会商为重要科技补充，月会商、年度会商和震后趋势会商为重要预测意见产出，危险区跟踪为主线的震情会商制度体系。周震情监视会的主要目标是在年度和月会商预测意见的基础上，动态跟踪分析最新地震活动分布图像、地球物理场前兆数据最新变化，通报最新出现数据变化核实结果，分析各异常信度及对震情判定作用，产出周震情监视报告。

Tip15-1：为什么要用地震分析会商技术系统

周震情监视例会中，测震学科和地球物理场学科的主要工作都是跟踪数据的最新变化。在正常周震情监视例会的时候，为了不遗漏可能出现的地震条带、空区等典型地震活动图像，需要对不同震级档、采用不同时间窗长进行地震空间分布图像绘制，震级和时间窗长分档越精细，遗漏典型活动图像的概率就越低；地球物理场前兆数据则主要是根据学科特点和经验，采取不同采样频率数据进行一定窗长数据绘制，去发现前兆数据最新出现的变化。类似的工作技术难度不大，但每周重复着相同的工作，占用了大量的分析预报工作时间；在会商技术系统中，利用数据专家流程可以自动实现机械、重复图像的绘制，将分析预报人员解放出来，提高工作效率。

本章以江苏省地震局周震情监视例会实际业务为例，介绍几个较为常用的业务流程。

15.2　周边省份周会商意见自动采集

震情会商机制改革后，加强了震情协作区和重大震情变化的多单位甚至跨部门联合

会商的专题会商会，因此在平时的周月例会中江苏省就特别关注周边省地震局的最新会
商意见。

Tip15-2：怎么实现自动收集周边省份的最新周会商意见

　　首先，从中国地震分析预报网下载会商意见；其次，对 Word 版本会商意见进行解
析；接着提取需要的信息生成 PPT 或者报告；最后，推送给相关分析人员（图 15.1）。

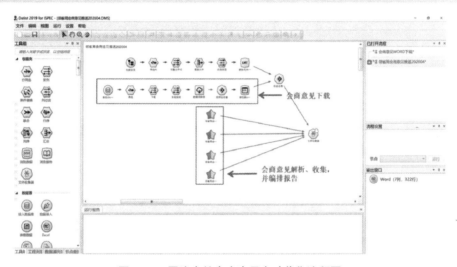

图 15.1　周边省份会商意见自动收集流程图

具体流程一些关键节点分解如下：

首先，利用数据源接入数据库节点，输入正确的网址、用户名、密码以及端口号，链
接到中国地震分析预报网（图 15.2）；

通过表与视图里面的 SQL 查询设置，对相关省局、时间以及会商意见类型进行筛选
（图 15.3）；

在流程中设置所下载文件在分析预报网站数据结构中的具体位置（这由网站的架构决
定）和下载后保存的位置和文件格式（图 15.4）；

在文件保存的文件夹下对所下载文件进行解压处理（图 15.5），就能得到相关省局会
商意见的 Word 文件；

第二步：利用数据源节点中的 Word 节点，读取保存会商意见的文件夹，就可以自动将
Word 版本会商信息解析成表格的形式（图 15.6），其中表格包含"DocName""ContextType"
"Paragraph"等信息，我们所关心的会商信息在"Paragraph"信息列中。

图 15.2 数据源节点接入 APNET 分析预报网

图 15.3 通过 SQL 查询下载相关文件

为方便后面的 PPT 报告生成，我们可以对每家省级地震局会商意见逐个处理，先从"DocName"中筛选出某一家省局，如"安徽"（图 15.7）。

可能各个学科的分析人员只需要掌握本学科相关的会商资料，所以可以通过"Paragraph"对各学科资料进行筛选（图 15.8）。

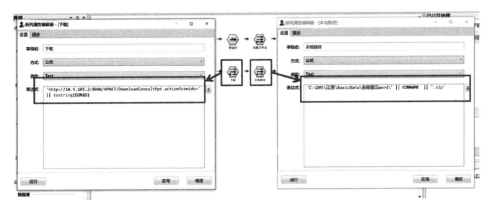

图 15.4　下载地址和文件保存地址设置

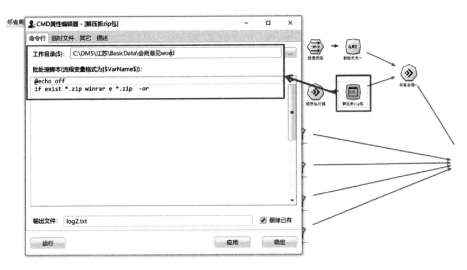

图 15.5　下载文件解压

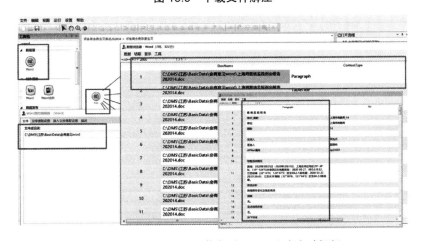

图 15.6　数据源 Word 节点对 Word 文本自动解析

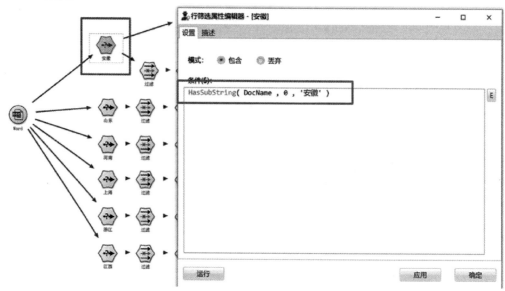

图 15.7　按单位进行筛选

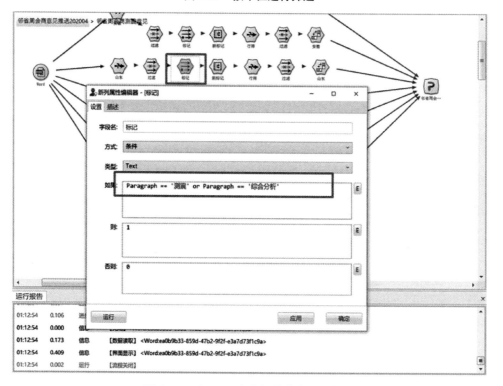

图 15.8　对 Word 文本相关内容进行筛选

通过对相关信息进行标记、筛选，我们就得到了只包含自己关心的信息表格（图 15.9）。

再经过一些简单的行列转换，通过我们预设的 PPT 模板，就能将我们的所需信息自动收集到 PPT 中去，然后推送给相关分析预报人员（图 15.10）。

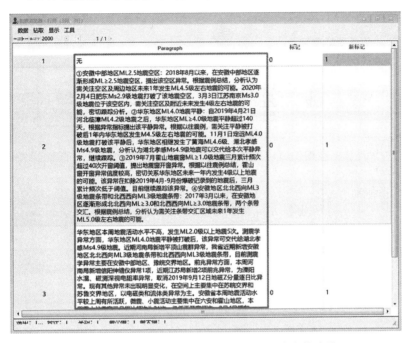

图 15.9　会商报告中测震和综合分析部分内容筛选结果

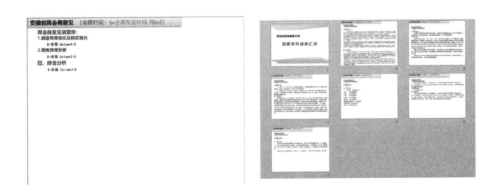

图 15.10　会商信息收集 PPT 模板和最终结果示意

15.3　地震震中分布图批量绘制产出

完成震中图的批量绘制，技术上比周边会商意见收集更加简单。第一步完成最新地震目录生成，然后按照震中分布图需求进行目录筛选，再将筛选好的目录流转到成图工具，

如 GMT 中分布绘制震中图，最后完成 PPT 的编排并推送（图 15.11）。

最新地震目录生成之后，进行相关地震目录筛选，如要利用 GMT 软件生成一张最近一年和一周地震叠加的图件，首先利用筛选节点对目录进行筛选（图 15.12）。

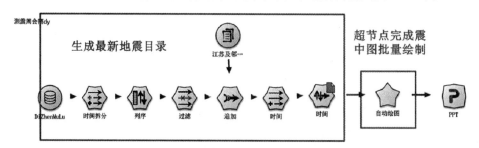

图 15.11　震中分布图批量产出流程示意图

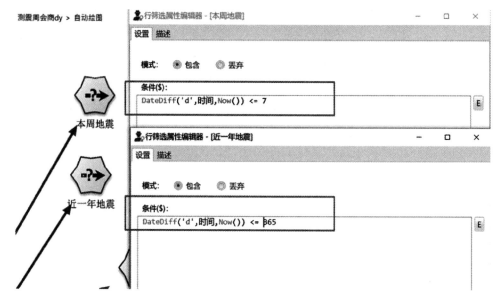

图 15.12　按时间对地震目录进行筛选

最关键的步骤就是利用文件收集器将生成的地震目录流转到 GMT，此处工作目录为临时存放图件的地址；通过 set 命令，将筛选好的"本周地震 .TAB"地震目录表格赋值给"lsweek"，接下来就完全是 GMT 软件的操作成图（图 15.13）。

小 G 知道目前分析预报工作中常用的绘图软件比较多，但是只要你熟悉了原始数据的收集和数据到绘图软件的流转，最终的成图就是大家八仙过海各显神通。通过以上实例了解了震中分布图的绘制，那么常用的 M-T 图、频度图以及发震时间间隔图等的绘制也一定手到擒来（详细内容可参考地震目录可视化章节）。

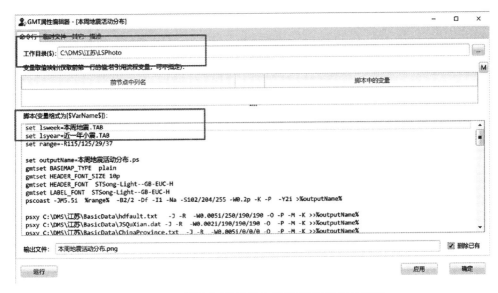

图 15.13　地震目录从数据专家到 GMT 软件的流转

15.4　当前既有异常空间分布图绘制

和周边省份周月会商意见一样，在周监视例会的时候我们也很关注本省和周边省（区、市）新增异常、既有异常及其新变化。会商机制改革以来，各省（区、市）在周监视例会之后，都会在中国地震分析预报网上报本省最新的异常情况，因此和会商意见收集类似，可以从地震分析预报网上自动下载相关地区的既有异常 Excel 表，并生成可视化图件便于展示。

其流程实现基本思路：首先，从中国地震分析预报网下载异常表；第二，对 Excel 进行解析；第三，提取需要的信息生成 PPT 或者报告；最后，推送给相关分析人员（图 15.14）。

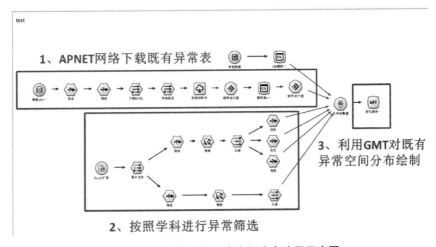

图 15.14　当前既有异常空间分布流程示意图

首先利用数据源节点链接地震分析预报网，通过 SQL 查询设置，相关省局、时间以及会商意见类型进行筛选；受网站数据结构影响，下载 Excel 表格的时候部分参数和会商意见略有不同（图 15.15）。

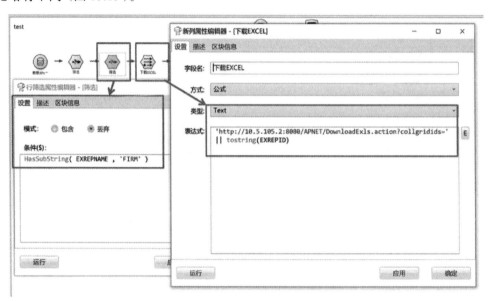

图 15.15　Excel 下载相关参数设置

数据专家自带的数据源 Excel 节点可以对 Excel 表格进行自动解析，解析结果和 Word 内容相似，其中包括 "SheetName" 学科名称、测点经纬度、异常起止时间等、异常性质等丰富的信息，只需对相关信息进行筛选，并收集成 PPT 或其他报告形式即可。

15.5　小结

在本章中，以江苏省地震局的周震情监视为例，小 G 帮助分析人员自动实现了邻省最新会商意见汇总、震中分布图的批量绘制、当前既有异常空间分布、前兆曲线批量绘制等功能，主要目的还是将分析人员从繁琐、重复的机械劳动中解放出来，提高工作效率，让大家有更多的时间和精力投入到研究中去。

第 16 章　定点观测时间序列的批量绘制

16.1　业务场景描述

前兆业务人员在会商业务中，主要是对前兆测项数据进行分析，当发现数据存在突变、趋势变化等现象，则需要进行现场核实，确定变化是否为前兆异常，若确定为异常再结合指标体系进行震情趋势研判。但对前兆测项数据的处理、曲线绘制是一项较为繁重的重复性工作，若开发一套自动化程序或流程，可定时或手动运行，则可提高日常工作效率，为前兆业务人员节省时间，从而能有更多时间和精力去分析数据。

流程实现目标：本流程主要实现可定时或手动运行，实现前兆数据批量绘制，并将前兆曲线报告发送到微信客户端。

16.2　数据特征与流程设计

目前全国前兆数据库均为 Oracle 数据库，且数据格式统一，批量绘制前兆测项曲线图主要用到前兆 Oracle 数据库。

在前兆数据批量绘制中，可能需要绘制震中周边一定范围内的前兆异常数据，则需要用到 APNET 数据库或前兆异常信息统计表。

对于前兆测项曲线的批量绘制，主要是在绘制单个曲线的基础上增加循环功能（图16.1）。对于单个曲线绘制，主要包括三部分：①连接前兆 Oracle 数据库，读取测项数据；②根据数据采样率整理数据格式；③利用绘图节点进行图件绘制。当编写好单个曲线绘制流程后，则可利用循环功能实现曲线批量绘制。

16.3　实施过程

下面以安徽前兆测项近七天数据汇总流程为例作详细介绍。

连接 Oracle 数据库获取前兆测项数据，在节点中输入地址、用户名、密码等参数即可。同时，也可在该节点中添加 SQL 语句进行测项、数据筛选（图 16.2）。

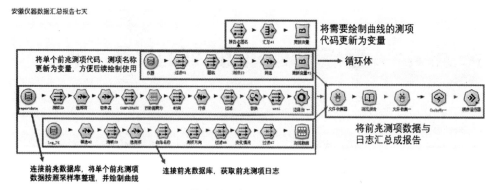

图 16.1　前兆测项曲线批量绘制流程概况

图 16.2　地震信息提取节点说明

对于前兆测项，通过"台站代码 + 测项代码 + 测向代码"可确定单条曲线，因此可以将"台站代码 + 测项代码 + 测向代码"作为循环变量。对于本流程，首先确定需要绘制测项的代码，将其更新为流程变量（图 16.3），然后配合"文件收集器"或"顺序运行器"节点中的批处理功能与"筛选"节点进行循环（图 16.4）。

利用"台站代码 + 测项代码 + 测向代码"作为循环变量实现批量绘制曲线，但最终成图中需要添加台站名、测项名等标识，因此需要明确每一"台站代码 + 测项代码 + 测向代码"对应的中文标识。首先可以从数据库中" instrument"表中获取每个测项的代码与名称信息，再根据循环变量中的代码（flag）筛选出单个测项的信息，进而将这些信息更新为流程变量，后续绘图可直接将变量添加到图件中（图 16.5）。

当确定好所有需要更新的变量后，则可从数据库中获取前兆数据。数据库中单个测项数据观测值格式为按照采样率来确定的数据（一天一行），需要将其整理成时间 + 观测值两列的数据格式。首先需要确定采样率（分钟值、秒值等），然后对观测值进行行数据劈分，并按照序号进行存放，这样得到的数据为：时间（天）+ 观测值 + 序号。再根据采样

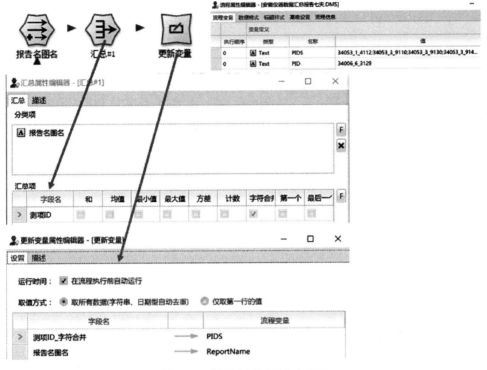

图 16.3　循环变量更新节点说明

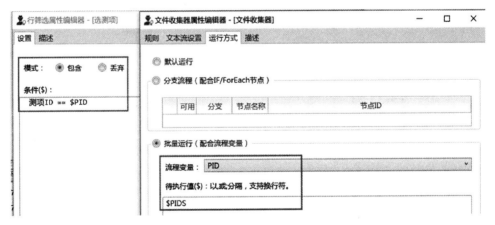

图 16.4　循环功能实现节点说明

率与序号对时间数据进行调整，则可得到最终时间数据＋观测值（图 16.6）。当获取上述数据后，对数据格式进行简单调整（如过滤掉对绘图无用信息），则可利用相关绘图节点（如 JsChart、统计图）进行图件的绘制，并添加相关标识。举例说明：图 16.7 中给出了数据处理前后的相关格式对比，原始数据为一天一行的数据，当对数据进行行劈分成列后

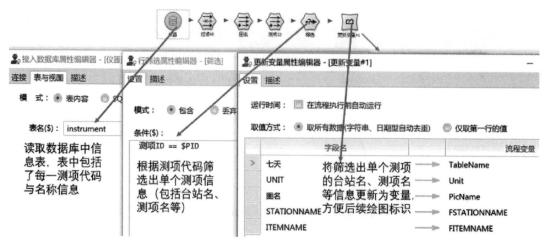

图 16.5　测项名称信息更新变量节点说明

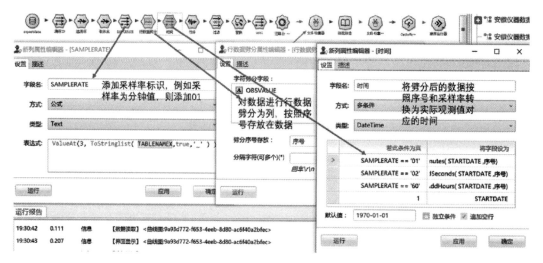

图 16.6　单个测项数据绘图节点说明

包括了 STARTDATE、采样率、序号和观测值，首先可根据采样率确定利用 AddMinutes、AddSeconds 或 AddHours 函数来进行时间加减，再根据"序号"确定增加多少分钟或秒或小时。如图中采样率为 01，则表示该测项数据的采样率为分钟值，则在 STARTDATE 的基础时间上增加序号个分钟值，最终可获取观测值实际对应的观测时间。

　　对于单个测项的日志获取相对简单，主要是从数据库"log_7d"表中获取测项的日志信息，并对其格式进行简单调整即可（图 16.8）。

　　当完成单个测项曲线绘制与日志获取后，则可利用文件收集器节点（也可更换为顺序运行器节点）的批处理功能实现循环处理，并将图片与日志汇总成 html 报告，存放到服务

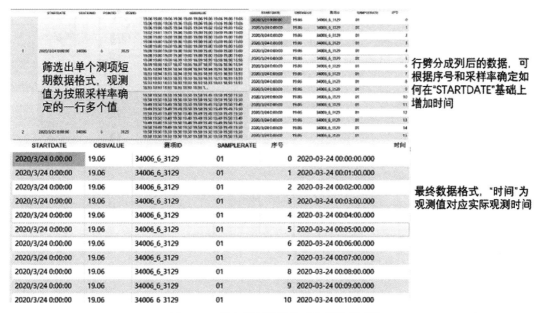

筛选出单个测项短期数据格式，观测值为按照采样率确定的一行多个值

行劈分成列后的数据，可根据序号和采样率确定如何在"STARTDATE"基础上增加时间

最终数据格式，"时间"为观测值对应实际观测时间

STARTDATE	OBSVALUE	测项ID	SAMPLERATE	序号	时间
2020/3/24 0:00:00	19.06	34006_6_3129	01	0	2020-03-24 00:00:00.000
2020/3/24 0:00:00	19.06	34006_6_3129	01	1	2020-03-24 00:01:00.000
2020/3/24 0:00:00	19.06	34006_6_3129	01	2	2020-03-24 00:02:00.000
2020/3/24 0:00:00	19.06	34006_6_3129	01	3	2020-03-24 00:03:00.000
2020/3/24 0:00:00	19.06	34006_6_3129	01	4	2020-03-24 00:04:00.000
2020/3/24 0:00:00	19.06	34006_6_3129	01	5	2020-03-24 00:05:00.000
2020/3/24 0:00:00	19.06	34006_6_3129	01	6	2020-03-24 00:06:00.000
2020/3/24 0:00:00	19.06	34006_6_3129	01	7	2020-03-24 00:07:00.000
2020/3/24 0:00:00	19.06	34006_6_3129	01	8	2020-03-24 00:08:00.000
2020/3/24 0:00:00	19.06	34006_6_3129	01	9	2020-03-24 00:09:00.000
2020/3/24 0:00:00	19.06	34006 6_3129	01	10	2020-03-24 00:10:00.000

图 16.7　单个测项数据格式整理前后对比

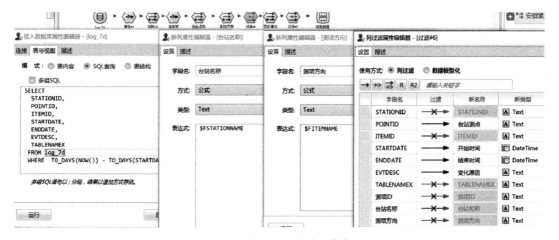

图 16.8　单个测项日志读取节点说明

器，或者发送到微信（图 16.9）。

　　以上主要是以绘制安徽前兆数据库中所有测项数据为例，业务人员在针对本省前兆数据时可直接修改流程中"接入数据库"节点的信息即可（图 16.2 中说明），同时也可增加测项筛选（如结合异常零报告表中异常信息，仅绘制前兆异常数据）。同时，也可以利用其他节点进行图件绘制（例如 GMT、Python），仅需将本流程中"JsChart"节点替换即可。

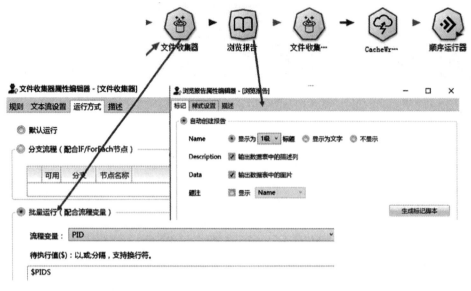

图 16.9   循环处理并汇总成报告节点说明

16.4   小结

本章中，以绘制安徽前兆数据库中所有测项数据为例，详细总结了前兆测项曲线的批量绘制流程的功能实现，对这一流程所需要了解的关键点是如何在数据专家中进行循环操作。当熟练掌握循环处理数据后，可根据学科需求进行个性化修改流程，以便更好地服务于会商或其他业务需求。

第 17 章　巧用二维码获取动态信息

日常生活中经常会使用二维码来实现信息的动态查询和获取，那么如何在实际业务中自己设计一套二维码查询系统呢？比如将二维码与地震观测仪器融合，积极开展移动式信息化体验，提高地震观测数据信息化管理水平。接下来，小 G 会和大家一起学习如何构建二维码信息、如何动态查看地震观测数据相关信息等内容。

17.1　业务场景描述

二维码是当前流行的信息传播方式，将各类信息编码保存在一个图片中，利用扫描设备解码，可在数秒内迅速得到信息。数据专家集成了二维码的生成与解码技术，编写不同应用需求的业务流程，通过扫描二维码，可以随时随地获取静态信息与动态信息。

目前地震观测数据的查看、分析依然沿用比较传统的模式，利用桌面客户端分析处理软件连接数据库，选定要查看的具体观测仪器，点击绘图，这种数据跟踪方式给分析人员带来了诸多不便，不利于数据的实时监控以及现场便捷查询。

地震观测仪器的基础信息作为地震监测资料分析的支撑，对地震预报研究起着重要作用。近年来随着观测手段成倍增加，地震监测能力进一步提升的同时，地震设备种类越来越多、数量越来越大，而现有的观测仪器基础信息（测点分布、测点观测环境、仪器安装信息、测点周围地质背景、测点周围地震分布以及干扰信息库等）未形成统一的知识库，而是保存在本地不同的文件里，现场查询困难，不便捷，影响工作效率，因此迫切需要设计一种便捷的信息查询方式。

17.2　信息标签化与流程设计

小 G 使用数据专家四个不同节点实现了地震观测仪器信息的标签化，见图 17.1。其中，"表格数据"节点将地震观测仪器用唯一标识码（台站代码—测点代码—测项代码）来

表示；"多列"节点将增加二维码报告浏览的必需字段信息；"新列"节点是利用数据专家内置函数将信息生成二维码图；"浏览报告"节点将生成的二维码图以报告的形式展示。

图 17.1　数据专家实现地震观测仪器信息标签化流程

图 17.1 中，"表格数据"节点和"多列"节点完成了地震观测仪器信息化标签以及报告浏览的信息设置，具体参数设置见图 17.2。在"新列"节点中，小 G 使用数据专家内置函数 BarCode2D 将标签信息生成二维码图片，该函数的调用方式为 BarCode2D（string info, string displayName, string LogoImage, int FontSize），有四个输入参数，其中 string info 为信息输入字符，可以为任意字符串、网址、报告链接等等；string displayName 为二维码图片下方的显示名称；int FontSize 参数可设定显示名称的字体大小，该参数可缺省；string LogoImage 为二维码图片中间的 Logo，该参数可缺省；具体参数设置见图 17.3。图 17.4 为三种不同参数组合的调用结果对比图。

图 17.2　"表格数据"节点和"多列"节点的参数设置界面

17.3　实施过程

17.3.1　动态获取观测数据

小 G 使用数据专家三个不同的节点实现了二维码信息的解码，见图 17.5。其中，"多列"节点将根据扫描的二维码信息（WxInputText），利用数据专家内置"SubStrBetween"

260

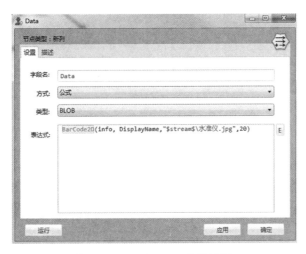

图 17.3　BarCode2D 函数用法

图 17.4　BarCode2D 函数三种不同参数调用方式结果对比

（a）前两个参数；（b）前三个参数；（c）全部参数

函数解译出获取观测数据的台站代码、测点代码、测项代码、数据观测表，通过"更新变量"节点将动态信息进行更新，具体参数设置见图 17.6。

其中"SubStrBetween"函数的具体调用方式为 SubStrBetween($WxInputText , StartID, EndID)，函数返回 $WxInputText 中的 StartID- EndID 之间的子字符串，这样小 G 就可以通过该函数解码信息标签得到台站代码、测点代码、测项代码、数据观测表等信息。

图 17.5　解译二维码信息流程

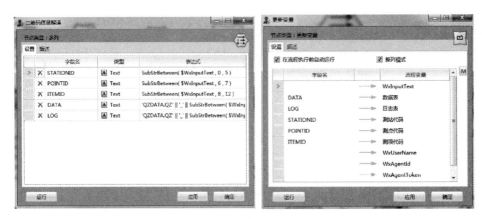

图 17.6　解译二维码信息参数设置

小 G 利用二维码解译出的观测仪器信息，通过"接入数据库""过滤""行数据劈分""新列""行序""列序"等节点获取动态观测数据，并对其进行数据整理、清洗等预处理，最后利用"JsChart"节点进行数据绘图，实现对观测数据进行实时、动态展示，具体过程见图 17.7。

图 17.7　解译二维码信息参数设置

其中，利用"接入数据库"节点，根据二维码解译的信息，编写 SQL 数据库查询语句获取具体的观测数据，具体参数设置见图 17.8 ；通过"过滤"节点对字段进行更名，"行数据劈分"节点对行数据进行列劈分；"新列"节点利用数据专家"AddMinutes"函数将分钟

图 17.8　动态数据获取

数增加到时间序列上，使得观测数据与时间一一对应，再经过"行序"与"列序"节点对数据进行整理，"过滤"节点删除不必要的字段信息，完成数据的清洗、整理，见图 17.9。

(a)　　　　　　　　　　　　　　　(b)

(c)

图 17.9　数据清洗、整理

（a）更改字段名称；（b）对行数据进行劈分；（c）将分钟值增加到时间序列

Tip 17-1：行数据劈分节点的使用

　　行数据劈分节点是按同一规则拆分记录中的数据项。拆分后，每个数据项的第一个拆分结果组成第一条记录；第二个组成第二条记录……，以此类推。

　　地球物理观测数据的采样率有秒采样、分采样、整点采样等等，而数据库存储是按照一行存储一天的数据格式，因此需要将行数据进行劈分，形成一列时间一列数据的格式，便于后续的数据绘图。

"JSChart"是数据专家常用的可视化节点，通过 JS 脚本定义 Echarts 图形，进行数据的可视化。Echarts 官网提供了折线图、柱状图、饼图、散点图、关系图等 37 种常见的绘图实例，并且提供具体的开源代码，见图 17.10。

小 G 利用 Echarts 官网提供了折线图实例代码，经过简单的修改参数便得到了如图 17.11 所示的地震观测数据的动态时序图。

图 17.10　Echarts 绘图实例

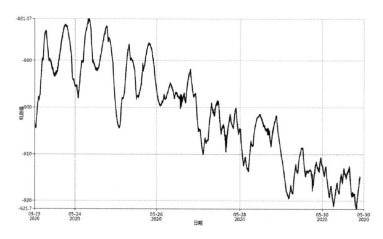

图 17.11　数据专家获取的地震观测数据的动态时序图

17.3.2　动态获取仪器观测日志

小 G 使用图 17.5 所示流程获取地震观测仪器的唯一标识码以及观测日志数据表，在此基础上，小 G 利用二维码解译出的观测仪器信息，通过"接入数据库""过滤""筛选"三个节点获取观测日志表；通过"文件收集器""浏览报告"两个节点实现对观测数据进行实时、动态展示，具体过程见图 17.12。

图 17.12　数据专家获取地震观测日志表流程

　　其中，"接入数据库"节点根据二维码扫描信息连接数据库具体的观测日志表，并根据观测仪器唯一标识码查询观测仪器近期的日志统计表；利用"筛选"节点过滤掉事件编号为"0"的日志记录（日志编号为 0 的记录是仪器观测正常的记录），具体参数设置见图 17.13；最终得到近期详细的观测仪器事件干扰记录，为数据分析提供基础，结果见图 17.14 所示。

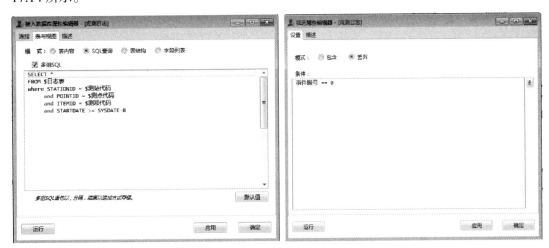

图 17.13　数据库连接及筛选设置

图 17.14　数据专家获取到的实时跟踪日志表

Tip 17-2：JSChart 节点的灵活使用

JsChart 节点是通过 JS 脚本定义 ECharts 图形，进行数据可视化。

ECharts，一个使用 JavaScript 实现的开源可视化库，可以流畅地运行在 PC 和移动设备上，兼容当前绝大部分浏览器（IE8/9/10/11，Chrome，Firefox，Safari 等），底层依赖矢量图形库 ZRender，提供直观、交互丰富、可高度个性化定制的数据可视化图表，根据 ECharts 的绘图实例，仅需简单改动设置参数便可实现个性化定制。

具体网址为：https://echarts.apache.org/examples/zh/index.html

17.3.3　获取观测仪器的背景信息

小 G 采用如图 17.15 的流程对仪器的静态信息进行快速查询。其中，流程的第一行是对二维码信息的解码，得到仪器的唯一标识码，为下一步的信息定位提供"导航"；流程的第二行是利用上面二维码解码信息在"仪器背景知识库"中查找指定的观测仪器背景信息文件，并通过"微信"节点将信息推送给分析人员。

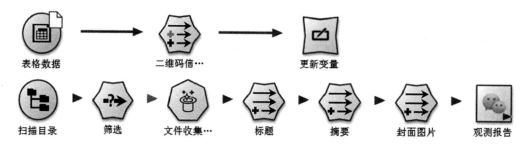

图 17.15　数据专家获取观测仪器背景信息流程

其中，"扫描目录"节点是定位到"仪器背景知识库"文件夹下，"筛选"节点利用上一步二维码解码信息直接定位到所要查找的文件，最终通过"微信"节点将观测仪器的基础信息快速推送给分析人员。下面是以山西宁武台 YRY 分量应变观测为例，背景信息主要内容包括测点分布、测点观测环境、仪器安装信息、测点周围地质背景、测点周围地震分布以及干扰信息库等，见图 17.16。

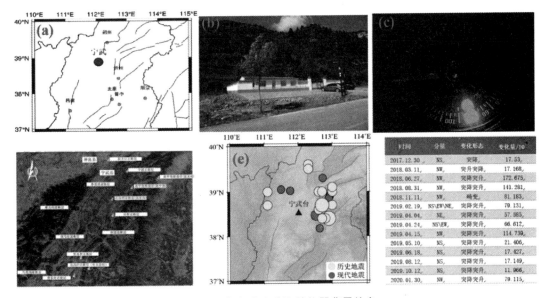

图 17.16　数据专家获取的仪器背景信息

17.4　小结

在本章中，小 G 以数据专家为平台实现了地震观测仪器信息的标签化，并以此为基础，设计了动态获取观测仪器的时序曲线流程、获取实时观测日志表流程和快速获取观测仪器背景信息流程，提高了地震观测仪器信息化管理水平。大家可根据本章提供的具体案例，编制适合本区域的业务流程，基于此思路也可以扩展业务应用范围，逐步提高数据分析的信息化水平。

第18章　震后趋势会商

18.1　业务场景描述

18.1.1　业务需求

一般来说，显著地震应急的紧迫性对震情分析的时效性和准确性具有较高的要求。目前常用的应急会商软件可能在分析过程中需要大量人机交互，如输入地震三要素等信息，获取震中周边的历史地震活动、序列类型活动特征，分析震中周边的测震、前兆异常变化，给出初步震后趋势判定意见。但传统软件中对人机交互的需求与应急会商对时效性和准确性的要求是相悖的。若开发一套流程，可实现实时接收地震三要素信息，自动运行流程，最终产出应急会商报告，分析预报业务人员收到报告可直接应用于汇报中，则可有效提高应急会商的时效；同时，在时间紧迫性不强的情况下，可手动运行流程产出报告。

18.1.2　流程实现目标

通过这一流程编写，可连接 EQIM 消息，实现自动运行，产出震后紧急会商报告；也可在微信客户端输入制式信息，产出紧急会商报告；在不考虑时效性的情况下，用户也可以在本地流程版本中输入地震三要素信息，手动运行流程产出报告。

18.1.3　流程成果输出

应急会商报告内容主要包括：①震中周边地理信息；②震中周边市县及人口信息；③震中周边断裂及构造信息；④本次地震后余震信息统计；⑤震中周边一定范围内历史地震统计信息；⑥震中周边历史地震序列统计情况；⑦震中周边历史地震震源机制解统计情况；⑧地震所在省测震和前兆异常信息统计、短期数据变化信息。

18.2　数据特征与流程设计

在流程编写前期进行流程设计时，要充分考虑到流程在后续推广过程中的可移植性。因此在编写流程时，尽量避免节点之间链接线互相交叉，保证流程逻辑条理清晰。数据源格式也应当为通用格式。

18.2.1　数据特征

在震后趋势会商流程中，涉及到的数据主要分为五类：输入地震信息、地震目录数据、空间数据、数据库数据、Excel 格式数据。考虑到地震发生后业务人员均会收到台网地震短消息，且流程最终上线可在微信客户端使用，为方便用户使用，本流程输入信息为台网地震短消息，这样用户在收到地震短消息后直接复制粘贴输入制式短信息即可触发业务流程。目前，全国通用的地震目录数据格式为 EQT 格式，因此在本流程中，使用 EQT 格式目录数据作为目录源数据（图 18.1）。空间数据主要有断裂及省界数据，目前有整理好的最新的省界、断裂 SHP 格式数据（图 18.1），这些数据在安装数据专家软件后就存放在对应文件夹中。数据库数据主要为人口信息、实时更新全国小震目录数据、异常零报告数据（图 18.1）。

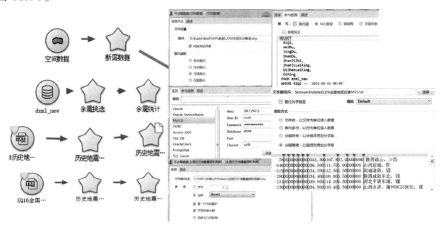

图 18.1　数据源格式说明

18.2.2　流程设计

在流程编写前，需要构架好整个流程的逻辑思路，然后再开始编写流程。在本流程具体实施过程中，有两点需要注意：部分参数在整个流程中会多次被利用到，例如筛选范围、震中经纬度等，那么这些参数可以设置成流程变量；该流程的主要功能就是筛选出给定范围内的数据，并对其进行统计、绘图，因此需要考虑到给定范围内存在数据与无数据两种情况。

在震后趋势会商流程中，主要是基于已有历史地震相关数据，按照一定规则（震中周边一定范围内）对数据进行统计、绘图，即本流程的主要功能为统计与绘图。因此，在该流程中，较为重要的功能就是计算震中与历史地震的距离，进而筛选出符合条件的数据进行统计，并绘图。对于距离筛选有三种方式，可以利用"创建点图元"与"距离"节点完成，也可以用"DistanceByMeter"函数实现（图18.2）。对于统计数据，主要利用"汇总"节点，例如可对给定范围内地震个数进行统计，也可对不同震级档地震个数进行统计（图18.3）。对于流程中存在的较多流程变量，可通过"更新变量"节点实现更新（图18.4）。

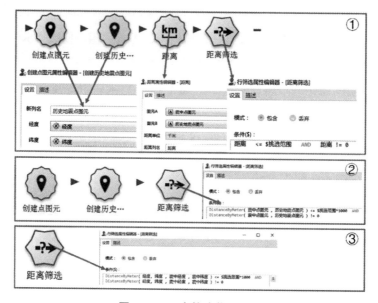

图 18.2　距离筛选节点说明

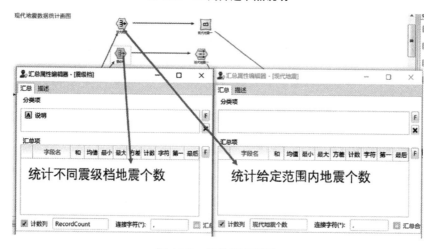

图 18.3　汇总节点说明

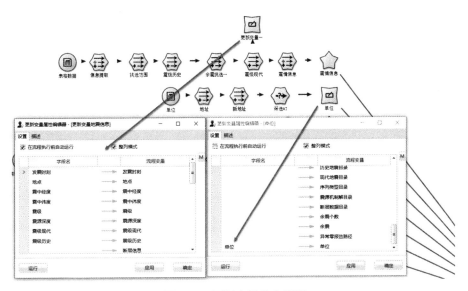

图 18.4　更新变量节点说明

简述本流程的主要设计思路：

基于输入地震信息，提取出震中经纬度、震级、发震时刻等参数，进而按照《震后趋势会商业务规定（试行）》要求来确定筛选范围参数；

计算震中与历史地震距离，统计筛选范围内历史地震个数，对于范围内存在数据则进行相关信息统计与绘制图件，若不存在则给出简单说明（对于历史地震信息、人口信息节点基本类似）；

将对相关信息的统计结论与图件汇总成报告发送到微信。

18.2.3　流程节点详情

图 18.5 给出流程架构图，总体来说，本流程分为 15 部分：①根据输入信息（地震短信）提取地震三要素（发震时刻、震级、地点、经度、纬度），并根据震级大小确定历史地震信息统计震级下限与范围，同时将上述参数更新为全局变量方便后面使用。②根据发震地点确定地震所在省份，并将所在省份更新为全局变量。③根据全国人口信息数据库（MySQL 数据库）确定震中附近城镇及人口分布信息。④连接 APNET 数据库，下载地震所在省份异常零报告表。⑤基于本地已有的全国断裂数据（shp 格式），给出震中周边断裂分布结果。⑥基于实时更新地震目录数据库确定本次地震后发生余震信息。⑦基于本地已有的全国历史地震目录，给出 1970 年以前震中周边历史地震分布及统计信息。⑧基于实时更新小震目录数据库，给出 1970 年以来震中周边历史地震分布及统计信息。⑨根据

全国地震序列地震目录，给出震中周边序列类型分布及统计结果。⑩根据本地已有全国地震震源机制解数据，给出震中周边震源机制解分布及统计结果。⑪基于④中下载的地震所在省份异常零报告信息，给出异常分布及统计结果。⑫将前面的各类统计结果进行汇总。⑬将前面产出的结果汇总成 HTML 文件发送到微信客户端。⑭将前面产出的结果汇总成 Word 文件发送到微信客户端。⑮将前面产出的结果汇总成 PPT 文件发送到微信客户端。⑯末端默认输出节点，修改指定信息后运行该节点即可运行流程获得产出报告。

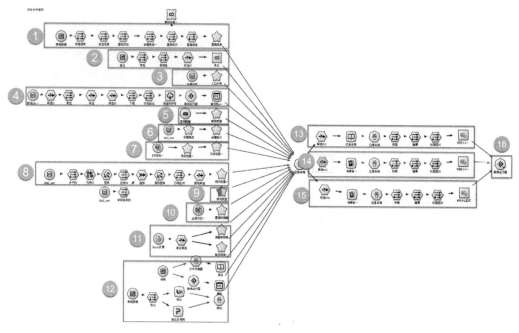

图 18.5 全国地震应急会商报告自动化流程框架图

18.3 实施过程

下面将对每一个功能作详细介绍。

根据输入的制式地震短信息（例如：中国地震台网正式测定：2020-02-27 21:14:05 在西藏昌都市丁青县发生 3.2 级地震，震中经度 95.13°，纬度 31.93°，震源深度 10 千米），利用"SubStrBetweenS"函数提取发震时刻、地震经纬度、发震地点、震级信息。在本软件中，对于余震、历史地震信息统计主要是基于圆域范围统计，该范围根据地震震级大小来确定（图 18.6）。同时，对于震中经纬度、震级、历史地震统计范围等参数，利用"更新变量"节点全部更新为全局变量，方便后续节点使用。具体统计范围按规则如下：对于震级为 3.0 ~ 3.9 级地震，余震筛选范围按照 30 千米圆域进行统计，4.0 ~ 4.9 级对应 40 千米，

5.0 ～ 5.9 级对应 50 千米，6.0 ～ 6.9 级对应 100 千米，7.0 ～ 7.9 级对应 200 千米，8 级以上对应 300 千米；对于历史地震筛选范围，按照《震后趋势会商业务规定（试行）》要求确定。

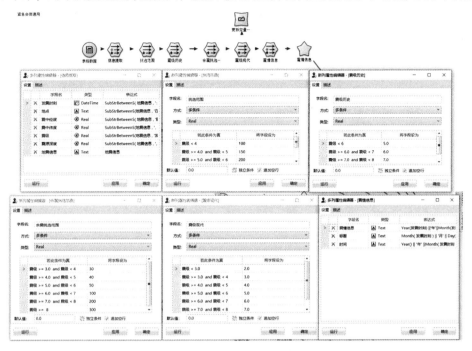

图 18.6　地震信息提取节点说明

基于地震经纬度确定地震所在省份，并将其转为 APNET 中固定格式，并更新为全局变量，方便后续节点使用（图 18.7）。

图 18.7　地震所在省份单位节点说明

图 18.8 给出震中周边城镇及人口信息统计节点情况，首先连接全国人口信息数据库（图 18.9），并根据震中经纬度计算震中距周边城镇距离，统计出距震中最近的城镇及对应人口分布情况，同时给出距离震中较近的 10 个城镇和对应人口分布。

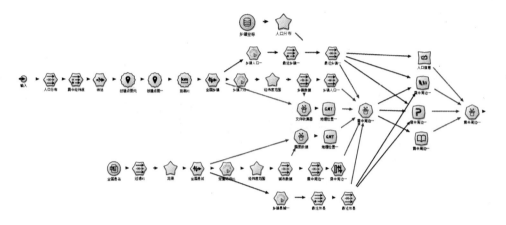

图 18.8 震中周边城镇及人口信息统计节点概况

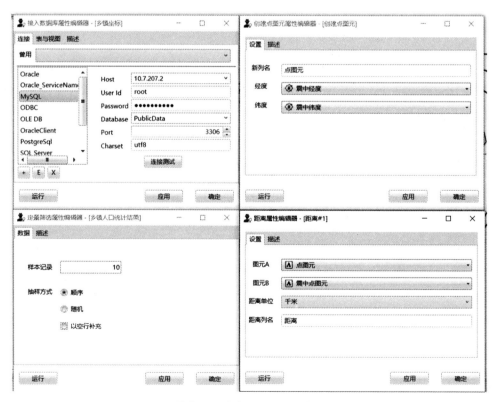

图 18.9 震中周边城镇及人口信息统计节点说明

　　基于前面确定的地震所在省份，连接 APNET 异常零报告数据库，并筛选下载对应省份异常零报告至本地。因 APNET 中异常零报告数据为 zip 压缩文件，因此将文件下载至本地后需利用 WinRAR 命令解压（图 18.10）。

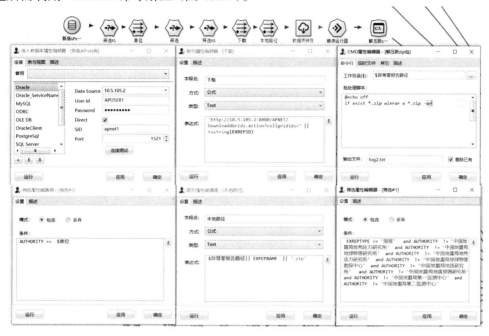

图 18.10　地震所在省份异常零报告下载节点说明

　　利用"空间数据"节点读取本地 shp 格式断裂数据（图 18.11），并计算出本次地震与断裂距离，统计距离本次地震最近的断裂，同时给出距地震较近的几条断裂信息。

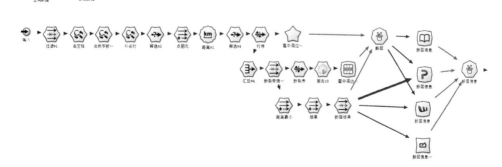

图 18.11　震中周边断裂信息统计节点概况

　　连接实时更新小震目录数据库，根据前面设定的余震挑选范围，选择本次地震后的地震作为余震，并统计余震震级档及最大余震分布、绘制余震震中分布图、M-T 图。在具

体流程编写过程中，首先确定是否存在余震，若存在余震，则进行相关信息统计及图件绘制；若不存在余震，直接给出简单说明"目前无余震记录"。最终产出的信息以 HTML、Word、PPT 三种格式呈现（图 18.12）。

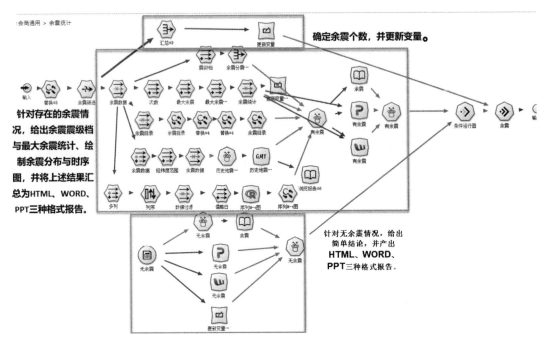

图 18.12　余震信息统计节点概况

基于本地 1970 年以前 5.0 级以上历史地震数据（数据格式为通用 EQT 地震目录格式），首先根据前面设定的历史地震统计范围与震级下限，确定统计范围内 1970 年以前的历史地震，进而统计该范围内最大、距本地地震距离最近、时间最近地震，同时对地震震级档进行统计，绘制历史地震分布、时序图。在流程实际编写过程中，首先进行是否存在历史地震判断，若存在，则进行相关信息统计与图件绘制；若不存在历史地震，则直接给出简单说明"目前无历史地震记录"。最终产出的信息以 HTML、Word、PPT 三种格式呈现（图 18.13）。

1970 年以来现代地震信息统计主要依赖于 1970 年以来全国小震目录（$M_L \geq 0$），考虑到全国小震目录数据量较大，因此建立实时更新的全国小震目录 MySQL 数据库，以数据库替代本地数据可提高运行速度。对于 1970 年以来现代地震信息统计流程节点基于与 1970 年以前历史地震统计节点类似，首先判断给定范围内是否存在现代地震，若存在，则进行相关信息统计与图件绘制；若不存在现代地震，则给出简单结果（图 18.14）。

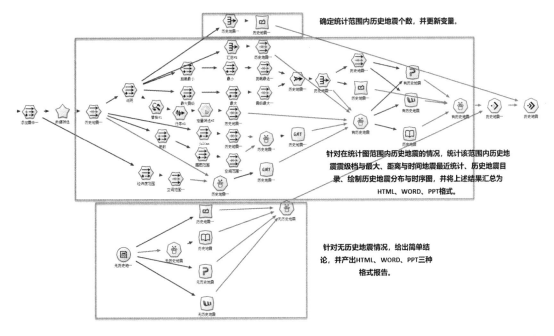

确定统计范围内历史地震个数，并更新变量。

针对在统计圈范围内历史地震的情况，统计该范围内历史地震震级档与最大、距离与时间地震最近统计、历史地震目录、绘制历史地震分布与时序图，并将上述结果汇总为HTML、WORD、PPT格式。

针对无历史地震情况，给出简单结论，并产出HTML、WORD、PPT三种格式报告。

图 18.13　1970 年以前历史地震信息统计节点概况

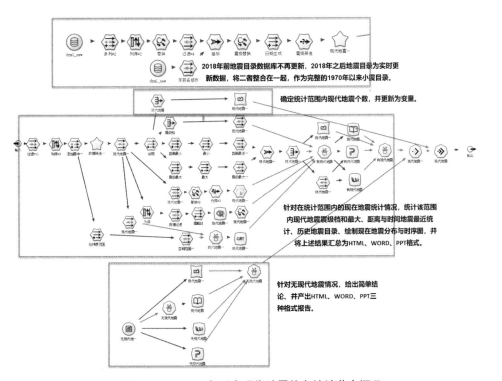

2018年前地震目录数据库不再更新，2018年之后地震目录为实时更新数据，将二者整合在一起，作为完整的1970年以来小震目录。

确定统计范围内现代地震个数，并更新为变量。

针对在统计范围内的现在地震统计情况，统计该范围内现代地震震级档和最大、距离与时间地震最近统计、历史地震目录、绘制现在地震分布与时序图，并将上述结果汇总为HTML、WORD、PPT格式。

针对无现代地震情况，给出简单结论、并产出HTML、WORD、PPT三种格式报告。

图 18.14　1970 年以来现代地震信息统计节点概况

　　序列类型数据统计主要是基于序列目录，统计震中周边指定范围内序列类型占比、序列类型分布、序列主震与最大余震发震时间间隔、震级差信息。在流程编写过程中，首先判定给定范围内存在的历史地震序列情况，然后统计该范围内的序列类型占比并统计筛选出来的每一个历史地震序列类型占比（例如主余型占 43%，孤立型占 21%），再对每一个在筛选范围内的序列进行序列主震与最大余震发震时间间隔、震级差统计。若指定筛选范围内无历史地震序列，则给出简单结果。上述统计信息将以 HTML、Word、PPT 格式输出（图 18.15）。其中对于每个序列的主震与最大余震震级差、时间间隔统计涉及到流程编写中的循环功能，首先确定给定范围内序列名称，然后将其更新为变量（图 18.16 中 Sflag 和 flag），再利用批处理功能按照一定规则实现循环（图 18.17）。

　　历史地震震源机制统计主要是基于历史地震震源机制资料对震中周边指定范围震源机制类型占比进行统计、绘制震源机制分布结果。在节点编写过程中，首先确定指定范围内是否存在历史地震震源机制结果，若存在，则进行相关信息统计与图件绘制；若不存在，则给出简单结果（图 18.18）。

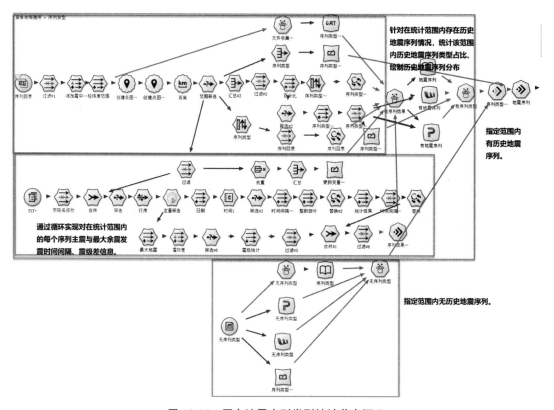

图 18.15　历史地震序列类型统计节点概况

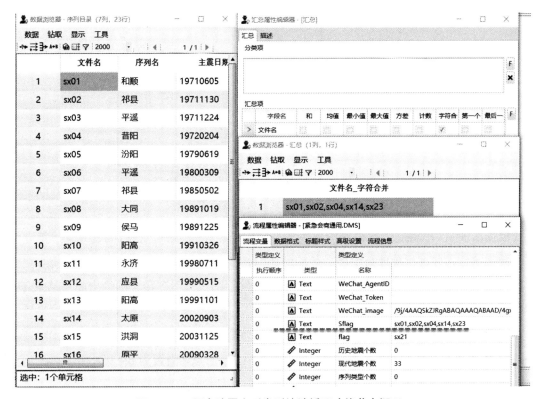

图 18.16　历史地震序列类型统计循环功能节点概况 1

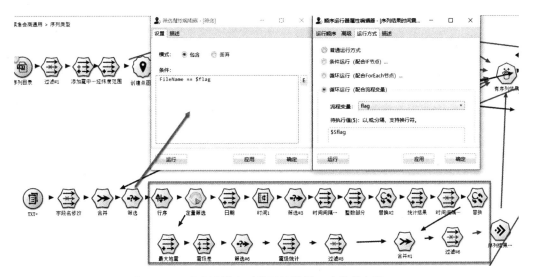

图 18.17　历史地震序列类型统计循环功能节点概况 2

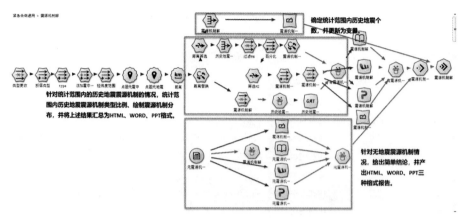

图 18.18　历史地震震源机制统计节点概况

根据前面从 APNET 下载得到的地震所在省份异常零报告表，获取测震异常、前兆测项及异常信息，并进行统计与绘图。与前面相似，在节点编写过程中，首先确定是否存在异常或测项，若存在，则进行相关信息统计与图件绘制；若不存在，则给出简单结果（图 18.19、图 18.20）。

基于前面节点对断裂、历史地震等信息的汇总统计结果，形成总结性结论；同时在流程运行过程中，产生一定的中间文件，通过"CMD"节点（内置为 bat 脚本）将多余信息进行删除（图 18.21）。

将前面节点产出的统计信息、绘制的图件整理成 HTML、Word、PPT 报告发送到微信客户端（图 18.22）。

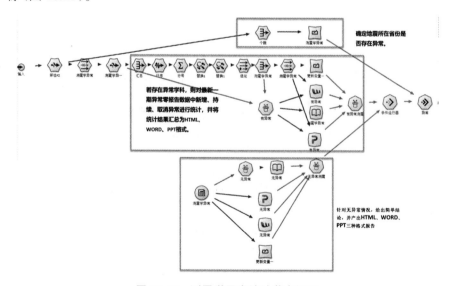

图 18.19　测震学异常统计节点概况

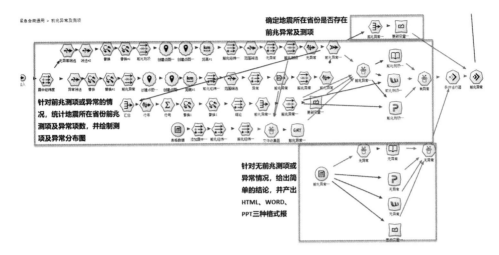

图 18.20 前兆异常及测项统计节点概况

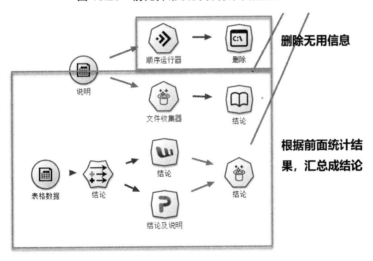

图 18.21 前兆异常及测项统计节点概况

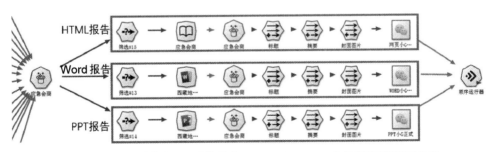

将前面的统计信息、图件整理成HTML、Word、PPT文件发送到微信客户端

图 18.22 文件报告整理及发送节点概况

当本地流程编写完成测试后，可在流程云管理平台进行流程上线部署工作，这样既可保证流程能在本地运行，也可以进行上线运行，即通过手机微信客户端触发产出报告。

18.4　小结

在本章中，小 G 为大家详细总结了震后趋势会商流程可实现的功能、流程编写中注意事项与流程编写细节，大家可以结合自己日常会商需求进行修改。

第 19 章　云端部署自动化

经过一段时间使用，小 G 已经熟悉了数据专家的大部分功能，编写了很多流程来支撑业务工作，大幅度提升了工作效率。然而小 G 发现他写的流程只能本地运行，每次想用报告或数据时，只能打开电脑，运行一遍流程。更让小 G 头疼的是和同事分享流程的过程，因为小 G 编写的流程依赖许多第三方软件运行环境，每次小 G 给同事分享成果后，都要花费很长时间去帮同事配置运行环境，过程很繁琐。能否将数据专家部署在云服务器上，让它自动运行服务于自己和同事呢？

数据专家有基于流程即服务（FaaS）理念打造的一整套 DatistCloud 平台，平台提供负载均衡、高可用、自动扩缩容、服务治理等服务能力。同时提供数据专家云流程管理系统，让用户自主上传、授权、运行调试、调度流程；平台提供多种流程触发方式，支持通过企业微信、网页、第三方系统触发流程运行。平台面向用户逐渐透明化，缩短了地震科研人员从想法到产品的周期，降低了产品的研发成本。

DatistCloud 平台采用分布式架构，具有资源共享、可靠性高等优点，每个服务器都有专职的职能，实现业务流程的高效、稳定运行。业务流程执行可分为四步：第一步，上传流程。地震科研人员上传、调试流程，设置流程运行方式；第二步，界面触发。企业微信、网页、第三方系统触发流程调用指令，传入相关参数；第三步，执行流程。流程管理服务器收到指令之后，将数据库中的流程加载到执行队列中，排队等待 Datist 执行服务器执行；第四步，反馈结果。执行完成之后，按照流程设置，将成果返回给用户。

19.1　流程上传和管理

小 G 了解到，数据专家为大家提供了云服务，只需要将流程上传至云管理平台上，平台就能通过 API 接口将流程同步至流程仓库中，用户可以在云管理平台上对流程进行管理，并在需要使用流程时通过多种方式触发流程，并将运行的结果分享给他人，轻松便

捷，一劳永逸（图 19.1）。完美解决了单机运行流程获取成果的限制，以及与同事分享流程过程中遇到的第三方软件环境配置问题，为此小 G 格外激动。

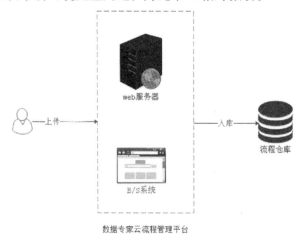

图 19.1　流程上传和管理

19.1.1　流程上传

在计算机本地的流程需要借助数据专家云流程管理平台进行上传部署和管理。云平台可以快速从同一服务器集群中，获取存储于数据库服务器上的结构化数据，也能处理和存储海量非结构化数据，并能按需对算力和容量进行扩展，理论上没有上限。借助于云计算中心，云流程管理平台能立即给出流程的运行成果，大大提高了工作效率，节省了时间成本。

图 19.2　数据专家云流程管理系统

小 G 通过浏览器登录云流程管理平台（图 19.2），在流程管理页面中通过上传流程功能，找到本地自己编写的流程文件，选中确认后完成流程的上传。上传的流程通过 API 接口同步存储到了流程仓库中，待流程需要被运行时，DatistCloud 会将流程从仓库中取出，通过执行器服务，部署在对应执行流程的服务器上运行。

地震发生后，如何第一时间获取震中周边的情况呢？ DatistCloud 平台提供了地震速报功能，在地震发生时，小 G 能立即获取到地震短消息，并将地震短消息中的地震参数解析出来，生成本次地震的速报报告。

地震速报功能是以流程为载体来实现的，编写完成的流程在计算机本地是一个 dms 文件。执行这个流程，就能基于发震时间、发震地点、震级等基本参数，分析出震中周边的断裂、历史地震、市县乡镇分布以及相关图件，生成地震速报的报告了。

如果流程运行时还依赖于其他的流程或文件，该如何在云端部署呢？除了以 dms 文件的形式上传流程外，云流程管理平台还支持将流程及其依赖文件打包成 dmz 文件上传（图 19.3）。

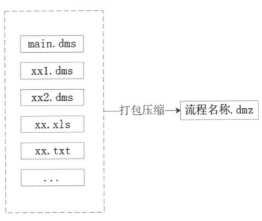

图 19.3　流程打包压缩

将主流程命名为 main，流程中依赖其他文件的节点都需设置为相对路径。与其他依赖的流程或文件一起以 zip 格式打包压缩，再将压缩包的扩展名改为 dmz，即完成了 dmz 形式流程的打包压缩。dmz 与 dms 文件的上传方式相同，流程在被触发时，流程调度服务器会将 dmz 从流程仓库中取出，在执行服务器的同一路径下，将 dmz 文件还原成 dms 及依赖文件执行。

另一种途径，就是将流程依赖的文件都部署在云服务器上，流程中相关调用文件的节点路径都设置为绝对路径，指定为确定的文件。这样当流程被加载至执行服务器运行时，流程调用文件时便能通过绝对路径准确获取到文件进行操作和处理，省却了打包上传文件

的繁琐操作。对文件内容进行修改时，也不需要重新上传流程，只要在云端服务器上替换文件即可。

19.1.2　流程管理

上传了的流程可以在云流程管理平台上对其进行管理，包括对缓存模式及时长，运行流程的数据专家版本和执行流程的服务器等进行设置，以此来满足对各种复杂业务场景的需求（图 19.4）。

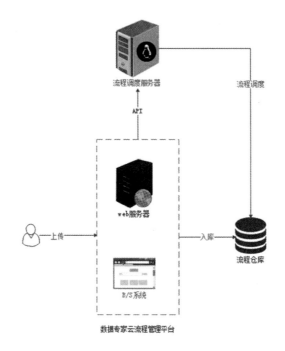

图 19.4　流程管理逻辑

如果一个流程的运行成果会在短时间内被多次调用查看，每次查看都要运行一次流程，对服务器的负载会造成很大的压力，并且调用相同的结果还需要等待流程重复运行，比较费时。针对此种情况，小 G 了解到，云流程管理平台提供了两种缓存模式：系统缓存和用户缓存。系统缓存能将流程运行的结果缓存在云端，在缓存有效期内，对任何用户调用流程，系统都会将缓存的结果发送给用户。用户缓存针对同一用户重复调用流程，在缓存有效期内，同一用户多次调用流程，系统都会将第一次调用时缓存的结果发送给用户。

云流程管理平台上预置了许多数据专家版本，上传流程时应选择与本地编辑流程的版本相一致的数据专家程序。否则可能会因为新旧版本之间存在节点新增删除或者功能调整，导致流程运行出错的情况。

在分组类型中，要选择确定的流程执行服务器。各服务器上的数据专家版本虽然一致，但由于各单位的业务需求的差异，服务器上的其他软件的配置略有不同，如有些服务器上安装有 GMT6，出于对原有流程的兼容，有些服务器仍保留为 GMT5。此时需要准确指定流程运行的执行服务器，否则会出现流程与配置环境不一致而引起流程运行失败的情况。除此以外，流程的依赖文件可能配置在当前服务器，没有准确指定流程运行的执行服务器，会导致流程运行时找不到依赖的文件而出现流程报错的情况。

小 G 将地震速报的流程通过云流程管理平台上传，由于没有依赖文件，只上传 dms 文件就足够了。流程在本地的运行时长大概为 2 分钟，所以设置运行时长为 2 分钟。小 G 想要大家都能在第一时间看到地震速报的结果，所以将缓存模式设置为系统缓存，时长为半个小时（1800 秒）。流程在本地是用数据专家 20191124 版本编写修改完成的，所以在上传流程时要指定该版本。最后选择流程执行的服务器，流程就能够被触发调用了（图 19.5）。

图 19.5　流程编辑界面

19.1.3　流程授权

数据专家云流程管理平台为大家提供了流程授权的功能，可以通过选定组织架构、个人以及标签的方式给指定的群体或个人授予使用流程的权限。通过授权的方式，能将自己的成果分享出去，在组织或者群体间共同使用。借助于这种传播和分享的方式，只要有一个人完成了流程的编写工作，就可以将流程的使用权限授权给其他用户。这些用户在不需要安装数据专家、配置与流程相关一系列环境与文件的情况下，就能直接调用流程得到运行的结果，使得工作的效率及成果复用率大大提升，而工作的成本却显著降低了，从而达到分享使用、互惠互利、协同工作的目的（图 19.6）。

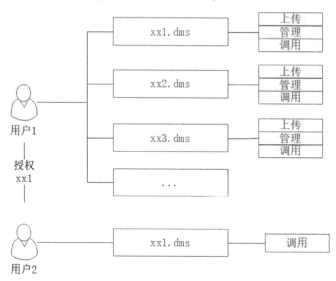

图 19.6　流程授权原理

19.1.4　流程调试

由于流程中某些节点的相对路径与绝对路径的设置，以及本地与服务器环境配置不一致等缘故，流程在本地和在服务器的运行结果可能是不一致的。为了保证流程运行的正确和稳定，在正式部署前需要经过严格的调试才能投入使用。

在数据专家云流程管理平台上，流程运行页面列表中罗列出了在当前登录用户的权限下所能操作的所有流程。可以选中某一流程，点击运行来触发它，流程运行时产生的日志会同步显示在右侧流程日志窗口中（图 19.7）。

用户能够在该页面对展示出来的流程变量进行修改（流程变量前加"_"的变量为私有变量，只能通过数据专家打开流程后查看，将不会在此处展示），当确认修改流程变量，并选定运行流程的执行服务器以后点击运行，云流程管理平台通过调用 API，将刚才进行的调试设置同步至流程调度服务器上。该服务器接收到要触发的流程 ID 号，执行器类型参数以及流程变量将对应流程从流程仓库中取出，按照预设参数的设置，通过执行器服

图 19.7　流程运行界面

务，指派到对应的执行服务器上运行。流程在执行过程中生成的日志信息将被实时更新同步在调试页面的右侧，依据日志定位流程出错的位置，诊断流程报错的原因，实现对流程进一步的优化迭代。

19.2　网页系统触发

数据专家云流程管理系统支持多种方式触发流程，只要将流程上传至云流程管理平台，就能够在云流程管理平台上通过网页触发，而不需要借助本地的数据专家运行环境。云流程管理平台基于 B/S 架构设计，用户的工作界面都是通过浏览器来实现的，极少部分事务逻辑在前端实现，主要事务逻辑在服务器端实现。用户电脑中只要安装有浏览器就能实现所有操作，大大地简化了客户端的电脑载荷。

同传统的 C/S 结构系统相比，对于 B/S 结构系统来讲，由于数据集中存放于数据库服务器，客户端不保存任何业务数据和数据库连接信息，无需进行数据同步，不会因为每个数据点上的数据安全影响了整个应用的数据安全，增强了系统的稳健性。B/S 系统可以实时看到当前发生的所有业务，方便了快速决策，避免了不必要的损失，做到服务的快速响应。

在数据专家的云流程管理页面，修改流程变量，选择正确的执行服务器运行即可触发流程。云流程管理平台通过 API 接口将流程运行的参数及流程 ID 一道传送给流程调度服务器，服务器接收到参数以后，按照流程 ID 为索引将对应流程从流程仓库中取出，并按照流程运行的参数中已指定的服务器，将流程通过执行器服务派发到对应的执行服务器上

去。执行服务器接收流程文件与参数后，启用对应的执行器，并传递在云管理平台中设置的流程变量执行流程（图19.8）。

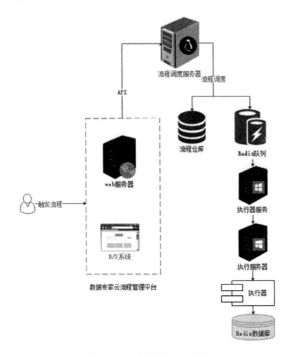

图19.8　流程触发过程

19.3　自动触发

如果流程需要频繁触发，每次都通过云流程管理平台触发则费时费事。云流程管理系统为用户提供了自动触发流程的机制，流程的自动触发将流程运行高度自动化，无需人工值守操作，就能触发流程，将繁琐的任务自动化，提高了工作效率和准确性，更好地利用资源。

在云流程管理平台的流程调度页面，通过设置定时运行任务的参数来创建定时运行流程的任务（图19.9）。在参数的设置中需要注意的是，任务名称需与流程上传时的流程名称一致才能被调度服务器所识别。频次串参数设置的正确性是流程是否能顺利调用的关键，在下发任务前要仔细检查。

通过创建针对于某一流程的定时触发任务，设置好流程运行的参数并下发任务以后，任务就被同步在了DatistCloud中负责流程调度的服务器上定时任务队列中。与Windows系统中的计划任务程序类似，云服务器在预设的参数满足条件后将触发流程，并将流程派发到执行服务器中运行，实现了根据简单或复杂的定期计划运行流程的目的（图19.10）。

图 19.9 自动运行规则设置

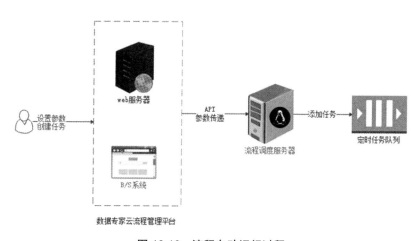

图 19.10 流程自动运行过程

19.4 微信应用

数据专家云流程管理系统已经打通了同微信间的交互壁垒。通过点击企业微信中的菜单项，或者发送指定的消息，即可实时调用流程，查看流程的运行结果。

借助于数据专家的发微信节点功能，用户能实现将 Word、PPT、HTML 等报告发送至企业微信的目的。用户使用企业微信触发流程后，企业微信服务器通过 API 接口将流程 ID 和参数传递至流程调度服务器。服务器接收参数后，从流程仓库中根据流程 ID 取出对应的流程置入 Redis 队列中。队列中的任务会被依次取出执行，当执行到该任务时，执行

器服务会将任务指派到对应服务器上运行。对应版本的执行器接收到流程变量后被调起，顺利执行后的结果会按照情况存入缓存中。流程的运行结果会依照发微信节点的设置，通过 FTP 服务器进行中转，经由微信服务器发送至触发流程的用户企业微信应用上（图 19.11）。

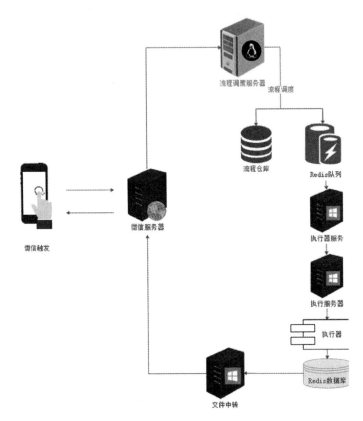

图 19.11　流程触发过程

数据专家云流程管理平台通过流程 ID 对各流程进行识别，流程 ID 由：企业微信 Id 号、应用 Id 号和流程名称三部分组成。如：wxa153e20dd40c0227:1000044:POSITION

其中企业微信 ID 号是地震科研助手的企业 ID；应用 ID 号是各企业微信应用的 ID 号，如小 G 科研助手的应用 ID 号为 1；流程名称用以区分各应用内的不同流程，如震后趋势会商。

19.4.1　点击菜单

流程上线后，通过在企业微信应用中设置菜单与流程的对应关系，即可绑定点击菜单事件与对应流程的触发。点击菜单后，数据专家云流程管理平台会调用对应的流程，并将流程的运行结果发送到企业微信应用中。

如图 19.12 所示，在小 G 的企业微信应用中，点击"十年地震活动"菜单项，数据专家云流程管理平台接收到点击菜单事件后会触发十年地震活动流程，流程在云端服务器上运行结束后，云平台会将流程的运行结果发送到企业微信中。

图 19.12　企业微信应用菜单

19.4.2　命令触发

点击菜单触发流程只能被动接收流程的运行结果，而通过文本触发，可以将参数传递给流程。

流程通过流程变量 WxInputText 获取参数，解析流程变量并开始运行。数据专家云流程管理平台将流程运行的结果推送到企业微信应用中，实现了用户通过手机就能与云端的流程进行双向交互的功能。

如图 19.13 所示，通过命令："@d+ 上海局紧急地震震后信息统计报告 $[上海市地震监测中心] 上海地震台网正式测定：2019 年 11 月 26 日 22 时 14 分，在上海松江区（北纬 31.07 度，东经 121.27 度）发生 M1.0 级地震，震源深度 22 公里，距人民广场 25 公里。"调用上海市地震局紧急会商流程，"$"字符之后的文本通过流程变量 WxInputText 传递到流程中，流程在服务器上成功运行后将报告发送到了手机上。后台将和企业微信号、应用号与流程名拼接为后台流程库中的 DmsID。除了以 @d 命令触发流程以外，DatistCloud 还支持以以下的命令方式调用流程。

图 19.13　命令触发流程运行

表 19-1　调用命令列表

序号	命令标识	源自	意图名	流程 ID 构建规则
1	@m	message	消息处理	企业微信 Id 号 : 应用 Id 号 : 消息处理
2	@s	search	我要搜索	企业微信 Id 号 : 应用 Id 号 : 我要搜索
3	@h	help	需要帮助	企业微信 Id 号 : 应用 Id 号 : 需要帮助
4	@t	time	和时间有关的应用查询	企业微信 Id 号 : 应用 Id 号 : 和时间有关的应用查询
5	@p	place	和位置有关的应用查询	企业微信 Id 号 : 应用 Id 号 : 和位置有关的应用查询
6	@n	name	和名称有关的应用查询	企业微信 Id 号 : 应用 Id 号 : 和名称有关的应用查询
7	@d	dms	流程名	企业微信 Id 号 : 应用 Id 号 : 流程名

19.5　EQIM 触发

地震信息管理（EQIM）系统是在地震发生时，将地震短消息接入数据专家云流程管理平台的程序。当地震发生时，EQIM 系统会立即识别出新增的地震，同时将与 EQIM 系统绑定的流程都唤醒，将流程 ID 传递给调度服务器进行任务的处理和派发（图 19.14）。

地震科研助手企业微信"小 G"中的地震速报流程，就是通过 EQIM 系统触发的。在流程中进行相应的配置，地震发生时，EQIM 系统接收到地震短消息的同时会触发流程，实现了地震事件触发流程的目的。流程运行结果见图 19.15。

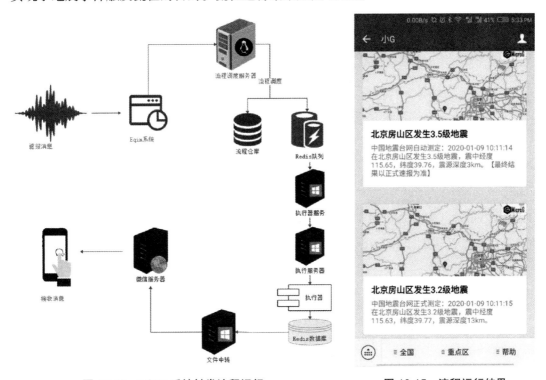

图 19.14　EQIM 系统触发流程运行　　　　图 19.15　流程运行结果

19.6　第三方系统触发

云流程管理系统还提供了第三方系统触发流程的方式。在计算机本地的第三方程序里调用命令行程序，程序通过 API 接口向流程调度服务器传递流程变量即可调用云端服务器上的流程，降低了不同技术之间的耦合度（图 19.16）。

进入 RemoteRun 所在目录下，在命令行窗口中，键入 RemoteRun.exe–help 即可查看到各项参数的帮助信息。按照提示输入调用流程的命令可成功触发云服务器上的流程，如：

图 19.16　第三方系统触发流程运行

" RemoteRun.exe-Uhttp://39.100.51.200:8080-udmsrun-p123456-Dwxa153e20dd40c0227:1000049: 和位置有关的应用查询 -<base64 编码字符串 >"。

19.7　小结

数字经济时代，在不同阶段会呈现不同的特点，当前最显著的特征当属业务云化。云服务为数字化业务奠定了坚实的基础，数据专家云流程管理系统提供了云端部署流程的服务，利用智能自动化的系统辅助日常工作，将业务和科研人员从繁杂机械的日常事务中解放了出来，节约了大量时间和精力，能够将更多时间投入到创造性工作和研究之中去。

第 20 章　AI 助力智能化

　　小 G 想，如果将自然语言处理技术和数据专家技术融合，让计算机识别自己说的话或自己输入文本，从中提取流程运行参数，并触发流程运行，快速产出相应成果，这样会大大降低自己所建应用的门槛，提高工作效率。

　　小 G 开始了自己的研究。实现人机间自然语言通信，意味着要使计算机既能理解自然语言文本的意义，也能以自然语言文本来表达给定的意图、思想等。自然语言处理，即实现人机间自然语言通信，或实现自然语言理解和自然语言生成是十分困难的。造成困难的根本原因是自然语言文本和对话在各个层次上广泛存在的各种各样的歧义性或多义性。

20.1　自然语义分析与意图识别

　　自然语言处理是将日常生活中的语言转换为机器所能理解的机器语言，是一门包含计算机科学、人工智能以及语言学的交叉学科。1936 年 Turing 发明的"图灵机"使纯数学的逻辑符号和实体世界之间建立了联系，成为了自然语言处理发展的基础。1956 年，人工智能诞生后，自然语言处理迅速融入该领域之中，此时是自然语言处理的快速发展时期。20 世纪 70 年代的语音识别算法研制成功，隐马尔科夫模型提出并得到了应用。其后随着计算机速度和存储容量的提高、人工智能技术的不断进步，自然语言处理的发展越来越迅猛。

　　语言是人类区别于其他动物的本质特性。在所有生物中，只有人类才具有语言能力。人类的多种智能都与语言有着密切的关系。人类的逻辑思维以语言为形式，人类的绝大部分知识也是以语言文字的形式记载和流传下来的。用自然语言与计算机进行通信，这是人们长期以来所追求的：人们可以用自己最习惯的语言来使用计算机，而无需再花大量的时间和精力去学习不合自然和习惯的各种计算机语言。

　　一个中文文本从形式上看是由汉字（包括标点符号等）组成的一个字符串。由字可组成词，由词可组成词组，由词组可组成句子，进而由一些句子组成段、节、章、篇。无论在上述的各种层次，还是在下一层次的向上一层次转变中都存在着歧义和多义现象，即形式上一样的一段字符串在不同的场景或不同的语境下，可以理解成不同的词串、词组串等，并有不同的意义。一般情况下，它们中的大多数都是可以根据相应的语境和场景的规定而得到解决的。也就是说，从总体上说，并不存在歧义。这也就是我们平时并不感到自然语言歧义，和能用自然语言进行正确交流的原因。但是另一方面，为了消解歧义，是需要极其大量的知识进行推理的。如何将这些知识较完整地加以收集和整理出来；又如何找到合适的形式，将它们存入计算机系统中去；以及如何有效地利用它们来消除歧义，都是工作量极大且十分困难的工作。这不是少数人短时期内可以完成的，还有待长期的、系统的工作。

以上说的是，一个中文文本或一个汉字（含标点符号等）串可能有多个含义。它是自然语言理解中的主要困难和障碍。反过来，一个相同或相近的意义同样可以用多个中文文本或多个汉字串来表示。

因此，自然语言的形式（字符串）与其意义之间是一种多对多的关系。其实这也正是自然语言的魅力所在。但从计算机处理的角度看，必须消除歧义，而且有人认为它正是自然语言理解中的中心问题，即要把带有潜在歧义的自然语言输入转换成某种无歧义的计算机内部表示。

20.1.1　智能助理

小 G 了解到自然语言处理的应用场景之一是智能助理，这一应用场景充分应用了自然语言处理技术，通过对用户输入的语音或文本命令进行分析理解，来执行用户命令并返回结果，在各种场景下实现更为通畅自然的人机对话。目前智能助理主要分为以下五类。

1. 在线客服系统

主要功能是同用户进行基本沟通并自动回复用户有关产品或服务的问题，以实现降低企业客服运营成本、提升用户体验的目的。其应用场景通常为网站首页和手机终端。代表性的商用系统有小 I 机器人、京东的 JIMI 客服机器人等。

2. 娱乐场景下的智能助理系统

主要功能是同用户进行开放主题的对话，从而实现对用户的精神陪伴、情感慰藉和心理疏导等作用。其应用场景通常为社交媒体、儿童玩具等。代表性的系统如微软"小冰"、微信"小微""小黄鸡""爱情玩偶"等。其中微软"小冰"和微信"小微"除了能够与用户进行开放主题的聊天之外，还能提供特定主题的服务，如天气预报和生活常识等。

3. 应用于教育场景下的智能助理系统

根据教育的内容不同包括构建交互式的语言使用环境，帮助用户学习某种语言；在学习某项专业技能中，指导用户逐步深入地学习并掌握该技能；在用户的特定年龄阶段，帮助用户进行某种知识的辅助学习等。其应用场景通常为具备人机交互功能的学习、培训类软件以及智能玩具等。这里以科大讯飞公司的开心熊宝（具备移动终端应用软件和实体型玩具两种形态）智能玩具为例，"熊宝"可以通过语音对话的形式辅助儿童学习唐诗、宋词以及回答简单的常识性问题等。

4. 个人助理类应用

主要通过语音或文字与聊天机器人系统进行交互，实现个人事务的查询及代办功能，如天气查询、空气质量查询、定位、短信收发、日程提醒、智能搜索等，从而更便捷地辅助用户的日常事务处理。其应用场景通常为便携式移动终端设备。代表性的商业系统有 Apple Siri、Google Now、微软 Cortana、出门问问等。其中，Apple Siri 的出现引领了移动终端个人事务助理应用的商业化发展潮流。Apple Siri 随着 iOS5 一同发布，具备聊天和指令执行功能，可以视为移动终端应用的总入口，然而受到语音识别能力、系统本身自然语言理解能力的不足以及用户使用语音和 UI 操作两种形式进行人机交互时的习惯差异等限制，Siri 没能真正担负起个人事务助理的重任。

5. 智能问答类的智能助理

主要功能包括回答用户以自然语言形式提出的事实型问题及需要计算和逻辑推理型的问题，以达到直接满足用户的信息需求及辅助用户进行决策的目的。其应用场景通常作为问答服务整合到聊天机器人系统中。典型的智能问答系统除了 IBM Watson 之外，还有 Wolfram Alpha 和 Magi，后两者都是基于结构化知识库的问答系统，且分别仅支持英文和中文的问答。

上述五种智能助理都只能应对生活中常见的命令，一旦面临更复杂的业务需求，就会进入宕机状态。因此，有必要将智能助理与特定的业务系统结合起来，针对性地去训练语义模型，使智能助理能够解析复杂的意图，从而帮助用户在真实的业务系统中完成更复杂的操作。

20.1.2 意图识别

意图识别是自然语义分析重要的组成部分，人与计算机交互中的关键问题之一是计算机能够理解人们想做什么，并且找到与人的意图相关的信息片段（实体）的能力。所谓意图，就是用户的意愿，即用户想要做什么。意图有时也被称为"对话行为"（Dialog Act），即用户在对话中共享的信息状态或上下文变化并不断更新的行为。意图一般以"动词＋名词"命名，如查天气、预订酒店等。而意图识别又称为意图分类，即根据用户话语所涉及到的领域和意图将其分类到先前定义好的意图类别中。随着人机对话系统的广泛运用，用户在不同的场合下可能会有不同意图，因而会涉及人机对话系统中的多个领域，其中包括任务型垂直领域和闲聊等。任务型垂直领域的意图文本具有主题鲜明，易于检索的特点，比如，查询机票、天气、酒店等。而聊天类意图文本一般具有主题不明确，语义宽泛、语句简短等特点，注重在开放域上与人类进行交流。在对话系统中只有明确了用户的话题领域，才能正确分析用户的具体需求，否则会造成后面意图的错误识别。

图 20.1 是口语理解中三个任务应用的实例图。当用户输入一个询问，首先需要明确用户输入的文本所属的话题领域为"火车"还是"航班"，由于意图的类别比话题领域的粒度更细，因此需要根据用户的具体语义信息确定用户的意图是订票、退票还是查询时间，而语义槽的填充也有助于用户意图的判断。所以在人机对话系统的意图识别模块中，首先要对用户话题领域进行识别，接着明确用户的具体意图需求，最终表示成语义框架的形式。

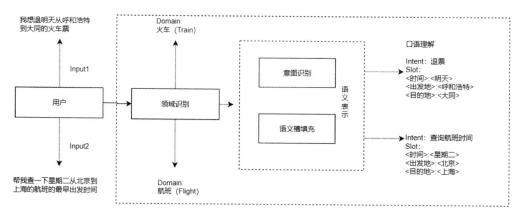

图 20.1　应用实例图

20.2　使用 AI 的钥匙

小 G 想要创建一个地震方面的智能助理，但小 G 不用从 0 开始做起，数据专家云流程管理平台基于 Bot Framework，通过微软提供的 LUIS 创建自然语言理解模型，开发了一款针对小场景和一些特定领域系统的智能语音助手，小 G 训练之后就能够投入使用。

Bot Framework 是 Microsoft 发布的构建智能聊天机器人的架构，为开发个性化智能聊天机器人提供了简便易用的平台，开发者可以使用该框架来构建和部署高品质的机器人，让用户随时随地进行高质量语音聊天。Bot Framework 开放了 22 个可集成到应用的 API，用户可以利用这些 API，来开发个性化智能聊天机器人。

　　LUIS（Language Understanding Intelligent Services）是微软推出的语义理解服务，微软亚洲研究院大数据挖掘组负责研发了 LUIS 的新一代算法。LUIS 的使命是让非 NLP（自然语言处理）专业的开发者能够轻松地创建和维护高质量的自然语言理解模型，并无缝对接到相关的智能应用当中。LUIS 可以识别对话中的有价值的信息，即理解用户的意图，并且用一个意图去对应一个业务需求。通过标注所期望的输入（自然语言指令）和输出（意图和实体）来训练它。在整个开发过程中，开发者并不需要了解背后算法的细节，只需要清晰地定义自己需要让机器理解的用户意图和实体即可。用户通过官方提供的 API 接口，可以创建适用自己场景的语义理解服务和应用。

　　深思熟虑之后，小 G 决定训练出一个震情会商的智能助理，因为地震会商是地震预报意见产出的关键环节。建立现代化与智能化地震会商技术平台系统，发挥现代科技优势，是提高地震预测预报服务能力的关键所在。

　　数据专家中的智能语音助手，改进了原有的 GUI 设计，通过科研助手针对不同情景设计并实现了从前端的语义模型定义到后端服务流程匹配的全链条功能。在用户使用时将输入的语音转化成文本，并且智能地提取用户语料中的意图和实体，转换成智能终端可处理的表达形式。处理结果通过 API 返回至 DatistCloud，调用相应的流程并将运行结果反馈给用户。通过对话的方式完成相应的操作，让智能助理更深入地融合到人们的生活中。

20.2.1　项目实施步骤

　　了解完自然语言处理和智能助理相关知识后，小 G 开始了训练模型的工作。
　　训练语义模型需要五个步骤（图 20.2）：

1. 确定意图

　　意图表示用户想要执行的任务或操作，即用户语料中所表示的目的或目标。意图是一个抽象的概念，意图指用户说话的目的，即用户想要表达什么、想做什么。用户的对话中可能含有多个意图，给机器人添加相关的意图或预构建意图，明确语义理解模型需要应用的场景（图 20.3）。

图 20.2　LUIS 模型训练

Case: 小爱同学设定闹钟

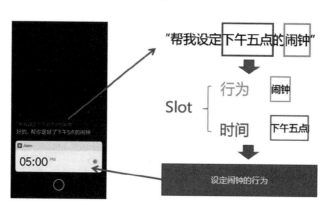

图 20.3　确定意图原理

2. 输入语料

输入能够触发此种意图的句式。若要训练 LUIS 从其中提取意向和实体，需要收集有效的示例话语，这对 LUIS 提供的机器学习智能至关重要。任何一个信息处理系统都离不开数据和知识库的支持，自然语言处理系统也不例外。小 G 搭建的系统效果好坏的很大一部分影响在于语料库的好坏，所以首先要有一个好的语料库。目前比较著名的语料库主要有：WordNet、FrameNet、EDR、北京大学综合型语言知识库、知网。

WordNet 是由美国普林斯顿大学认知科学实验室 George A.Miller 领导的研究组开发的英语机读词汇知识库，从 1985 年开始，WordNet 作为一个知识工程全面展开，经过近 20

年的发展，WordNet 已经成为国际上非常有影响力的英语词汇知识资源库。

FrameNet 是基于框架语义学（frame semantics）并以语料库为基础建立的在线英语词汇资源库，其目的是通过样本句子的计算机辅助标注和标注结果的自动表格化显示，来验证每个词在每种语义下语义和句法结合的可能性（配价，valence）范围。

EDR 电子词典（EDR Electronic Dictionary）是由日本电子词典研究院（Japan Electronic Dictionary Research Institute, Ltd.）开发的面向自然语言处理的词典。该词典由 11 个子词典（sub-dictionary）组成，包括概念词典、词典和双语词典等。

北京大学计算语言学研究所（ICL/PKU）俞士汶教授领导建立的综合型语言知识库（简称 CLKB）涵盖了词、词组、句子、篇章各单位和词法、句法、语义各层面，从汉语向多语言辐射，从通用领域深入到专业领域。

知网（HowNet）是机器翻译专家董振东和董强经过十多年的艰苦努力创建的语言知识库，是一个以汉语和英语的词语所代表的概念为描述对象，以揭示概念与概念之间以及概念所具有的属性之间的关系为基本内容的常识知识库。知网系统的哲学思想：世界上一切事物（物质的和精神的）都在特定的时间和空间内不停地运动和变化。它们通常是从一种状态变化到另一种状态，并通常由其属性值的改变来体现。比如，人的生、老、病、死是一生的主要状态，这个人的年龄（属性）一年比一年大｛属性值｝，随着年龄的增长头发的颜色（属性）变为灰白｛属性值｝。另一方面，一个人随着年龄的增长，他的性格（精神）变得日益成熟｛属性值｝，他的知识（精神产品）愈益丰富｛属性值｝。基于上述思想，知网的运算和描述的基本单位是万物，包括物质的和精神的两类：部件、属性、时间、空间、属性值以及事件。

3. 标记实体

在自然语言指令中选取实体并指定类型。实体表示要提取的查询文本中的数据概念，其目的是使客户端应用程序可预测的数据提取。在对应的用户意图中输入自然语言指令，例如：在"播放音乐"中输入一句"播放一些周杰伦的歌"；然后，通过鼠标选取实体并指定类型，例如：选择"周杰伦"，指定其为艺人实体（图 20.4）。LUIS 支持标注数据的导入和导出，因此如果开发者已经有标注过的数据，那么就可以直接转换为 LUIS 的标注数据 JSON 格式进行导入。

4. 训练模型

LUIS 提供了一套全自动的机器学习解决方案。应用深度学习算法，预设绝大部分常用的文本特征，并加入从大数据语料中提取的语义特征，从而为不同的语义理解场景提供

图 20.4　标记实体

通用的机器学习解决方案。LUIS 的模型训练过程极其简单，开发者只需点击一下"训练"按钮，LUIS 便会提供一套全自动的机器学习解决方案：应用深度学习算法，预设绝大部分常用的文本特征，并加入从大数据语料中提取出的语义特征，从而为不同的语义理解场景提供通用的机器学习解决方案。训练的时间会因为标注数据量的不同而各异，标注数据越多，训练所需的时间越长。同时，训练时间还与 LUIS App 所支持的意图和实体个数相关，意图和实体越多，训练时间也越长。除了预设的特征之外，LUIS 还允许用户自定义新的语义特征，包括短语列表特征 (phrase list) 和正则表达式特征 (regular expression)。前者主要用于定义若干短语列表，且通常每一个列表中的短语均可相互替换，而后者主要用于定义若干正则表达式。通过应用这些用户自定义的短语列表特征和模式特征，再结合已有的标记数据，LUIS 的深度学习模型就可以增强其自身的泛化能力，从而能够以更少的标记数据训练得到合适的模型，进而达到更好的预测效果。

在定义短语列表特征的过程中，LUIS 通过其语义词典 (semantic dictionary) 挖掘技术，能够根据用户输入的若干短语，自动从海量的网络数据中智能地发现与其相似的短语，并推荐给用户，有效地提升了用户定义短语列表特征的效率。

5. 发布模型

对于训练完成的模型，开发者可以对其进行性能测试。LUIS 为开发者提供了两种在线测试方法：交互式测试和批量测试。使用交互式测试时，开发者可以直接输入自然语言语句，然后目测模型输出是否和预期一致。而使用批量测试时，开发者需要上传一份测试数据，LUIS 会通过比对模型输出和测试数据的期望输出来给出更为具体的精度和召回率等统计数据，并且 LUIS 还会对每一项意图和实体的结果绘制出 Confusion Matrix 来帮助开发者找到有待提高的实例。通过测试的 LUIS App 只需轻轻一点就可以发布到微软的 Azure 云平台上，变成一个立即可用的 API。开发者通过 Http 的 get 方法，就可以将开发的 LUIS App 接入到其他应用中。训练结果见图 20.5。

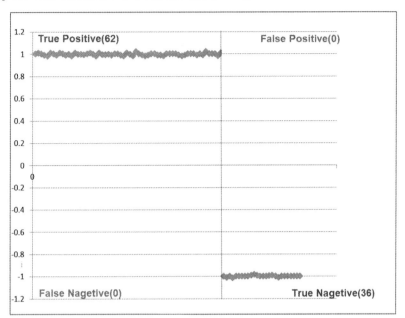

图 20.5　训练结果

通过上述五步训练的模型已经具备寻找与人的意图相关的信息片段（实体）的能力。例如让计算机理解："2018 年安徽省 5 级以上的地震活动情况？"

在借助微软的语义训练平台 LUIS 来提炼语句信息时，需明确以下三个要点：

语料（utterance）：根据需求要查询的话语、句子。

如："查询 2018 年安徽省 5 级以上的地震活动"；"查询 2017.9.15 到 2017.12.16 辽宁省 3 到 6 级的地震活动"等。

意图（intent）：可以被定义为期望的动作，并且通常包含动词。即语料的目的，想要干什么？

如：查询地震？查询天气？打招呼？而这种场景下意图是"查询地震"。

实体（entity）：则是动作要处理的主要和次要目标，即语料中必须要识别出的信息、关键词。

如：地震查询的区域、时间段、震级范围。需要用实体将各类关键词标记出来。在此场景下实体是"2018 年""安徽""5 级以上"。

LUIS App 的开发是一个不停迭代的过程，通过不停地增加标注数据来让其变得更加智能。同时，LUIS 希望最大化开发者的标注收益，也就是说，通过更少的标注来获得更大的模型性能提升。发布之后的 App 会逐渐积累真实用户的请求日志，然后通过主动学习 (Active Learning) 从这些日志中寻找出对于模型更为有益的语句让开发者标注。实验表明，通过甄选数据的方式，模型的精度和召回率的提升都明显高于随机选择标注数据的方式，这让开发过程变得事半功倍。也正是通过主动学习，LUIS 对于训练数据的数量要求大大降低，可以在较少的训练数据下获得不错的性能。

机器学习是语义识别中最复杂的，一开始需要手动标记。比如刚开始输入"大于 5 级的地震"，机器不明白，此时需要手动将"大于 5 级"标记出来。在语料中多添加几次类似的"大于 n 级"的查询语句，直到查询的句子中再次出现"大于 n 级"等句子系统会自动标记时，此时机器就实现了智能识别。所以当每次出现新的我们没有标记过的震级范围表述时，最开始都需要手动标记。而当加入的各种表述的语料越来越多，机器识别的准确性也就越高，智能助理也就更加智能和人性化了。

LUIS 提供有五种实体：内置实体（Prebuilt）、简单实体（Simple）、列表实体（List）、层级实体（Hierarchical）、复合实体（Composite）。通过不同的应用场景选择不同的实体，来满足各种复杂业务场景的需求。

小 G 训练完成模型之后，下一步要接入 Bot Framework。

20.2.2　接入 Bot Framework 机器人框架

Bot 框架是用来制造机器人并定义其行为。作为聊天机器人开发者，开发和定向如此之多的交流平台与聊天机器人开发 SDKs 常会感到无所适从。Bot 开发框架是这样一种软件框架，它能对聊天机器人开发过程中的人工内容做抽象化处理。然而，尽管很多 Bot 开发框架宣称"代码一旦写好可部署到任何地方"，你还是很可能为你的每一个目标交流平台开发一个单独的聊天机器人。Bot 开发框架包括机器人制造者 SDK(Bot Builder SDK)、机器人连接器 (Bot Connector)、开发者入口 (Developer Portal)、机器人目录 (Bot Directory) 以及一个用来测试已开发机器人的模拟器。

在开发应用程序时，Bot 平台的作用是提供部署和运行应用程序，Bot 框架的作用是开发和绑定各种组件到应用程序。Bot 平台是在线生态系统，其中聊天机器人可以被部署并与用户进行交互，代表用户执行操作，包括与其他平台交互。

Bot 开发框架是一组预定义函数和开发人员用来加快开发的一组可以更快更好编码的工具。初学者或非技术用户可以用 Bot 平台来开发不需要写代码的机器人，而 Bot 开发框架则被开发人员和码农借助编程语言从头开始构建机器人。例如 Bot 平台 Motion.ai 可使用户无需编码便能快速创建强大的机器人。原因在于 Motion.ai 提供了一个能创建聊天机器人的工具包，使得机器人可与 APIs 相连并部署到任何一个可用的交流平台。

微软 Bot 框架是一个全面的产品，用于构建和部署高质量的聊天机器人供用户享受最喜欢的对话体验。机器人开发人员都面临着同样的问题：机器人需要基本的输入和输出；它们必须具备语言和会话能力；机器人必须具有高性能、响应性和可扩展性；并且它们必须能够向用户提供理想的对话体验。微软 Bot 框架提供了我们构建、连接、管理和发布智能聊天机器人所需的一切，无论是通过文字 /SMS，还是其他平台诸如 Slack、Skype、Facebook Messenger、Kik 等，聊天机器人都可以和用户自然地交流。微软 Bot 框架由许多组件组成，包括 Bot 创建者 SDK(Bot Builder SDK)、开发人员门户 (Developer Portal) 和 Bot 目录 (Bot Directory)。

简单的机器人可以只接收消息并将其回馈给用户，基本不需要编写代码。Azure 机器人服务和 Bot Framework 提供一组集成的工具来帮我们完成这些事，只要将训练好的语义模型接口与机器人接口打通即可。

20.3　小 G 虚拟化与智能化助手

LUIS 与企业微信接口的开发，是通过 Microsoft Bot Framework 技术实现人、微信平台、LUIS 认知服务、业务云平台之间的人机智能交互。小 G 通过在企业微信、微信中发送自然语言触发已建好的 LUIS 认知服务，识别用户意图，触发云平台上部署的业务流程，进而返回给用户相关的专业查询报告。

QnA(Question and Answer) 问答服务也是基于微软提供的服务平台，通过调用地震领域的百科知识库而构建的地震领域科普问答服务（图 20.6）。

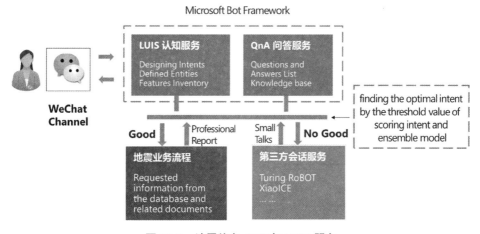

图 20.6　地震信息 BOT 与 LUIS 服务

20.3.1 LUIS 与企业微信接口开发

Bot 采用 Bot Framework 技术编写，对用户发来的对话信息进行 UIS 意图识别，对于识别到意图中实体的值是否满足约束条件和必须项进行判别，如果不满足要求则通过 Bot Framework 框架提供更多机制向用户进行对话询问。当获取到所有的实体参数后，将调用 Datist 提供的 Rest API 传入意图名和实体参数，这个调用将会触发执行 Datist 中和此意图相对应的业务流程。

具体实现步骤如图 20.7：①用户通过微信或者企业微信访问云平台业务流程；②企业微信根据用户通过不同应用发送的消息转发给不同的企业应用后台 (net core 2.1)；③企业应用后台根据不同用户和 Azure Bot Services 建立会话，并将会话放入会话池中；④将用户输入的内容放入 LUIS 进行意图识别；⑤对于识别出意图的 Score 达到 0.9 以上，查找相应的业务流程并发送到 Datist 云平台中执行；⑥业务流程执行后的结果再通过企业微信后台推送给用户。流程如图 20.8。

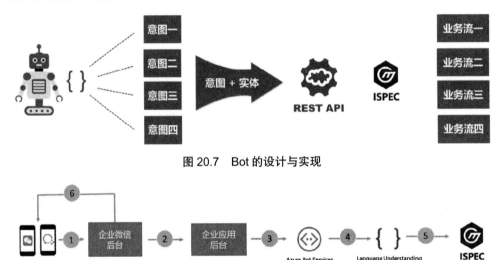

图 20.7　Bot 的设计与实现

图 20.8　Bot Framework 与 LUIS 协作流程

企业应用后台主要提供不同企业微信用户会话和 Bot 之间的会话桥接工作，企业应用后台会对微信用户发来信息判别是否为首次对话，如果是首次就通过 DirecetLine 建立和 Bot 的对话连接，并将连接保存在连接池中供下次后续对话使用，如果微信用户在 5 分钟内没发送消息，对话连接将断开。如图 20.9。

在手机微信端输入自然语言命令，通过微软的 LUIS 平台，识别用户命令的意图、提取实体参数。按照意图调用云平台中对应的 Datist 业务流程，并将参数传递给业务流程。

最后，返回给用户相应的查询报告。

创建好应用之后，小 G 开始进行测试工作，见图 20.10。

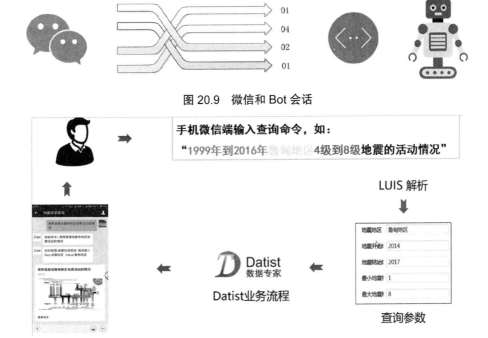

图 20.9　微信和 Bot 会话

图 20.10　智能助理工作流程

20.3.2　AI 接口开发与性能测试

Miss Grav 与 Quest & Answer 企业应用即为 LUIS 认知服务器与 QnA 问答服务接口。

1. 地震目录查询意图性能测试

按照地震三要素：时间、地点、震级，查询历史地震目录，结果返回震中分布图、M-T
图、N-T 图等（图 20.11）。

2. 全国电磁异常报告查询意图性能测试

查询全国范围内的电磁数据受干扰、产生异常的情况（图 20.12）。

3. 电磁相关性分析报告意图性能测试

查询一定范围内台站间电磁数据相关性分析报告，见图 20.13。

4. 高压线路相关电磁报告意图性能测试

查询某条高压直流输电线路对周边电磁台站数据的影响报告，见图 20.14。

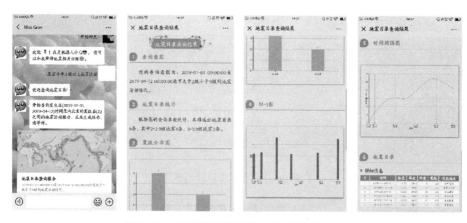

图 20.11　微信端地震目录查询意图测试结果

图 20.12　微信端全国电磁异常报告查询测试结果

图 20.13　微信端电磁相关性分析意图测试结果

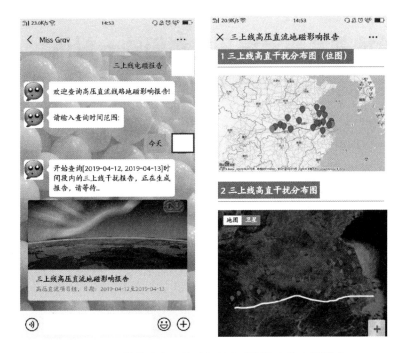

图 20.14　微信端高压线路相关电磁报告查询意图测试

20.4　小结

借助于微软的 LUIS 服务，数据专家云流程管理平台推出了我们自己的智能助理小 G。小 G 经过训练之后，以会话的方式，就能理解我们的意图，并调用对应流程返回给我们想要的结果，这样通过自然语句就能与计算机进行人机交互了。

流程服务的智能化，将用户的双手解放了出来。通过日常会话的模式，就能得到用户想要的结果，就像人与人互相交流那样容易，大大地简化了业务流程和工作步骤。

结语：给地震会商流程开发者们的一封信

——地震科研助手让地震人拥有翱翔的翅膀

让我们设想：如果，给你 5 天的时间，傻瓜式的移动鼠标，就给从事繁琐的流程化劳动的专业人士创造出一个"机器人"，帮助你去操控与组合各种软件完成开发，这样的开发场景……！如果，作为一位地震行业的科研工作者，收到地震短信后，来到震情会商室，坐下来，手机上微信铃声响起，一份专业的震情分析报告已经呈现在你的眼前，这样的工作场景……！自动化让工作变得简单，智能化让研究变得轻松，地震科研工作者可以用很少的时间从事更为高级的科技创新与开发，岂不美哉！现在，在地震行业，这些可能都不再是梦想……

一、我们的动机

——人工智能和"互联网 +"给地震人带来了解决瓶颈问题的新机遇

随着经济社会快速发展，最近十年来地震科技已经步入"数据密集型科技"时代，数据呈指数级增加的同时也对地震科研人员提出新的要求。"科研跟着地震跑，地震一来从晚忙到早"，或许已经成为了众多地震科研工作者们的真实写照。

时代的发展提示我们，如果不改变现有的地震信息处理模式，将越来越难满足地震监测预报的业务需求。一方面，信息化已全面渗透并正在深刻影响着地震监测预报的发展理念、发展方式，影响着地震监测预报业务的服务结构、服务模式和地震监测预报管理的工作方式；另外一方面，近些年来并行计算、人工智能、GPU 技术的长足进步，直接推动了自然语言处理（NLP）、大规模人工神经网络计算等智能化算法的发展，可以实现高效、自动处理信息数据。因此面向"十三五"，依托信息化建设，吸收大规模人工神经网络计算等先进技术，建立现代化与智能化地震会商技术系统，既是解决现有问题的需要，也是发挥现代科技优势，提高地震预测预报服务能力的关键所在。

监测预报是地震部门的核心业务，是防震减灾工作的重要基础。地震预测科技需要发展新思路、迈出新步伐。在设计之初，我们选择钱学森提出的"综合集成研讨厅"系统科学理论为基础，尝试通过现代化的信息技术来构建一套新型交互式会商技术系统，搭建一套从"定性"的知识到"定量"的模型之间相互沟通的桥梁。依托该系统，可以完成对地震定性知识经过分析转化成定量的模型，而定量的模型在专家们的思维下又转换成定性的知识，彼此相互促进，实现对认识震情发生规律机理的循环反复同时螺旋上升的过程。

地震会商技术系统核心内容包括：人机接口、流程体系和云平台三部分。通过梳理各级会商体系的业务需求，采用开放式、可视化方法建立模块化会商流程体系，在设计阶段分离业务技术实现与IT技术实现。实现预报人员深度参与会商系统开发过程，做到"能用、能建、能改"。计划通过5~10年的迭代式开发，实现现有四大类八小类会商体系的全部业务需求，并在此基础上形成智能流程调度，实现专家的"心智"与计算机的"智能"完美结合，实现支撑"数据—信息—知识—智慧"的全链条服务能力，更好地解决地震会商业务需求。

Questions：

a. 地震科研助手是什么？

地震科研助手是基于大数据和AI方式的智能化平台，现阶段基于"微信"接口提供服务，扫码关注即可。可以实现跨越数据源、异构类型的数据访问、自动化数据处理、分析和报告生成，以及基于自然语义的意图识别等功能，全面辅助科学研究，提高团队工作效率和智能化水平，7×24小时服务科研工作者。

b. 为什么要做这个助手？

地震科研助手是未来搭建地震会商技术系统的先导尝试，也是为地震科研和相关技术人员构建地震会商技术系统的"实验场"。通过这个开放的助手平台，开发者们可以不断优化业务需求、打磨软件实现，为日后形成业务能力做好技术储备。

c. 助手如何工作？

地震科研助手的人机接口部分现阶段通过"微信"企业号来提供服务，企业号与公众号不同之处在于，前者需要管理员进行审核认证，并通过后台操作来分配和控制用户权限级别，既能够有效地避免繁琐的输入密码流程，又能够强有力地保障企业信息资产安全。现阶段任何对地震科研有兴趣的人都可以通过"微信插件"和"企业微信"来使用该服务，不需要安装任何第三方APP。而助手的后台运行在云平台之上，通过开发者们精心设计的各种业务流程，每天自动化运行、智能化为用户提供满足不同人员专业需求的地震信息服务。

二、乐高式开发让梦想变为现实

——创造自己的机器人助手，让业务运行简单省力、地震人放飞自我

如果将地震预报业务定义为一种典型的科研型业务，那么地震会商技术系统就是服

务于科研型业务的专有工具。对科研型业务的软件框架设计要考虑需求不断变更时如何去适应新需求，因此在软件框架设计上就要尽可能灵活。如果暂时先抛开具体业务内容，从业务处理流程上看，科研型业务一般可以分为收集数据、处理数据和可视化数据三个步骤。如果把这些步骤都拆解为各种 IT 组件，再由业务人员来根据业务流程搭建起一个个具体应用。具体的编码预先都封装到每一个 IT 组件之中，那么即可以实现无代码编程。这不但可以降低对业务人员的程序设计要求，而且可以激发每人心中的创造性梦想。这个过程类似于乐高玩具的组装过程。我们相信即便是对于同一项业务需求，不同人会给出不同的实现方式，每人心中都会有自己的乐高梦想，而我们的开发工具就是帮助你实现这种梦想的途径。

从 2017 年以来，我们将这种新的开发理念和方法在系统内进行传播，先后培养开发人员上百人，辽宁局、安徽局、山西局、甘肃局、四川局、内蒙古局都成立了地震会商技术创新团队，一大批年轻人经已利用这一创新型技术实现了日常业务的自动化处理。在一定程度上，地震预报人员获取信息不再受空间、时间的限制，通过可视化的业务流程将分散的数据有组织地收集起来，并通过研发的数据处理流程，产出相应的图表、报告，将为预报员提供震情发展的定量化决策参考。据初步测算，这一方式大约可为科研人员在资料收集、数据处理、动手制图、撰写报告等方面节省 60% 的时间，科研人员利用这一时间增加了研究问题与创新的精力。

Questions：

a. 要开发需要什么准备？

如果看到这里你开始有兴趣或者在日常业务中也有自动化方面的需求，那么你可以考虑参加会商技术系统研发工作，成为一名乐高式开发者。如果要问需要准备什么，我想首先准备一台电脑，其他的不需要了，只要你有自如使用 Office 软件的计算机水平，那就足够操作这个开发工具了。

b. 如何成为"乐高"的玩家？

需要随时关注我们的培训通知，及时联系我们，加入我们的开发群，欢迎您成为开发者，为会商系统构建贡献自己的一份力量。

三、轻松软件互联解放你的思想

——互联网、物联网、IT 到 DT，你变得更忙了还是更轻松了

当今时代，不知道大家有没有一种感觉，每天起来需要学习的东西太多，新数据、新

概念、新方法不断涌现。在享受信息化给我们的生活带来便利的同时，毋庸质疑我们也已经深深地被各种无形的数据与工具所包围。数据获取方式方法正在飞速变革，大数据时代已经在我们身边。移动互联网正改变人们的生活方式，而新时代的科学研究者需要什么工具？在地学领域，各种专业工具空前繁盛，我们熟知的 GitHub 等一系列开源网站，可以满足你绝大部分的探索与学习欲望。学习、学习与学习，你要学的东西太多，新概念、知识与工具出现的速度总是比你学习的速度更快。

结合我自己多年来的科研与工作经历，在享受创新灵感迸发出来的喜悦与科研成果发表的收获之外，更多的时候自己仿佛更像是一个操作软件的机器。下载数据、整理数据、运行程序、提交任务、等待…等待、再下载数据，打开软件绘图、导出保存、插入到 Word/PowerPoint，汇报。常规的业务工作周而复始，自己已然变成了科研流水线上的工人，将大量的精力耗费在了流水线上。

有人说：计算机的出现不是解放人类，而是让我们更加辛苦。是的，这是过去，而随着时代的发展，现在不同了，人们开始了让数据工作。我们的会商系统就是未来典型的数据工作与数据决策"智能机器人"。

我们研发的地震会商技术系统在开发模式方面主要是通过构建一套自动化高级语言，来打造统一的平台系统开发标准，实现软件之间互联与集成的机制。在实践过程中，我们采用"敏捷式"开发理念，力图快速实现当前业务，并适应不断的需求变更。

三年多的实践过程中，我们总结了"五天式"开发模式，通过集中工作，快速解决现有业务需求。通过资深开发人员与初级开发人员的"一对一"对接来培养新人。当前已经初步实现了一套可以在服务端运行、结果推送到任意移动终端的软件基础框架，并遵循以下原则：业务与 IT 技术分离，打通数据管道，自动化数据获取与异常跟踪，智能化查询和应用。其核心目标可以概括为全面的自动化。

Questions：

a. 软件之间的互联机制是什么？

软件之间的互联机制是流程（DMS），通过组合各种功能节点，可以实现数据调取、清洗、推送给软件计算、回收结果、生成图表、报告等一系列操作，进而实现软件之间的互联。

b. 驱动软件运行的机制有哪几种？

现有三种方式可以调用流程来驱动软件运行，分别为：请求式、定时式和触发式。流程开发好后，用户可以上传流程到服务器，通过参数设置和接口配置，即可实现上述功能。

四、站在云端才能远望

——云平台时代的机遇与挑战

啥叫"云",也许大多数人可能不是很理解,但至少听说过。以前我们开发需要使用自己的计算机,程序弄好了可以放到服务器。但程序越来越多、需求越来越多,自己的计算机和服务器就不够了,这时候有人想如果能放到别人的机群上就好了,但是管理机群也麻烦。随着虚拟化技术的进步,实现了安装操作系统就像安装软件一样,云概念也就应运而生,其实可以将云平台理解为一种高级版本的虚拟主机。那将自己的程序放到云端运行有啥好处——就两个字"省事"。

按照防震减灾"十三五"信息化规划要求,需要初步实现我国防震减灾信息化建设的"数据资源化、应用云端化、服务智能化"总体目标。在我们的系统设计中,云平台资源是支撑流程运行、提供计算等服务的载体。云平台计算能力的大小直接与人机结合的程度有关。高性能的云平台计算资源可以实现更加快速的模型计算和更加定量化的震情分析能力。云平台资源应具备业务调度及负载均衡能力,根据业务等级和类别来决定系统计算能力的分配问题。经过认证的流程,可以部署到云平台运行,为已授权用户提供服务。

与云平台对接的设计是在微信与网页前端提供交互式的人机接口,通过可视化流程设计技术不断提高业务人员设计效率,扩充流程数量形成方法与技术体系;云平台资源将直接决定后期用户体验,而其运行状态可以实时在线监控。

Questions:

a. 云平台在哪里?

现阶段二测灾备中心已经为"地震科研助手"的运行提供了30台高性能虚拟主机的支持。

b. 怎么申请云平台资源?

任何系统内的业务人员都可以加入我们的开发者队伍,成为会商技术平台及相关业务的构建者,符合我们的开发技术要求,即可以申请云平台资源。

五、未来的梦想（中国梦,地震预报梦）

——梦想还是要有的,万一要实现了呢?

依据中国地震局业务体制改革总体方案要求,针对地震预测预报业务顶层设计,需要进一步强化预报、科研、观测、服务的互动。采用"大数据"和"人工智能"技术,来研发地震分析会商技术系统。我们深信:全新的地震会商技术系统将改变未来预报员的工作方式，或者说会商技术系统实现的计算机协同技术将产生一种新的工作理念与新的人机协同工作模式，最终形成新的地震预报科研生态系统。

地震会商技术系统的建设与发展在不同时期需要融合不同的技术手段，但核心永远是服务于地震会商业务发展。我们的设想分为三期：

在建设与发展初期，通过技术培训方法，培养系统内既懂业务又有开发热情的青年骨干分析预报人员参与建设。通过培养"开发者"模式，建立一套可以用于分享开发经验的开发者社区系统，并建立一套具备可以分享业务流程实现方法的"流程商店"系统。这一阶段的核心目标是建立开发者团队，打通各种数据流通道，实现数据获取的自动化，让数据到信息的转化更加快速、便捷，对于优秀的开发者应给予一定的项目资助，让其有动力推进科研型成果到实用化技术的快速孵化。

在建设与发展中期，注重引入各学科经过认证的成熟模型方法到平台系统，开发基于多种观测资料的数据同化处理技术，加强相关领域最新成果引进吸收，邀请相关领域专家学者深度参与震情会商，同时强化分析会商技术方法的严格检验，既重视回溯性检验、更重视前瞻性检验，努力提升预测预报业务水平和综合能力。让模型方法的应用，对于分析预报人员在使用上零成本，让人类的"性智"与计算机的"高性能"实现有机结合，利用该平台系统可以快速验证各种定性分析思路，通过改进模型参数又可以快速测试新想法、提高分析预报人员对震情的认识水平。

在建设与发展后期，形成覆盖各级会商业务和学科之间的"流程体系"，开发者团队快速处理各种业务逻辑变更和承担系统运维任务，建设重点是全面引入"大数据"和"人工智能"技术，通过语义识别和意图分析方法，来匹配用户需求和流程应用，实现具备交互式能力的自动化向智能化平台系统的转变，全面实现"人机结合，以人为主"的发展目标，让会商技术系统成为预报人员的智能助手。

地震分析预报会商技术系统规划，核心目标是实现地震预报的数字化、信息化、智能化与智慧决策。结合现阶段的发展，建议分为三步走：第一步完成地震预报数据治理，形成完整的数据体系；第二步构建智慧地震分析预报会商技术系统，完成地震会商技术平台研发、打造地震会商技术系统开发新模式；第三步实现地震科学预报的智慧决策，实现人机结合，服务于预报业务和科研人员的尝试。主要技术是地震会商技术、方法、模型与人工智能、大数据分析技术有机结合。

当然上述还有很多目标现在看来还只是梦想，能走多远我们并不知道，但是谁没有梦想呢，我们相信有梦想就有希望。

序号	节点分类	页码
1	数据源节点	319
2	Redis 缓存节点	320
3	制作报告节点	321
4	协作运行节点	322
5	场景设计节点	323
6	数据发布节点	323
7	数据可视化节点	324
8	数据库与质量控制节点	325
9	格式转换节点	326
10	空间分析节点	327
11	经典算法节点	328
12	脚本工具节点	329
13	行列计算节点	330

图　标	名　称	描　述
1. 数据源节点		
	表格数据	内部特殊应用，将特定节点输出的数据作为临时的数据源
	数据录入	提供文本录入框，录入文本作为数据源；支持将文本劈分成多行
	节点分析	对节点使用情况进行统计分析
	接入数据库	直连方式（不需驱动），接入 DB2、FirebirdClient、MS Access、MySQL、ODBC、OLE DB、Oracle、OracleClient、PostgreSQL、SQL Server、SQLite 等数据库
	TXT	接入文本文件，支持分隔符分隔格式和固定列宽格式
	TXT+	读入多个文本文件，支持分隔符分隔格式和固定列宽格式
	Excel	接入 Excel 表单数据，支持 xls、xlsx 两种格式
	PDF	接入 PDF 中数据表
	扫描目录	扫描本地目录，将文件目录信息引入到流程中
	Word	接入 Word 中数据表
	智能解析	从多个 Excel 报告中，提取需要的数据项；支持报告任意的样式
	Excel 扩展	从多个 Excel 报告中，提取图片、文本框的内容

续表

1. 数据源节点		
图　标	名　称	描　述
	截图	黑科技，获取所有编辑器的截图
	扫描 FTP	扫描 FTP 服务器，将文件目录信息引入到流程中
	栅格文件	将栅格文件加载至流程中
	接图表	根据指定的坐标范围及比例尺，输出地形图接图数据表
	空间数据	支持 ArcGIS、AutoCAD、DLG、GML、GeoJSON、GeoMap、Google Earth、GPS、LandXML、LiDAR LAS、MapInfo、MicroStation、OpenStreetMap、SDTS、SQL Layer 等
	网页抓取	录制宏，抓取网页内容
	WIS	接入测井数据体 (WIS 格式)，提取曲线道、表格及流等数据

2. Redis 缓存节点		
图　标	名　称	描　述
	读云缓存	从 Redis 服务器缓存取数据
	写云缓存	向 Redis 服务器缓存前节点的数据
	RedisKeys	获取 Redis 数据
	RedisData	获取 RedisData

续表

2. Redis 缓存节点		
图　标	名　称	描　述
	RedisWrite	向 Redis 发数据

3. 制作报告节点		
图　标	名　称	描　述
	浏览数据	以二维表的形式输出数据
	透视表	以透视表的形式输出数据
	PPT 拆分	将 PPT 文档拆分成单页
	Word 合并	将节点输出的 Word 表单，合并成一个文件
	Excel 合并	将前节点输出的 Excel 表单，合并成一个文件
	XLS 模板	基于已有 Excel 报告，依据单元格值关系，自动创建报告模板
	Word	以模板方式，将数据输出 Word 中，可插入文本、图片、表单、Excel 表单等内容
	Excel	将数据输出 Excel 中，支持模板，可插入文本、图片等内容
	PDF 合并	将前节点中的文档，合并成一个 PDF 文件
	PPT	以模板方式，将数据输出 PPT 中，可插入文本、图片、表单、Excel 表单等内容
	PPT 合并	将前节点输出的 PPT，合并成一个文件

续表

3. 制作报告节点		
图 标	名 称	描 述
	SVG	使用 SVG 模板，输出图形
	HTML 表格	通过模板生成 HTML 表格
	浏览报告	通过 MarkDown 技术，将数据以报告形式展现
	HR 准备	为 HR 渲染节点（HTMLRender）准备数据，将前节点中的流数据组织成章节片断；需以流数据为基础
	HR 渲染	将 HR 章节片断渲染成 HTML 报告

4. 协作运行节点		
图 标	名 称	描 述
	关联数据源	将数据源定向到指定节点，数据与指定节点数据相同
	更新变量	从节点中取值，赋值给流程变量
	先导流程	运行指定流程中的所有默认输出节点（本流程变量具有穿透能力），输出流程运行结果
	数据源切换	在多个流程之间进行切换。该节点有多个输入，通过该节点指定一个作为后续节点的数据源
	流程调度	IF/FOR，选择性运行指定流程中的所有默认输出节点
	ForEach	为文件收集器、顺序运行器、条件运行器提供循环入口
	条件通道	满足条件时，前流程可用

	4. 协作运行节点	
图　标	名　称	描　述
	暂停	等待一段时间，再执行流程
	流程穿越	某流程的"数据浏览"节点穿越到当前流程中；运行过程中，本流程参数也具有穿越能力
	条件运行器	根据指定的条件运行节点
	文件收集器	将节点输出的文件流，整合入库
	IF 设置	为文件收集器、顺序运行器、条件运行器提供条件入口
	顺序运行器	运行节点，并向后流转前节点的数据

	5. 场景设计节点	
图　标	名　称	描　述
	文本框	文本框，可以用于显示背景性的文字

	6. 数据发布节点	
图　标	名　称	描　述
	注释	记载临时想法，不进行任何计算
	数据库备份	备份数据库中的多张数据表
	写入数据库	将数据表写入数据库中，支持 Oracle、SQL Server、MySql、Access、DB2、Postgresql、Firebird、dBASE、SQLite、FoxPro 等数据库
	写入 MySql	极速，将数据表写入数据库中，目前支持 MySql 数据库

续表

6.数据发布节点		
图 标	名 称	描 述
☁	数据项转存	将文本、BLOB、网络地址数据项转存为单个文件
▯	保存为文件	输出数据表,支持 Excel、Word、HTML、PDF、XML 等多种格式
↓	FTP 下载	在线查看、批量下载 FTP 文件
↑	FTP 上传	FTP 上传文件
SCP	SCP	使用 SCP 协议,安全拷贝
@	发邮件	将数据处理的结果发送至特定的邮箱
▤	ZIP 压缩	文件收集器的跟班,打包压缩文件流生成 ZIP 文件,保存到磁盘中或向后流转
↓	存空间文件	输出空间数据,支持 ArcGIS、AutoCAD、GML、GeoJSON、Google Earth、GPS、MapInfo 等多种格式
👆	消息步骤	在运行报告栏中,输出一条进度日志信息
💬	发微信	将数据处理的结果发送至指定的微信帐号

7.数据可视化节点		
图 标	名 称	描 述
◉	统计图	绘制柱状图、条形图、饼图、折线图、散点图、面积图等常用统计图
◉	统计图 2	自定义统计图

续表

图　标	名　称	描　述
7. 数据可视化节点		

图　标	名　称	描　述
	区域分布	生成按区域划分的颜色渲染专题地图
	力引导	以力引导图的形式展示关系数据
	树状图	以树状的形式展示层级数据
	矩形树图	以矩形树图的形式展示层级数据，如产量构成
	热力图	以特殊高亮的形式显示热衷的区域
	地理热力图	热力图与地理图相结合
	桑基图	以桑基图的形式展示关系数据
	JsChart	通过 JS 脚本定义 EChart 图形，进行数据可视化
	WebMap	在线地图，在百度地图、谷歌影像上展示数据
	词云图	词云图，反映热点词汇
	地理图	显示渲染空间数据

图　标	名　称	描　述
8. 数据库与质量控制节点		

图　标	名　称	描　述
	数据库查找	在数据库中指定的数据表里，查询找到包含某值的表和字段
	数据库运行	将前节点运行逻辑组织成 SQL 语句，由数据库执行

续表

	8. 数据库与质量控制节点	
图 标	名 称	描 述
	数据表计数	统计数据库中，指定数据表的记录数
	数据库抽样	从数据库里指定数据表中，抽取一定数量的数据项
	数据匹配度	检查多个数据表中字段的匹配程度
	字段名配对	对多个数据表中字段名进行配对分析
	同值匹配度	检查多个数据表中，相同值条件下，字段的匹配程度
	探索分析	通过计算统计量、绘制相关图件，对数据探索分析

	9. 格式转换节点	
图 标	名 称	描 述
	SQL 查询	提供写 SQL 脚本的方式处理数据
	解析 JSON	解析 JSON 数据体
	生成 JSON	将数据转换为 JSON 数据格式
	数据源面板	将数据字典预处理接入数据源面板
	格式转换	将文件数据体转换为特定的文件格式
	文件操作	剪切、复制文件

图　标	名　称	描　述
	10. 空间分析节点	
	缓冲区	计算图元的缓冲区
	等值线	通过数值列创建空间趋势线
	创建点图元	通过数值列创建空间点图元
	密度聚类	DBSCAN 算法，基于密度的点要素空间聚类算法，用于寻找被低密度区域分离的高密度区域
	距离	计算两个图元之间的距离
	简化图元	减少多边形或折线中的端点数
	投影变换	GIS 投影系统变换
	投影变换	GIS 投影系统变换
	权重多边形	空间影响因子
	线合成面	通过拓扑关系，将线合成面
	最近图元	从多个图元中找出最近的图元
	创建多边形	通过点图元创建多边形或折线
	区块筛选	计算点坐标所属性区块名称
	面劈分	一个面劈分另一个面，可用于矿权面积统计、储量面积劈分

续表

10. 空间分析节点

图　标	名　称	描　述
	平滑图元	对图元进行平滑
	图元信息	计算图元的面积、周长、中心点等空间信息
	空间匹配	根据空间关系匹配图元，支持相交、接边、包含等
	图元交并补	求两个图元之间的交集、并集、补集以及异或集
	网格化	提供反距离加权插值、克里格插值、多项式插值等算法，创建栅格文件

11. 经典算法节点

图　标	名　称	描　述
	决策树	一种树形结构，其中每个内部节点表示一个属性上的测试，每个分支代表一个测试输出，每个叶节点代表一种类别
	EDA	试探性数据分析
	时间序列	将同一统计指标的数值按其发生的时间先后顺序排列而成的数列
	系统聚类	是将每个样品分成若干类的方法
	动态聚类	以空间中 k 个点为中心进行聚类，对最靠近它们的对象归类
	邻近算法	如果一个样本在特征空间中的 k 个最相邻的样本中的大多数属于某一个类别，则该样本也属于这个类别，并具有这个类别上样本的特性
	线性回归	用线性回归方程对一个或多个自变量和因变量之间关系进行建模

续表

	11. 经典算法节点	
图　标	名　称	描　述
	逻辑回归	用逻辑回归方程对一个或多个自变量和因变量之间关系进行建模
	关联规则	关联规则挖掘属于无监督学习方法，它描述的是在一个事物中物品间同时出现的规律的知识模式
	朴素贝叶斯	一种基于独立假设贝叶斯定理的简单概率分类器
	神经网络	试图模仿大脑的神经元之间传递，处理信息的模式
	关联准备	为关联规则分析准备数据
	随机森林	利用多棵树对样本进行训练并预测的一种分类器
	广义回归	广义线性模型，包括线性回归、逻辑回归、泊松回归、逆高斯回归、伽马回归等若干种
	SVM	支持向量机 SVM(Support Vector Machine)是一个有监督的学习模型，通常用来进行模式识别、分类、以及回归分析
	分词字典	生成分词字典
	词频统计	统计文本中词组的频率

	12. 脚本工具节点	
图　标	名　称	描　述
	SSH	使用 SSH 协议，远程控制计算机并执行命令
	Bas	通过自定义 Bas 脚本方式处理数据

续表

12. 脚本工具节点		
图　标	名　称	描　述
	CMD	运行 Windows 批处理命名，处理数据
	接口函数	调用外部 DLL 文件中的静态函数，返回运行结果
	通用接口	将数据推送给 DLL 或指定的流程中，实现外部平台、系统的接入
	数据引擎	用户自定义数据读取引擎，读入数据
	脚本处理	通过自定义 C# 脚本方式处理数据
	GMT	运行 GMT，处埋数据
	Python	通过自定义 Python 脚本方式处理数据
	脚本数据	通过自定义 C# 脚本方式解析文件，实现文件的接入
	C#	通过自定义 C# 脚本方式处理数据
	微服务	调用 RESTful API 处理数据
	DS API	调用 RESTful API 处理数据，需要满足 Datist 节点 RESTful 接入规范

13. 行列计算节点		
图　标	名　称	描　述
	行筛选	从数据中，挑选出符合条件的行
	汇总	按指定条件，对数据进行分组汇总，支持求和、均值、最值、合并字符串等

续表

	13. 行列计算节点	
图　标	名　称	描　述
	定制汇总	按指定条件，对数据进行分组汇总，用户需要定义汇总条件等
	追加	将多个流程的数据追加成一个数据
	条件分组	根据开始条件、结果条件，对记录进行筛选
	列劈分	将单列劈分成多个列
	新列	在数据表中新增一列数据
	补全列	如果前面指定的列不存在，将创建指定的列
	多列	在数据表中新增多列数据
	去重	从数据中，删除重复的行
	值偏移	将邻近行的值，赋值指定的列中
	列序	调整数据表中列的顺序
	列劈成行	将多列数据劈分后，转存到一列
	条件替换	替换数据表中某列的值
	列过滤	删除或重命名数据表中的列
	批量提取	根据指定的语法，提取文本字符

续表

13. 行列计算节点		
图　标	名　称	描　述
	逐行替换	按行为单位，替换数据项中的文本
	智能分组	通过计算字符串的相似度，对记录进行分组
	联合	按指定条件，将多个来源的数据合并成一个数据
	汇总转列	汇总后，将某列数据项翻转成多个新列
	向上取值	将指定条件的数据项，替换成之前不符合条件的值，一般用于补充空行值
	行列转换	行列转换，最多支持 255 行
	累加器	对某列数据进行累计计算
	行数据劈分	按同一规则拆分记录中的数据项。拆分后，每个数据项的第一个拆分结果组成第一条记录；第二个组成二条记录……
	定量筛选	从数据中，挑选出一定数量的行
	补充序列	汇总节点的小跟班，向数据表中添加多条记录，从而保证数列的完整性
	交并补	多个数据表之间的集合运算
	行序	按指定方式，对数据进行排序
	同义词	规范化字段的表达方式
	打标签	通过相似度，对文本进行打标签

续表

13. 行列计算节点		
图 标	名 称	描 述
	归位器	对二维表中的值进行归位处理，适用智能解析结果的列值归位
	数据分栏	对数据进行分栏处理，最多支持 5000 行
	分栏合并	合并分栏数据

序号	函数分类	页码
1	字符串函数	335
2	转换函数	343
3	类型函数	344
4	文件相关函数	344
5	位运算函数	345
6	统计函数	345
7	列表函数	347
8	数值函数	350
9	三角函数	352
10	日期与时间	353
11	辅助类函数	357
12	批处理命令	358
13	逻辑函数	358
14	地理信息类函数	361
15	多用途函数	365
16	HTML 相关函数	371
17	图像处理类函数	373

1. 字符串函数			
函数	返回值	参数	说明
like	Boolean	0	相似模式匹配比较，不区分大小写。它左边包含被匹配的字符串，右边是一个匹配模式。在匹配模式中，% 匹配字符串中任意 0 个或多个字符，_ 仅匹配一个任意的字符
like escape	String	0	使用 escape，定义转义字符，转义字符后面的 % 或 _ 就不作为通配符了。例如：username like '%xiao_%' escape '\'，字符 \ 为转义字符
not like	Boolean	0	不相似模式匹配比较，不区分大小写。它左边包含被匹配的字符串，右边是一个匹配模式。在匹配模式中，% 匹配字符串中任意 0 个或多个字符，_ 仅匹配一个任意的字符
AllButFirst(STRING,LEN)	String	2	返回 STRING 的子字符串，除去字符串 STRING 开始的 LEN 个字符
AllButLast(STRING,LEN)	String	2	返回 STRING 的子字符串，除去字符串 STRING 结尾的 LEN 个字符
AlphaBefore(String,BaseString)	Boolean	2	用于检查字符串的数字字母顺序。如果 STRING 在 BaseString 之前，则返回真值
CharCommon(STRING1,STRING2)	Integer	2	对比两个字符串，返回公共的字符数
CharCommon(STRING1,STRING2,Bool Step)	Integer	3	对比两个字符串，返回公共的字符数；Step 为真时，按位比较
Count_SubString(STRING,SUBSTRING)	Integer	2	返回字符串中指定字符串出现的次数。例如，count_substring（"foooo.txt"，"oo"）返回 3
Count_SubString(STRING,N, SUBSTRING)	Integer	3	返回字符串中指定字符串出现的次数。N 为搜索起始位置，其中 N 从 0 开始计数
EndString(STRING,LEN)	String	2	返回 STRING 的子字符串，包括字符串 STRING 的最后 LEN 个字符。与 RightStr(STRING,LEN) 相同
EndsWith(STRING,SUBSTRING)	Boolean	2	如果 STRING 以 SUBSTRING 结束，返回真 (1)，否则返回假 (0)
F(FormatString)	String	1	Format 函数的简化版，用 { 变量 : 格式 } 代替原有的 {0} 占位方式，如：F（'{ 列 1:F2}{ 列 2:N1}'）用法可参考 C# 的 $ 格式化函数
Format(FormatString,Item1,Item2...)	String	-1	将指定 Item 转换为字符串。如：Format（"{0} 井 {1:yyyy-MM-dd}~{2:MM-dd} 生产曲线",Xi33,2013-5-1,2013-7-1)
GetChinese(Item)	String	1	获取字符串中的所有中文

续表

1. 字符串函数			
函数	返回值	参数	说明
HasChars(STRING,CHARS)	Boolean	2	检查字符串 STRING 中是否包含 CHARS 定义的字符，包含 CHARS 中任意字符返回真（1）
HasEndString(STRING,SUBSTRING)	Boolean	2	如果 STRING 以 SUBSTRING 结束，返回真 (1)，否则返回假 (0)
HasMidString(STRING,SUBSTRING)	Boolean	2	如果 STRING 中包含 SUBSTRING，且 SUBSTRING 不以 SUBSTRING 开始或结束，返回真 (1)，否则返回假 (0)
HasStartString(STRING,SUBSTRING)	Boolean	2	如果 STRING 以 SUBSTRING 开始，返回真 (1)，否则返回假 (0)
HasSubString(STRING,SUBSTRING)	Boolean	2	如果 STRING 中包含 SUBSTRING，返回真 (1)，否则返回假 (0)
HasSubString(STRING,N,SUBSTRING)	Boolean	3	如果 STRING 中包含 SUBSTRING，返回真 (1)，否则返回假 (0)，N 为搜索起始位置，其中 N 从 0 开始计数
HasSubStringsAND(STRING,SUBSTRING1,SUBSTRING2,⋯)	Boolean	-1	如果 STRING 中包含 SUBSTRING1 并且包括 SUBSTRING2 并且⋯⋯，返回真 (1)，否则返回假 (0)
HasSubStringsOR(STRING,SUBSTRING1,SUBSTRING2,⋯)	Boolean	-1	如果 STRING 中包含 SUBSTRING1 或者包括 SUBSTRING2 或者⋯⋯，返回真 (1)，否则返回假 (0)
IndexOf(STRING,SUBSTRING)	Integer	2	字符串定位，返回 SUBSTRING 在 STRING 中第一个匹配的位置 (第一个字符位置为 1)。如果两个字符串不匹配返回 0
IndexOf(STRING,N,SUBSTRING)	Integer	3	字符串定位，返回 SUBSTRING 在 STRING 中位置 N 之后的第一个匹配位置 (第一个字符位置为 1)。如果两个字符串不匹配返回 0
InsertString(String,Id,InsertString)	String	3	向 String 中指定的位置（ID），插入 InsertString 字符串
InsertStringByWidth(String,width,InsertString)	String	3	在 String 中每隔 Width 的长度，插入 InsertString 字符串（汉字为两个字符）
IsMatch(String, RegexString)	Boolean	2	如果正则表达式匹配，返回真 (1)，否则返回假 (0)
IsMatch(String, RegexString, RegexOptions)	Boolean	3	如果正则表达式匹配，返回真 (1)，否则返回假 (0)。RegexOptions 用于设置正则表达式选项的枚举值。例如：IsMatch（"ASDV"，"^[a-z]+$"，"Compiled | IgnoreCase"）选项值有：None,Compiled,CultureInvariant,ECMAScript,ExplicitCapture,IgnoreCase,IgnorePatternWhitespace,Multiline,RightToLeft,Singleline

续表

函数	返回值	参数	说明
JoinItems(SplitChar,item1,Item2,……)	String	-1	将多个字段内容合并成一个字符串
JoinItems2(SplitChar,item1,Item2,……)	String	-1	将多个字段内容合并成一个字符串。区别于 JoinItems 函数，JoinItems2 合并时忽略空值
JsonListItemValues(String JsonText,String KeyName)	String	2	从简单 Json 列表中，取指定的属性值列表，元素之间以；分隔
JsonObjectValue(String JsonText,String PathName)	Any	2	从 Json 对象中取指定的属性值，PathName 支持路径，如：routes[0].legs[0].distance.text
JsonValue(String JsonText,String KeyName)	String	2	从 Json 对象中取指定的属性值，KeyName 为关键字名称
JsonValue(String JsonText,String KeyName,String SplitChars)	String	3	从 Json 对象中取指定的属性值，KeyName 为关键字名称，SplitChars 为输出分隔符
LastIndexOf(STRING,SUBSTRING)	Integer	2	返回子字符串的位置，从后向前匹配 SUBSTRING 在 STRING 中位置。如果两个字符串不匹配返回 0
LastIndexOf(STRING,N,SUBSTRING)	Integer	3	返回子字符串的位置，从后向前匹配 SUBSTRING 在 STRING 中位置（N 为从后向前计数的位置）。如果两个字符串不匹配返回 0
LCS(STRING1,STRING2)	String	2	LCS (Longest Common Subsequence) 算法用于找出两个字符串最长公共子串
LeftStr(STRING,LEN)	String	2	返回 STRING 的左边 N 个字符串
Length(STRING)	Integer	1	如果参数 STRING 为字符串，则返回字符的数量，如果为数值，则返回该参数的字符串表示形式的长度，如果为 NULL，则返回 NULL
LengthB(STRING)	Integer	1	返回文本的字节长度，中文为两个字节，字母为一个字节
Lower(STRING)	String	1	返回函数参数 X 的小写形式，缺省情况下，该函数只能应用于 ASCII 字符
ltrim(STRING)	String	1	删除 STRING 左边所有空格
ltrim(String,Chars)	String	2	删除 String 左边所有空格及 Chars
Match(String,RegexString)	String	2	正则表达式匹配，返回第一个匹配结果
Match(String, RegexString, RegexOptions)	String	3	正则表达式匹配，返回第一个匹配结果。RegexOptions 用于设置正则表达式选项的枚举值。例如：Match（"ASDV"，"[a-z]+"，"Compiled	IgnoreCase"）选项值有：None,Compiled,CultureInvariant,ECMAScript,ExplicitCapture,IgnoreCase,IgnorePatternWhitespace,Multiline,RightToLeft,Singleline

1. 字符串函数			
函数	返回值	参数	说明
Matches(String,RegexString)	List	2	正则表达式匹配，返回字符串列表
Matches(String, RegexString, RegexOptions)	List	3	正则表达式匹配，返回字符串列表。RegexOptions 用于设置正则表达式选项的枚举值。例如：Matches（"$ASDV@ad"，"[a-z]+"，"Compiled | IgnoreCase"）选项值有：None,Compiled,CultureInvariant,ECMAScript,ExplicitCapture,IgnoreCase,IgnorePatternWhitespace,Multiline,RightToLeft,Singleline
MatchGroup(String,RegexString,GroupName)	String	3	分组正则表达式匹配，返回第一个匹配结果
MatchGroup(String, RegexString, GroupName, RegexOptions)	String	4	分组正则表达式匹配，返回第一个匹配结果。RegexOptions 用于设置正则表达式选项的枚举值。例如：MatchGroup（"关井油压 5.7MPa，套压 8.2MPa。"，"油压 (?<GN>[0-9]+(\.[0-9]+){0,1})"，"GN"，"Compiled | IgnoreCase"）选项值有：None,Compiled,CultureInvariant,ECMAScript,ExplicitCapture,IgnoreCase,IgnorePatternWhitespace,Multiline,RightToLeft,Singleline
MatchGroup(String,RegexString,GroupName)	List	3	分组正则表达式匹配，返回字符串列表
MatchGroups(String, RegexString, GroupName, RegexOptions)	List	4	分组正则表达式匹配，返回字符串列表。RegexOptions 用于设置正则表达式选项的枚举值。例如：MatchGroup（"关井油压 5.7MPa，套压 8.2MPa。"，"油压 (?<GN>[0-9]+(\.[0-9]+){0,1})"，"GN"，"Compiled | IgnoreCase"）选项值有：None,Compiled,CultureInvariant,ECMAScript,ExplicitCapture,IgnoreCase,IgnorePatternWhitespace,Multiline,RightToLeft,Singleline
NewLine()	String	0	回车字符
Padc(STRING,LEN)	String	2	字符串两端补全，返回一个长度为 LEN 的字符串，在 STRING 两端增加多个空格，使其长度为 LEN。当原有字符串的长度大于 LEN 时，返回原有 STRING
Padl(STRING,LEN)	String	2	左边字符串补全，返回一个长度为 LEN 的字符串，在 STRING 左边增加多个空格，使其长度为 LEN。当原有字符串的长度大于 LEN 时，返回原有 STRING
Padl(STRING,LEN,Char)	String	3	左边字符串补全，返回一个长度为 LEN 的字符串，在 STRING 左边增加多个 Char，使其长度为 LEN。当原有字符串的长度大于 LEN 时，返回原有 STRING

续表

1. 字符串函数			
函数	返回值	参数	说明
Padr(STRING,LEN)	String	2	右边字符串补全，返回一个长度为 LEN 的字符串，在 STRING 右边增加多个空格，使其长度为 LEN。当原有字符串的长度大于 LEN 时，返回原有 STRING
Padr(STRING,LEN,Char)	String	3	右边字符串补全，返回一个长度为 LEN 的字符串，在 STRING 右边增加多个 Char，使其长度为 LEN。当原有字符串的长度大于 LEN 时，返回原有 STRING
Proper(STRING)	String	1	首字母大写，将文本字符串 STRING 的首字母转换成大写，将其余的字母转换成小写
RemoveBetweenS(STRING,StartSubString,EndSubString)	String	3	删除 STRING 中 StartSubString-EndSubString 之间的字符
RemoveBreakAndSpace(STRING)	String	1	删除字符串中的回车、中英文空格、制表符
RemoveChars(STRING,Chars)	String	2	从字符串 STRING 中，删除所有 Chars 字符
RemoveChinese(Item)	String	1	删除字符串中的所有中文
RemoveHiddenCharacters(STRING)	String	1	删除文本中所有不可见字符
RemoveLineBreak(STRING)	String	1	删除文本中所有的换行符
ReplaceLineBreak(STRING,RepString)	String	2	用 RepString 替换文本中所有的换行符
RemoveMinLine(String,Length)	String	2	删除文本中的长度小于 Length 的行
RemoveRedundantSpace(STRING)	String	1	将字符串中的多个空格替换成一个空格
RemoveRept(STRING,CHAR)	String	2	删除重复字符
RemoveStrings(STRING,STRING1,STRING2,…)	String	-1	从字符串 STRING 中，删除字符串 STRING1，STRING2……
Replace(String, OLD_STRING1, NEW_STRING1, OLD_STRING2, NEW_STRING2...)	String	-1	字符串替换，用 NEW_STRING1 替换 OLD_STRING1，用 NEW_STRING2 替换 OLD_STRING2……
ReplaceBetweenS(STRING,StartSubString,EndSubString,ReplaceString)	String	4	用 ReplaceString 替换 STRING 中 StartSubString-EndSubString 之间的字符
ReplaceReg(String, RegexString, RepString)	String	3	根据正则表达式，替换指定的匹配内容
ReplaceReg(String, RegexString, RepString, RegexOptions)	String	4	根据正则表达式，替换指定的匹配内容。RegexOptions 用于设置正则表达式选项的枚举值。例如：ReplaceReg（"$ASDV@"，"[a-z]+"，"dsdfs"，"Compiled|IgnoreCase"）选项值有：None，Compiled,CultureInvariant,ECMAScript,ExplicitCapture,IgnoreCase,IgnorePatternWhitespace,Multiline,RightToLeft,Singleline
Rept(STRING,N)	String	2	复制字符串，返回一个包括 N 个 STRING 的字符串

1. 字符串函数			
函数	返回值	参数	说明
Reverse(STRING)	String	1	字符串反序，返回与 STRING 字符顺序相反的字符串
RightStr(STRING,LEN)	String	2	返回 STRING 的右边 N 个字符串
rtrim(STRING)	String	1	删除 STRING 右边所有空格
rtrim(String,Chars)	String	2	删除 String 右边所有空格及 Chars
SimpleString(STRING,LEN)	String	2	返回 STRING 的子字符串，包括字符串 STRING 开始的 LEN 个字符，与 StartString 相似，末端有……标记
SpaceNormal(String Text)	String	1	将任何空白字符转换为空格，例如空格符、制表符和进纸符等。（注：效率较慢）
SplitString(String,SplitChars)	String	2	用 SplitChars 分隔 String 中的每个字符
SplitText(String)	String	1	对文本进行中文分词，采用双向最大匹配法；多个词组之间以分号间隔
SplitText(String,DictID)	String	2	对文本进行中文分词，采用双向最大匹配法,DictID 为字典的 ID
SplitText(String,DictID,OnlyInDict)	String	3	对文本进行中文分词，采用双向最大匹配法,DictID 为字典的 ID,OnlyInDict 布尔型，为真输出字典中的值
SplitText(String,DictID,OnlyInDict,Length Asc)	String	4	对文本进行中文分词，采用双向最大匹配法,DictID 为字典的 ID,OnlyInDict 布尔型，为真输出字典中的值；LengthDsc 输出结果按长度排序，True 为正序,False 为倒序
sscanf(String,Format)	String	2	读取指定格式的数据。其中 Format 可以是 %[*][width]type，加 * 表示跳过此数据不读；width 表示读取宽度；type 表示类型 c 为一个字符，d 为整数，f 为实数,s 为多个任意字符；例如 %s,%*3s 等
sscanf(String,Format,SplitChar)	String	3	读取指定格式的数据。其中 Format 可以是 %[*][width]type，加 * 表示跳过此数据不读；width 表示读取宽度；type 表示类型 c 为一个字符，d 为整数，f 为实数,s 为多个任意字符。SplitChar 为输出连接字符
StartString(STRING,LEN)	String	2	返回 STRING 的子字符串，包括字符串 STRING 开始的 LEN 个字符。与 LeftStr(STRING,LEN) 相同
StartsWith(STRING,SUBSTRING)	Boolean	2	如果 STRING 以 SUBSTRING 开始，返回真 (1)，否则返回假 (0)

1. 字符串函数			
函数	返回值	参数	说明
StartsWithOR(STRING,SUBSTRING1,SUBSTRING2,…)	Boolean	-1	如果 STRING 以 SUBSTRING1 或者 SUBSTRING2 或者……开始，返回真 (1)，否则返回假 (0)
StateName(string Names,bool state1,bool state2…)	String	-1	状态转化为名称。如 StateName（'苹果；梨；枣；核桃；板栗',false,true,false,true），则输出：'梨，核桃'
StrFilter(String,SubString)	String	2	字符串过滤，在 String 中过滤出所有 SubString，删除 String 中所有不等于 SubString 的字符串
StringCompare(STRING,STRING)	Integer	2	两个字符串比较
SubStr(STRING,N)	String	2	返回函数参数 STRING 的子字符串，从第 N 位开始 (STRING 中的第一个字符位置为 1) 后面的所有字符。如果 N 值为负数，则从 STRING 字符串的尾部开始计数到第 abs(N) 的位置开始，后面的所有字符
SubStr(STRING,N,LEN)	String	3	返回函数参数 STRING 的子字符串，从第 N 位开始 (第一个字符位置为 1) 截取 LEN 长度的字符。如果 LEN 的值为负数，则从第 N 位开始，向左截取 abs(LEN) 个字符。如果 N 值为负数，则从 STRING 字符串的尾部开始计数到第 abs(N) 的位置开始
SubStrB(STRING,N)	String	2	与 SubStr 类似，该函数以字节数字计算字符长度，中文长度为 2，字母长度为 1；返回函数参数 STRING 的子字符串，从第 N 位开始后面的所有字符。如果 N 值为负数，则从 STRING 字符串的尾部开始计数到第 abs(N) 的位置开始，后面的所有字符
SubStrB(STRING,N,LEN)	String	3	与 SubStr 类似，该函数以字节数字计算字符长度，中文长度为 2，字母长度为 1；返回函数参数 STRING 的子字符串，从第 N 位开始截取 LEN 长度的字符。如果 LEN 的值为负数，则从第 N 位开始，向左截取 abs(LEN) 个字符。如果 N 值为负数，则从 STRING 字符串的尾部开始计数到第 abs(N) 的位置开始
SubStrBetween(STRING,StartID,EndID)	String	3	返回 STRING 中 StartID-EndID 之间的子字符串
SubStrBetweenL(STRING,List1,List2,ID,Char)	String	-1	返回 STRING 中 List1-List2 之间的子字符串,ID 可选，第 N 个匹配项，0 为所有（默认），1 第 1 个，2 第二个……；Char 可选，输出连接隔符。如：SubStrBetweenL(内容 ,['供稿:'],['审稿'，'审核'，'编审'，'\r\n'])
SubStrBetweenS(STRING,StartSubString,EndSubString)	String	3	返回 STRING 中 StartSubString-EndSubString 之间的子字符串；若 StartSubString 为空，取 EndSubString 之前的所有字符串；若 EndSubString 为空，取 StartSubString 之后的所有字符串

1. 字符串函数			
函数	返回值	参数	说明
SubStrBetweenS(STRING,StartSubString,EndSubString,ID [,Char])	String	5	返回 STRING 中 StartSubString-EndSubString 之间的子字符串；ID 可选，第 N 个匹配项，0 为所有（默认），1 第 1 个，2 第二个……，负数从后向前 -1 为最后一个，-2 倒数第二个；Char 可选，输出连接间隔符
ToChineseMoney(Real)	String	1	将数字转为人民币汉字大写表示
ToDBC(STRING)	String	1	将字符串 STRING 转化全角字符串。(Double Byte Characters，简称 DBC)
ToFieldname(Item)	String	1	将指定 Item 标准化为系统支持的字段名称
ToPinyin(String)	String	1	将汉字转化为拼音
ToPinyinFirstLetter(String)	String	1	将汉字转换为拼音首字母
ToSBC(STRING)	String	1	将字符串 STRING 转化半角字符串。(Single Byte Characters，简称 SBC)
ToString(Item)	String	1	将指定 Item 转换为字符串
ToString(Item,Integer)	String	2	将指定 Item 转换为字符串，保留 Integer 位数
trim(STRING)	String	1	删除字符串两端的空格
trim(String,Chars)	String	2	删除 String 两端所有空格及 Chars
Upper(STRING)	String	1	返回函数参数 X 的大写形式，缺省情况下，该函数只能应用于 ASCII 字符
WordDF(String)	String	1	返回文本中出现频率最高的前 10 个词组，采用双向最大匹配法
WordDF(String,DictID)	String	2	返回文本中出现频率最高的前 10 个词组，采用双向最大匹配法,DictID 为字典的 ID
WordDF(String,DictID,OnlyInDict)	String	3	返回文本中出现频率最高的前 10 个词组，采用双向最大匹配法,DictID 为字典的 ID,OnlyInDict 布尔型，其函数值为真输出字典中的值
WordDF(String,DictID,OnlyInDict,SplitChar)	String	4	返回文本中出现频率最高的前 10 个词组，采用双向最大匹配法,DictID 为字典的 ID,OnlyInDict 布尔型，其函数值为真输出字典中的值，输出结果以 SplitChar 指定的字符分隔
WordDF(String,DictID,OnlyInDict,SplitChar,MaxCount)	String	5	返回文本中出现频率最高的前 MaxCount 个词组，采用双向最大匹配法,DictID 为字典的 ID,OnlyInDict 布尔型，其函数值为真输出字典中的值，输出结果以 SplitChar 指定的字符分隔
Item1 ‖ Item2	String	0	连接符，双目运算符，连接两个字段的值，并返回结果字符串 Item1Item2

2. 转换函数			
函数	返回值	参数	说明
Base642Byte(String)	Byte[]	1	将 Base64 字符串转化为 Byte[]
Base642String(String)	String	1	将 Base64 格式转化为字符串
Base642String(String,string Encoding)	String	2	将 Base64 格式转化为字符串，Encoding 定义编码，支持：Default，ASCII，BigEndianUnicode，UTF32，UTF7，UTF8,UTF8_NO_BOM 和 Unicode
Byte2Base64(Byte[])	String	1	将 Byte[] 转化为 Base64 字符串
Byte2String(Byte[])	String	1	将 Byte 数组转化为字符串，编码为 Default
Byte2String(Byte[],string Encoding)	String	2	将 Byte 数组转化为字符串，Encoding 定义编码，支持：Default，ASCII，BigEndianUnicode，UTF32，UTF7，UTF8,UTF8_NO_BOM 和 Unicode
Compress(byte[])	Byte[]	1	采用 ZIP 方法，压缩基础流
Data2Base64(Byte[],streamtype)	String	2	将 Byte[] 文件转化为 Base64 字符串（Data URI scheme），streamtype 为文件扩展名，如 data:image/png；base64,iVBORw0K
Decompress(byte[])	Byte[]	1	采用 ZIP 方法，解压基础流
Decrypt(byte[],byte[])	Byte[]	2	解密
DefaultToUTF8(String Text)	String	1	字符串编码转换，默认编码转换为 UTF8
Encrypt(byte[],byte[])	Byte[]	2	加密
HexDecode(String)	Byte[]	1	Decodes a string of hex characters to their underlying binary format
HexEncode(byte[])	String	1	Encodes a bit of binary data as a string of hex characters
String2Base64(String)	String	1	将字符串转化为 Base64 格式
String2Base64(String,string Encoding)	String	2	将字符串转化为 Base64 格式，Encoding 定义编码，支持：Default，ASCII，BigEndianUnicode，UTF32，UTF7，UTF8,UTF8_NO_BOM 和 Unicode
String2Byte(String)	Byte[]	1	将字符串转化为 Byte 数组，编码为 Default
String2Byte(String,string Encoding)	Byte[]	2	将字符串转化为 Byte 数组，Encoding 定义编码，支持：Default，ASCII，BigEndianUnicode，UTF32，UTF7，UTF8 和 Unicode
String2Unicode(String)	String	1	将字符串转为 UniCode 码字符串；如 '中国' => '\u4e2d\u56fd'
UnGZipTxt(Byte[])	String	1	解以 Gzip 格式压缩的文本，文件编码为 Default

2. 转换函数			
函数	返回值	参数	说明
Unicode2String(String)	String	1	将 Unicode 字符串转为正常字符串；如 '\u4e2d\u56fd' => '中国'
UrlDecode(STRING)	String	1	URL 解码，如 "%e7%a7%91%e6%8a%80%e5%88%9b%e6%96%b0" 转化为 "科技创新"
UrlEncode(STRING)	String	1	URL 编码，如 "科技创新" 转化为 "%e7%a7%91%e6%8a%80%e5%88%9b%e6%96%b0"

3. 类型函数			
函数	返回值	参数	说明
typeof(ITEM)	String	1	返回函数参数数据类型的字符串表示形式，如 "integer、text、real、null" 等

4. 文件相关函数			
函数	返回值	参数	说明
CRC32(byte[])	String	1	Works on binary data, will calculate a 32bit CRC
FileStream(FileName)	Byte[]	1	将文件加载到流程中
GetDirectoryName(String FileName)	String	1	返回文件路径，FileName 为文件的路径
GetDirectoryName(String FileName,Int Level)	String	2	返回指层级的目录名称，FileName 为文件的路径；Level 指定返回第几层的目录名称，正值为从前向后，负值为从后向前
GetExtension(FileName)	String	1	返回文件的扩展名，FileName 为文件的路径
GetFileEncodeType(File)	String	1	获取文本文件的编码方式，如 utf8、unicode 等；参数 File，可为文件数据体，可为文件路径
GetFileName(FileName)	String	1	返回文件名，FileName 为文件的路径
GetFileNameWithoutExtension(FileName)	String	1	返回不含扩展名的文件名，FileName 为文件的路径
MD5(byte[])	String	1	Creates a MD5 hash on binary data
RemoveInvalidFileNameChars(FileName)	String	1	删除文件名中，非法字符
RIPEMD160(byte[])	String	1	Creates a RIPEMD160 hash on binary data
SHA1(byte[])	String	1	Creates a SHA1 hash on binary data
SHA256(byte[])	String	1	Creates a SHA2 hash on binary data
SHA384(byte[])	String	1	Creates a SHA256 hash on binary data
SHA512(byte[])	String	1	Creates a SHA512 hash on binary data

5. 位运算函数			
函数	返回值	参数	说明
<<	Integer	0	位左移，双目运算符
>>	Integer	0	位右移，双目运算符
&	Integer	0	按位与，双目运算符
|	Integer	0	按位或，双目运算符
~	Integer	0	按位非，单目运算符

6. 统计函数			
函数	返回值	参数	说明
@AutoCorrelation(FieldA , FieldB)	Double	2	自相关系数。可用于判断两道曲线的相似程度。如果用方差进行归一化处理，那么自协方差就变成了自相关系数 R(k)。在信息分析中，通常将自相关函数称之为自协方差方程，用来描述信息在不同时间 τ 的信息函数值的相关性
@avg(FIELD)	Double	1	平均值，与 @mean 函数相同，返回字段的平均值，忽略空值记录。如果字段中没有非空数值，返回 NULL
@count(FIELD)	Integer	1	计数，返回字段的记录数，忽略空值记录
@CountIF(Expression)	Integer	1	统计符合指定条件的值个数
@CovarianceP(FieldA , FieldB)	Double	2	返回总体协方差，即两个数据集中每对数据点的偏差乘积的平均数
@CovarianceS(FieldA , FieldB)	Double	2	返回样本协方差，即两个数据集中每对数据点的偏差乘积的平均值
@First(Field)	Any	1	返回第一个数据值
@group_concat(FIELD)	String	1	连接字符串，用字符"，"连接字段中所有数据项，忽略空值记录
@group_concat(FIELD,STRING)	String	2	连接字符串，用字符"STRING"连接字段中所有数据项，忽略空值记录
@InformationEntropy(Field)	Double	1	求一组数据的信息熵
@Kurtosis(Field)	Double	1	峰度（Kurtosis）是衡量离群数据离群度的指标。正态分布的峰度值为 3，称作常峰态；峰度值大于 3，被称作尖峰态；峰度值小于 3，被称作低峰态。峰度系数越大，数据越集中
@Last(Field)	Any	1	返回最后一个数据值
@ListAgg(Field , Char)	String	2	将字段内容连接成一个字符串

6. 统计函数			
函数	返回值	参数	说明
@LongestSubstring(Field)	Any	1	求组内最大公共连续的子串 (Longest Common Substring)
@lower_quartile(FIELD)	Double	1	第一个四分位数（第 25 个百分点值）。统计学中，把从小到大排列好的数值看作四等分时的三个分割点称为四分位数
@max(FIELD)	Any	1	最大值，返回字段中最大数值，忽略空值记录。如果字段中没有非空数值，返回 NULL
@MaxIF(Field , Expression)	Any	2	获取字段中符合指定条件的最大值
@MaxIFByNumber(Field , Expression)	Any	2	获取字段中符合指定条件的最大值
@mean(FIELD)	Double	1	平均值，与 @avg 函数相同，返回字段的平均值，忽略空值记录。如果字段中没有非空数值，返回 NULL
@median(FIELD)	Double	1	中位数，返回在字段中居于中间的数值；在字段中，一半数字的值大于中位数，一半数字的值小于中位数
@min(FIELD)	Any	1	最小值，返回字段中最小数值，忽略空值记录。如果字段中没有非空数值，返回 NULL
@MinIF(Field , Expression)	Any	2	获取字段中符合指定条件的最小值
@MinIFByNumber(Field , Expression)	Any	2	获取字段中符合指定条件的最小值
@mode(FIELD)	Double	1	众数，返回字段中出现频率最多的数值
@Quartile(Field , Percent)	Double	2	第 Percent 百分位数，将 Field 的数据从小到大排序，处于 Percent 位置的值，0<=Percent<=100
@Skew(Field)	Double	1	偏度（skewness）是衡量数据偏斜方向和程度的度量，即非对称程度。偏度为 0 时，概率密度函数左右对称；偏度为正，对应分布正偏 / 左偏；偏度为负，对应分布负偏 / 右偏。偏度系数的绝对值越大，数据偏离度越大，中位数和平均值显著偏离
@StdDevP(Field)	Double	1	总体标准差（STDDEV_POP）
@StdDevS(Field)	Double	1	样本标准差（STDDEV_SAMP）
@stdev(FIELD)	Double	1	标准偏差，又称均方差，一般用 σ 表示。反映数值相对于平均值 (mean) 的离散程度。标准偏差越小，这些值偏离平均值就越少，反之亦然
@sum(FIELD)	Double	1	求和，返回字段中非空数值和。如果字段中没有非空数值，返回 NULL
@SumIF(Field , Expression)	Double	2	对字段中符合指定条件的值求和

续表

6. 统计函数			
函数	返回值	参数	说明
@total(FIELD)	Double	1	求和，返回字段中非空数值和，始终返回浮点数。如果字段中没有非空数值，返回 0.0
@upper_quartile(FIELD)	Double	1	第三个四分位数（第 75 个百分点值）。统计学中，把从小到大排列好的数值看作四等分时的三个分割点称为四分位数
@variance(FIELD)	Double	1	方差，返回各个数值与其算术平均数的离差平方和的平均数
@VarP(Field)	Double	1	总体方差（Variance Population）
@VarS(Field)	Double	1	样本方差（Variance Sample）

7. 列表函数			
函数	返回值	参数	说明
CountEqual(Item,List)	Integer	2	返回字段列表中等于 Item 的值的个数；如果 Item 为空，则返回空值
CountGreaterThan(Item,List)	Integer	2	返回字段列表中大于 Item 的值的个数；如果 Item 为空，则返回空值
CountLessThan(Item,List)	Integer	2	返回字段列表中小于 Item 的值的个数；如果 Item 为空，则返回空值
CountNotEqual(Item,List)	Integer	2	返回字段列表中不等于 Item 的值的个数；如果 Item 为空，则返回空值
CountNulls(List)	Integer	1	返回列表中空值的个数
CreateSequence(StartId,EndId)	List	2	根据指定的定义起止序号，构造一个整数序列字符串（包括起止序号），其中 StartId、EndId 为整数；当 StartId 小于 EndId 输出递增序列，StartId 大于 EndId 输出递减序列
CreateSequence(StartId,EndId,Step)	List	3	根据指定的定义起止序号，构造一个整数序列字符串（包括起止序号），其中 StartId、EndId、Step 为整数，Step 定义增量步长；当 StartId 小于 EndId 输出递增序列（Step 应大于 0），StartId 大于 EndId 输出递减序列（Step 应小于 0）
FirstGreaterThan(Item,List)	Number	2	返回列表中第一个大于 Item 的元素
FirstIndex(Item,List)	Integer	2	返回字段列表中包含 Item 的第一个字段的索引，如果找不到该值，则返回 –1
FirstLessThan(Item,List)	Number	2	返回列表中第一个小于 Number 的元素

续表

7. 列表函数			
函数	返回值	参数	说明
FirstNonNull(List)	Any	1	返回所提供字段列表中的第一个非空值。支持所有存储类型
FirstNonNullIndex(List)	Integer	1	返回字段列表中包含非空值的第一个字段的索引，如果所有值都为空值，则返回 −1
FirstOne(List)	Any	1	返回列表中第一个元素
ItemsCountBetween(List,CountMin,Count Max)	String	3	返回子列表，其元素的个数介于 CountMin 与 CountMax 之间
ItemsCountBetween(List,CountMin,Count Max,IsPercent)	String	4	返回子列表，其元素的个数介于 CountMin 与 CountMax 之间；IsPercent 布尔型，其函数值为真 CountMin、CountMax 为百分比
ItemsCountGreaterThan(List,CountMin)	String	2	返回子列表，其元素的个数大于等于 CountMin
ItemsCountGreaterThan(List,CountMin,Is Percent)	String	3	返回子列表，其元素的个数大于等于 CountMin；IsPercent 布尔型，其函数值为真 CountMin 为百分比
ItemsCountLessThan(List,CountMax)	String	2	返回子列表，其元素的个数小于等于 CountMax
ItemsCountLessThan(List,CountMax,IsPer cent)	String	3	返回子列表，其元素的个数小于等于 CountMax；IsPercent 布尔型，其函数为真 CountMax 为百分比
LastGreaterThan(Item,List)	Number	2	返回列表中最后一个大于 Number 的元素
LastIndex(Item,List)	Integer	2	返回字段列表中包含 Item 的最后一个字段的索引，如果找不到该值，则返回 −1
LastLessThan(Item,List)	Number	2	返回列表中最后一个小于 Number 的元素
LastNonNull(List)	Any	1	返回所提供字段列表中的最后一个非空值。支持所有存储类型
LastNonNullIndex(List)	Integer	1	返回指定字段列表中包含非空值的最后一个字段的索引，如果所有值都为空值，则返回 -1。支持所有存储类型
LastOne(List)	Any	1	返回列表中最后一个元素
ListCount(List)	Integer	1	返回列表长度
ListDistinct(List)	List	1	剔除列表重复组元
ListDistinct(List,Desc)	List	2	剔除列表重复组元，Desc 根据字符串出现的次数进行排序，真为逆序，假为正序
ListExcept(List,SubList)	List	2	返回由列表 List 中不在列表 SubList 中的组元集合（差集）

续表

7. 列表函数			
函数	返回值	参数	说明
ListIntersect(List1,List2)	List	2	返回由列表 List1 和列表 List2 的公共子集合（交集）
ListItemsCount(List)	String	1	返回列表每个元素的个数
ListItemsCount(List,IsPercent)	String	2	返回列表每个元素的个数或比例,IsPercent 布尔型,为真输出元素占元素总数的百分比
ListJoinToString(List,String)	String	2	将列表合并成字符串,以 String 指定的字符分隔
ListJoinToString(List,GroupCount,GroupSpliter,Spliter)	String	4	将列表以分组形式,合并成字符串;GroupCount,指定组内元素数;GroupSpliter,组间字符间隔;Spliter,组内字符间隔
ListSort(List)	List	1	列表排序,正序
ListUnion(List1,List2)	List	2	将列表 List1 和列表 List2 合并成一个列表（并集）
maxlength_n(List)	String	1	返回列表中最长元素
max_index(List)	Integer	1	返回列表中最大元素的位置
max_n(List)	Number	1	返回列表中最大元素
member(Item,List)	Boolean	2	如果 Item 为指定 List 的成员,则返回真值。否则返回假值
minlength_n(List)	String	1	返回列表中短元素
min_index(List)	Integer	1	返回列表中最小元素的位置
min_n(List)	Number	1	返回列表中最小元素
RemoveMembers(List,IndexList)	List	2	从 List 列表删除 IndexList 列表指定位置的元素
StringListSimplify(List,Count)	String	2	将字符串列表,以简化方式显示,如 List 中有 A、B、C、D 个元素,Count 为 2,输出结果为 A、B 等 4 个
StringListSimplify(List,Count,stringAppend)	String	3	将字符串列表,以简化方式显示,如 List 中有 A、B、C、D 个元素,stringAppend 为条,Count 为 2,输出结果为 A、B 等 4 条。若 stringAppend 为空,则不返出总数值
SubList(List,N)	List	2	截取子列表,返回从 N 开始的所有子元素组成的列表,N 从 1 开始计数
SubList(List,N,LEN)	List	3	截取子列表,返回从 N 开始的 LEN 个子元素组成的列表,N 从 1 开始计数
SubListIndexs(List,SubList)	List	2	返回 List 列表中 SubList 列表子元素的位置列表
ToDoublelist(String)	List	1	将字符串转化为实数列表,以,。、; :"分隔,转换过程中将删除空值组元,同: ToDoublelist(String,true)
ToDoublelist(String,Boolean)	List	2	将字符串转化为实数列表,以,。、; :"分隔;Boolean 指定是否删除空值组元

7. 列表函数			
函数	返回值	参数	说明
ToDoublelist(String,Boolean,SplitChar	List	3	将字符串转化为实数列表,组元以 SplitChars 指定的字符分隔;Boolean 指定是否删除空值组元
ToIntegerlist(String)	List	1	将字符串转化为整数列表,以,、。;:"分隔,转换过程中将删除空值组元,同:ToIntegerlist(String,true)
ToIntegerlist(String,Boolean)	List	2	将字符串转化为整数列表,以,、。;:"分隔;Boolean 指定是否删除空值组元
ToIntegerlist(String,Boolean,SplitChars)	List	3	将字符串转化为整数列表,组元以 SplitChars 指定的字符分隔;Boolean 指定是否删除空值组元
ToList(Itme1,Itme2...)	List	-1	构造列表
ToStringlist(String)	List	1	将字符串转化为字符串列表,以,、。;:"分隔,转换过程中将删除空值组元,同:ToStringlist(String,true)
ToStringlist(String,Boolean)	List	2	将字符串转化为字符串列表,以,、。;:"分隔;Boolean 指定是否删除空值组元
ToStringlist(String,Boolean,SplitChars)	List	3	将字符串转化为字符串列表,组元以 SplitChars 指定的字符分隔;Boolean 指定是否删除空值组元
ToStringlistFixedWidth(String,string)	List	2	根据宽度,将字符串转化为字符串列表
ValueAt(Integer,List)	Any	2	返回列表中 Integer 处的值;如果偏移超出了有效值的范围(即小于 0 或大于所列字段的个数),则返回空值

8. 数值函数			
函数	返回值	参数	说明
%	Number	0	余数,双目运算符,输出其左边的数除以右边数后的余数,注:左右两个参数必须为整数
*	Number	0	乘法运算,双目运算符,它将两个字符串连接到一起
+	Number	0	加法运算,双目运算符,置于两个数值之间:NUM1+NUM2(NUM1 加上 NUM2)
-	Number	0	减法运算,置于两个数值之间:NUM1-NUM2(NUM1 减去 NUM2);或置于一个数值之间:-NUM(NUM 的负数)
/	Number	0	除法运算,双目运算符
abs(NUM)	Double	1	绝对值,返回数值参数 NUM 的绝对值,如果 NUM 为 NULL,则返回 NULL,如果 NUM 为不能转换成数值的字符串,则返回 0,如果 NUM 值超出 Integer 的上限,则抛出 "Integer Overflow" 的异常

续表

8. 数值函数			
函数	返回值	参数	说明
ceil(NUM)	Integer	1	向上取整，返回大于或者等于指定表达式的最小整数
exp(NUM)	Double	1	自然数指数，返回 e 的 n 次方，e 是一个常数为 2.71828182845905（自然数）
floor(NUM)	Integer	1	向下取整，返回小于或者等于指定表达式的最小整数
fracof(Number)	Double	1	返回 Number 的小数部分，定义为 Number−intof(Number)
GetNumber(String)	String	1	提取字符串中第 1 个整数或实数
GetNumber(String,Index)	String	2	提取字符串中的数值，整数或实数。其中 Index 整数，表示第 Index 个数值
GetNumber(String,Index,NegativeNumber,RealNumber)	String	4	提取字符串中的数值，整数或实数。其中 Index 整数表示第 Index 个数值；NegativeNumber 布尔型，是否支持负数；RealNumber 布尔型，是否支持实数
GetNumbers(String)	String	1	提取字符串中的所有数值，整数或实数
GetNumbers(String,NegativeNumber,RealNumber)	String	3	提取字符串中的数值，整数或实数。其中 NegativeNumber 布尔型，是否支持负数；RealNumber 布尔型，是否支持实数
IEEERemainder(Number,Divisor)	Double	2	返回 Number 除以 Divisor 的余数
intof(Number)	Integer	1	将其参数截为整数，返回与 NUM 符号相同的整数
log(NUM)	Double	1	对数，返回以 e 为底 NUM 的对数，e 是一个常数为 2.71828182845905（自然数）
Log(NUM,BASE)	Double	2	对数，以 BASE 为底数，返回 NUM 的对数
log10(NUM)	Double	1	对数，返回以 10 为底 NUM 的对数
Mean(Number,...)	Any	-1	返回函数参数中的平均值，如果有任何一个参数为 NULL，则返回 NULL
mean_n(List)	Number	1	返回数值列表所有组元值的平均值，如果所有组元均为空，则返回 0
oneof(List)	Any	1	返回一个从 LIST 中随机选取的元素。应以 [ITEM1,ITEM2,...,ITEM_N] 的形式输入列表项。注意，还可以指定字段名称列表
power(NUM, POWER)	Double	2	幂函数，返回 NUM 的 POWER 次方
Random(maxInteger)	Integer	1	返回一个小于 maxInteger 的非负随机数。maxInteger 必须大于或等于零。返回值的范围通常包括零但不包括 maxInteger。不过，如果 maxInteger 等于零，则返回 maxInteger

8. 数值函数			
函数	返回值	参数	说明
Random(minInteger,maxInteger)	Integer	2	返回一个指定范围内的随机数。maxInteger 必须大于或等于 minInteger。返回值的范围包括 minInteger 但不包括 maxInteger。如果 minInteger 等于 maxInteger，则返回 minInteger
Random()	Integer	0	返回整型的伪随机数，随机数介于 –9223372036854775808 和 +9223372036854775807 之间
random_double()	Double	0	返回一个介于 0.0 和 1.0 之间的随机数。返回值大于等于 0.0 并且小于 1.0 的双精度浮点数
Round(NUM)	Integer	1	四舍五入，返回与参数最接近的整数值
Round(NUM,Integer)	Double	2	四舍五入，返回按指定位数 (Integer) 进行四舍五入的数值
sdev_n(List)	Number	1	返回数值列表所有组元值的标准差，如果所有组元均为空，则返回 0
sign(NUM)	Integer	1	返回数字的符号。当数字为正数时返回 1，为零时返回 0，为负数时返回 –1
sqrt(NUM)	Double	1	返回数字的平方根
square(NUM)	Double	1	返回数字的平方
sum_n(List)	Number	1	返回数值列表所有组元值的和，如果所有组元均为空，则返回 0
ToInteger(Item)	Integer	1	将指定 Item 转换为整数
ToReal(Item)	Double	1	将指定 Item 转换为实数，小数精度为 6 位

9. 三角函数			
函数	返回值	参数	说明
acos(NUM)	Double	1	反余弦函数，NUM 必须介于 –1 到 1 之间。返回以弧度表示的角，若要用度表示，请再乘以 180/PI( ) 或用 DEGREES 函数表示
acosh(NUM)	Double	1	反双曲余弦函数,NUM 必须大于或等于 1。返回以弧度表示的角，若要用度表示，请再乘以 180/PI( ) 或用 DEGREES 函数表示
asin(NUM)	Double	1	反正弦函数，NUM 必须介于 –1 到 1 之间。返回以弧度表示的角，若要用度表示，请再乘以 180/PI( ) 或用 DEGREES 函数表示
asinh(NUM)	Double	1	反双曲正弦函数。返回以弧度表示的角，若要用度表示，请再乘以 180/PI( ) 或用 DEGREES 函数表示

续表

9. 三角函数			
函数	返回值	参数	说明
atan(NUM)	Double	1	反正切函数，返回以弧度表示的角，若要用度表示，请再乘以 180/PI( ) 或用 DEGREES 函数表示
atan2(NUM_X,NUM_Y)	Double	2	求角度，与 atn2(NUM_X,NUM_Y) 相同，返回指定点 (NUM_X,NUM_Y) 和原点 (0, 0) 连线与 X 轴的夹角大小 (弧度值)。若要用度表示，请再乘以 180/PI( ) 或用 DEGREES 函数表示
atanh(NUM)	Double	1	反双曲正切函数,NUM 必须介于 –1 到 1 之间 (不包括 -1 和 1)。返回以弧度表示的角，若要用度表示，请再乘以 180/PI( ) 或用 DEGREES 函数表示
atn2(NUM_X,NUM_Y)	Double	2	求角度，与 atan2(NUM_X,NUM_Y) 相同，返回指定点 (NUM_X,NUM_Y) 和原点 (0, 0) 连线与 X 轴的夹角大小 (弧度值)。若要用度表示，请再乘以 180/PI( ) 或用 DEGREES 函数表示
cos(NUM)	Double	1	余弦函数
cosh(NUM)	Double	1	双曲余弦函数
cot(NUM)	Double	1	余切函数
coth(NUM)	Double	1	双曲余切函数
degrees(NUM)	Double	1	弧度转角度。返回以弧度表示的角，若要用度表示，请再乘以 180/PI( ) 或用 DEGREES 函数表示
pi()	Double	0	常数圆周率∏,pi 为 3.14159265358979323846
radians(NUM)	Double	1	角度转弧度。返回以弧度表示的角，若要用度表示，请再乘以 180/PI( ) 或用 DEGREES 函数表示
sin(NUM)	Double	1	正弦函数
sinh(NUM)	Double	1	双曲正弦函数
tan(NUM)	Double	1	正切函数
tanh(NUM)	Double	1	双曲正切函数

10. 日期与时间			
函数	返回值	参数	说明
CENCToDate(Double)	DateTime	1	将一个地震日期编号转换为日期
CreateDate(Year,Month,Day)	DateTime	3	返回指定 Year、Month 和 Day 的时间值，参数必须为整数
CreateDatetime(Year,Month,Day,Hour,Minute,Second)	DateTime	6	返回指定 Year、Month、Day、Hour、Minute 和 Second 的时间值
CreateTime(Hour,Minute,Second)	DateTime	3	返回指定 Hour、Minute 和 Second 的时间值

10. 日期与时间			
函数	返回值	参数	说明
CreateTimeSpan(hours,minutes,seconds)	DateTime	3	返回指定的时间间隔
CreateTimeSpan (days,hours,minutes,seconds)	DateTime	4	返回指定的时间间隔
CreateTimeSpan(days,hours,minutes,seconds,milliseconds)	DateTime	5	返回指定的时间间隔
DateAfter(Datetime,BaseDatetime)	Boolean	2	Datetime 在 BaseDatetime 之后，则返回真值，否则，此函数的返回结果为假值；如果 Datetime、BaseDatetime 为非标准的日期格式，返回空
DateBefore(Datetime,BaseDatetime)	Boolean	2	Datetime 在 BaseDatetime 之前，则返回真值，否则，此函数的返回结果为假值；如果 Datetime、BaseDatetime 为非标准的日期格式，返回空
DateDiff(interval,startDatetime, endDatetime)	Double	3	求两个指定日期间的时间间隔数目。\r\n 其中时间 startDatetime,endDatetime 格式，参见 DateTime2 函数。\r\n 必选参数 interval，为字符串表达式，设定时间差的时间的间隔。\r\n 参数的设定值为：年,y，季,q，月,m，周,w，天,d，时,h，分,mi，秒,s，毫秒,ms\r\n 如：DateDiff（'月'，'2017-10-10'，'2018-11-30'）
DateTime2(datetime, modifier, modifier, …)	DateTime	-1	对输入时间 datetime，按 modifier 调整后，输出日期字符串 'yyyy-MM-dd HH:mm:ss.fff'。\r\n 其中 datetime 是必须的，modifier 为可选项。\r\ndatetime 的支持格式字符串：\r\n ① yyyy-MM-dd\r\n ② yyyy-MM-dd HH:mm\r\n ③ yyyy-MM-dd HH:mm:ss\r\n ④ yyyy-MM-dd HH:mm:ss.fff\r\n ⑤ yyyy-MM-ddTHH:mm 其中 T 是日期和时间分割符 \r\n ⑥ yyyy-MM-ddTHH:mm:ss\r\n ⑦ yyyy-MM-ddTHH:mm:ss.fff\r\n ⑧ HH:mm\r\n ⑨ HH:mm:ss\r\n ⑩ HH:mm:ss.fff\r\n ⑪ now\r\n 修正参数 modifier 可有可无，如果有多个修正参数，按从左到右原则依次修正，而且后修正参数是基于前修正参数结果的再次修正。支持修正字符串有两类：\r\n ①加减时间类，格式：±N m，其中 m 可为：年，y，月，m，天，d，时，h，分，mi，秒，s，毫秒，ms\r\n ②取特定时间类，支持：年初，年末，季初，季末，月初，月末，Nth 周，周一，周二，周三，周四，周五，周六，周日 \r\n 其中 Nth 周，表示当年的第 N 周的周一，如 Datetime2（'2018-11-30'，'5 周'），输出 2018-01-29 00:00:00.000\r\n 如：Datetime2（'2018-11-30'，'4d'，'周一'），输出 2018-12-03 00:00:00.000

10. 日期与时间			
函数	返回值	参数	说明
DateTime3(format, datetime, modifier, modifier, …)	DateTime	-1	对输入时间 datetime，按 modifier 调整后，以 format 的格式输出，功能与 DateTime2 函数相近。\r\n 其中 format 和 datetime 是必须的，modifier 为可选项。\r\n 参数 datetime, modifier 格式，参见 DateTime2 函数。\r\nformat 定义输出日期的格式。下面列出了可被合并以构造自定义模式的模式，这些模式是区分大小写的：\r\n gg 时期或纪元。如果要设置格式的日期不具有关联的时期或纪元字符串，则忽略该模式。\r\n y 不包含纪元的年份。如果不包含纪元的年份小于 10，则显示不具有前导零的年份。\r\n yy 不包含纪元的年份。如果不包含纪元的年份小于 10，则显示具有前导零的年份。\r\n yyyy 包括纪元的四位数的年份。\r\n M 月份数字。一位数的月份没有前导零。\r\n MM 月份数字。一位数的月份有一个前导零。\r\n MMM 月份的缩写名称，如：1 月、2 月、3 月、4 月、5 月、6 月、7 月、8 月、9 月、10 月、11 月、12 月。\r\n MMMM 月份的完整名称，如：一月、二月、三月、四月、五月、六月、七月、八月、九月、十月、十一月、十二月。\r\n d 月中的某一天。一位数的日期没有前导零。\r\n dd 月中的某一天。一位数的日期有一个前导零。\r\n ddd 周中某天的缩写名称，如：周日、周一、周二、周三、周四、周五、周六。\r\n dddd 周中某天的完整名称，如：星期日、星期一、星期二、星期三、星期四、星期五、星期六。\r\n h 12 小时制的小时。一位数的小时数没有前导零。\r\n hh 12 小时制的小时。一位数的小时数有前导零。\r\n H 24 小时制的小时。一位数的小时数没有前导零。\r\n HH 24 小时制的小时。一位数的小时数有前导零。\r\n m 分钟数字。一位数的分钟数没有前导零。\r\n mm 分钟数字。一位数的分钟数有前导零。\r\n s 秒数字。一位数的秒数没有前导零。\r\n ss 秒数字。一位数的秒数有前导零。\r\n f 毫秒数字。\r\n j 一年中的第几天，01-366。\r\n J 儒略日数。\r\n w 星期数，0-6，0 是星期天。\r\n W 一年中的第几周，00-53。\r\n 如：Datetime3（'ddd'，'2018-11-30'），输出 周五
DatetimeEqual(Datetime1,Datetime2)	Boolean	2	两个时间比较，相等为真，不相等为否
From_UnixTime(Int)	DateTime	1	将 Unix 时间转换为日期

10. 日期与时间			
函数	返回值	参数	说明
JulianToDate(Double)	DateTime	1	将儒略日转换为日期，以 1970-01-01 0:0:0.0 为基数
MatchDate(String)	String	1	通过正则表达式匹配从文本中抽取日期。支持格式：2000-1-1、2000 年 1 月 1 日、2000/1/1
MatchTime(String)	String	1	通过正则表达式匹配从文本中抽取时间。支持格式：20:30:30、20：30
MondayByWeekNo(Integer year,Integer weekNo)	DateTime	2	获取指定年度第几星期的星期一对应的日期
Now()	DateTime	0	取当前系统的年月日时分秒
TimeAfter(Time,BaseTime)	Boolean	2	Time 在 BaseTime 之后，则返回真值，否则，此函数的返回结果为假值；如果 Time、BaseTime 为非标准的时间格式，返回空
TimeBeforc(Time,BaseTime)	Boolean	2	Time 在 BascTime 之前，则返回真值，否则，此函数的返回结果为假值；如果 Time、BaseTime 为非标准的时间格式，返回空
ToCENCDate(DateTime)	Double	1	将一个日期转换为地震日期编号
ToChineseCalendar(DateTime,Type)	String	2	将日期转化农历。返回 Type 指定类型的日期,1: 阳历日期；2: 农历日期；3: 星期；4: 时辰；5: 属相；6: 节气；7: 前一个节气；8: 下一个节气；9: 节日；10: 干支；11: 星宿；12: 星座
ToDatetime(string)	DateTime	1	将文本转化为日期与时间，支持通用日期与时间格式
ToDatetime(string,DateTimeFormat)	DateTime	2	将文本转化为日期与时间，支持通用日期与时间格式。DateTimeFormat 的参考格式：(年 - 月 - 日 时：分：秒 . 毫秒) yyyy-MM-dd HH:mm:ss（HH 为 24 小时制，hh 为 12 小时制）
ToDatetime(string,DateTimeFormatList,SplitChar)	DateTime	3	将文本转化为日期与时间，支持通用日期与时间格式，SplitChar 为格式列表的分隔字符。DateTimeFormatList 的参考格式列表：(年 - 月 - 日 时：分：秒 . 毫秒) yyyy-MM-dd HH:mm:ss（HH 为 24 小时制，hh 为 12 小时制）
ToJulianDate(DateTime)	Double	1	将一个日期转换为儒略日，以 1970-01-01 0:0:0.0 为基数
ToOAdate(DateTime)	Double	1	将一个日期型的字符串转化 (格式为 yyyy-MM-dd HH:mm:ss 例如 2010-01-01 5:11:33) 为等效的 OLE 自动化日期，返回一个双精度浮点数，它包含与此实例的值等效的 OLE 自动化日期

续表

10. 日期与时间			
函数	返回值	参数	说明
To_UnixTime(DateTime)	Integer	1	将日期转换为 Unix 时间，从公元 1970 年 1 月 1 日的 UTC 时间自 0 时 0 分 0 秒算起到现在所经过的秒数

11. 辅助类函数			
函数	返回值	参数	说明
@Fields	Any	0	用在"替换节点"的条件中，代表任意字段名。
ContainsIPAddress(String IPAddressRange, String IPAddress)	Boolean	2	判别的 IPAddress 是否在 IPAddressRange 网段内，在返回真，不在返回假。IPAddressRange 支持格式 '192.168.0.0/24'、'192.168.0.0/255.255.255.0'、'192.168.0.0-192.168.0.255'
ContainsIPAddressRange(IPAddressRange, SubIPAddressRange)	Boolean	2	判别 IPAddressRange 是否包含 SubIPAddressRange 网段，在返回真，不在返回假。IPAddressRange 支持格式 '192.168.0.0/24'、'192.168.0.0/255.255.255.0'、'192.168.0.0-192.168.0.255'
GetAddressByIdCard(string)	String	1	从居民身份证号码中获取归属地
GetAddressByIdCard(string,int)	String	2	从居民身份证号码中获取归属地。int 为输出内容标识符：1 为省名，2 为市名，3 为县名，4 为省名＋市名，5 为省名＋市名＋县名，6 为省名|市名|县名
GetAddressNumByIdCard(string)	String	1	从居民身份证号码中获取归属地编码
GetAgeByIdCard(string)	Integer	1	从居民身份证号码中获取年龄信息
GetBirthdayByIdCard(string)	DateTime	1	从居民身份证号码中获取生日信息
GetIPAddressInRange(String IPAddressRange)	String	1	返回本网段中所有的 IP 地址，多个 IP 地址用分号隔开。IPAddressRange 支持格式 '192.168.0.0/24'、'192.168.0.0/255.255.255.0'、'192.168.0.0-192.168.0.255'
GetRedisData(KeyFieldName, Host, Port, Password, DB)	Any	5	获取 Redis 的数据
GetRedisData(KeyFieldName, Host, Port, Password, DB,timeOut)	Any	6	获取 Redis 的数据；timeOut 为毫秒，默认为 3000
GetScheduler(StartTime, EndTime,ScheduleString)	String	3	解析定时运行的时间，生成运行时间的列表
GetSexByIdCard(string)	String	1	从居民身份证号码中获取性别信息
GUIDParse(String)	GUID	1	将文本转换为 GUID 值
IsIdCard(string)	Boolean	1	判断字符串是否为居民身份证

11. 辅助类函数			
函数	返回值	参数	说明
NewGUID(String)	GUID	1	根据所提供的格式说明符，返回一个随机生成 GUID，参数可以是"N"、"D"、"B"、"P"；其中：N 有连续符'-'，D 有连续符，B 带大括号，P 带小括号
NewGUID( )	GUID	0	返回一个随机生成 GUID
RedisKeyExist(KeyFieldName, Host, Port, Password, DB)	Any	5	判断 Redis 的 Key 是否存在
RedisKeyExist(KeyFieldName, Host, Port, Password, DB,timeOut)	Any	6	判断 Redis 的 Key 是否存在；timeOut 为毫秒，默认为 3000
XPath(docString, quertString)	String	2	Will evaluate an XPath expression against text that is assumed to be XML, and will return the results

12. 批处理命令			
函数	返回值	参数	说明
move(FileName,NewFileName)	String	2	合成移动文件批处理命令
del(Path)	String	1	合成删除文件批处理命令。
md(Path)	String	1	合成创建文件夹批处理命令
rd(Path)	String	1	合成删除文件夹批处理命令
Rename(FileName,NewFileName)	String	2	合成重命名批处理命令
copy(FileName,NewFileName)	String	2	合成文件复制批处理命令

13. 逻辑函数			
函数	返回值	参数	说明
Item1 != Item2	Boolean	0	不等于，双目运算符，与 <> 相同。若 Item1 不等于 Item2 返回为真值 (1)，否则返回假值 (0)
Item1 < Item2	Boolean	0	小于，双目运算符。若 Item1 小于 Item2 返回为真值 (1)，否则返回假值 (0)
Item1 <= Item2	Boolean	0	小于等于，双目运算符。若 Item1 小于等于 Item2 返回为真值 (1)，否则返回假值 (0)
Item1 <> Item2	Boolean	0	不等于，双目运算符，与 != 相同。若 Item1 不等于 Item2 返回为真值 (1)，否则返回假值 (0)
Item1 = Item2	Boolean	0	等于，双目运算符，与 == 相同。若 Item1 等于 Item2 返回为真值 (1)，否则返回假值 (0)

续表

13. 逻辑函数			
函数	返回值	参数	说明
Item1 == Item2	Boolean	0	等于，双目运算符，与 = 相同。若 Item1 等于 Item2 返回为真值 (1)，否则返回假值 (0)
Item1 > Item2	Boolean	0	大于，双目运算符。若 Item1 大于 Item2 返回为真值 (1)，否则返回假值 (0)
Item1 >= Item2	Boolean	0	大于等于，双目运算符。若 Item1 大于等于 Item2 返回为真值 (1)，否则返回假值 (0)
IN	Boolean	0	判断值在规定的多个值之中，双目运算符。例：x IN(y,z,...)
NOT IN	Boolean	0	判断值不在规定的多个值之中，双目运算符。例：x NOT IN(y,z,...)
Cond1 and Cond2	Boolean	0	并且，双目逻辑运算符。当 Cond1 与 Cond2 同时为真时返回真值。如果 Cond1 为假，则不求 Cond2 的值
Item1 between Item2 and Item3	Boolean	0	介于之间，三目逻辑运算符。例："x BETWEEN y AND z"等同于"x >=y AND x<=z"
CASE Item1 WHEN Item2 THEN Item3 WHEN Item4 THEN Item5 ELSE Item6 END	Any	0	条件语句。例：CASE x WHEN w1 THEN r1 WHEN w2 THEN r2 ELSE r3 END
CASE WHEN Item1 THEN Item2 WHEN Item3 THEN Item4 ELSE Item5 END	Any	0	条件语句。例：CASE WHEN x=w1 THEN r1 WHEN x=w2 THEN r2 ELSE r3 END
decode(value, if1, then1, if2,then2, if3,then3, … else)	Any	-1	逻辑处理函数。类似于 If-Then-Else 进行逻辑判断。Value 代表某个表的任何类型的任意列或一个通过计算所得的任何结果。当每个 value 值被测试，如果 value 的值为 if1，Decode 函数的结果是 then1；如果 value 等于 if2，Decode 函数结果是 then2；等等
false	Boolean	0	表示逻辑假值
iif(Cond,TrueItem,FalseItem)	Any	3	条件函数。如果条件 Cond 满足 (为真)，返回表达式 TrueItem 的值，否则返回表达式 FalseItem 的值
Item1 IS Item2	Boolean	0	是，双目运算符。当两个参数都为 Null 时，返回 1 (真)；当一个参数都为 Null 时，返回 0 (假)；当两个参数都不为空时，与 = 运算符相同
Item1 IS NOT Item2	Boolean	0	不是，双目运算符。当两个参数都为 Null 时，返回 0 (假)；当一个参数都为 Null 时，返回 1 (真)；当两个参数都不为空时，与 != 运算符相同
IsAlpha(Item)	Boolean	1	Item 全为字母返回真值

续表

13. 逻辑函数			
函数	返回值	参数	说明
IsChinese(Item)	Boolean	1	Item 全为汉字返回真值
IsDatetime(Item)	Boolean	1	判断文本是否为指定格式的日期与时间
IsDatetime(Item,DateTimeFormat)	Boolean	2	判断文本是否为指定格式的日期与时间，DateTimeFormat 为日期格式：(年-月-日 时:分:秒.毫秒) yyyy-MM-dd HH:mm:ss（HH 为 24 小时制，hh 为 12 小时制）
IsDatetime(Item,DateTimeFormatList,SplitChar)	Boolean	3	判断文本是否为指定格式的日期与时间，DateTimeFormatList 为日期格式列表：(年-月-日 时:分:秒.毫秒) yyyy-MM-dd HH:mm:ss(HH 为 24 小时制，hh 为 12 小时制)；SplitChar 为格式列表的分隔字符
IsDBNull(Item)	Boolean	1	空值判断，如果表达式 Item 的值为空，返回真（1），否则返回假（0）
IsInteger(Item)	Boolean	1	Item 为整数返回真值
IsNOTDBNull(Item)	Boolean	1	非空值判断，如果表达式 Item 的值为非空值，返回真（1），否则返回假（0）
IsNotNullOrWhiteSpace(Item)	Boolean	1	非空值和非空格判断，如果表达式 Item 的值为非空、非空格，返回真（1），否则返回假（0）
IsNullOrWhiteSpace(Item)	Boolean	1	非空值和非空格判断，如果表达式 Item 的值为空、空格，返回真（1），否则返回假（0）
IsNumber(Item)	Boolean	1	Item 为数值返回真值
IsReal(Item)	Boolean	1	Item 为实数返回真值
max(Any,...)	Any	-1	返回函数参数中的最大值，如果有任何一个参数为 NULL，则返回 NULL
min(Any,...)	Any	-1	返回函数参数中的最小值，如果有任何一个参数为 NULL，则返回 NULL
not(Cond)	Boolean	1	非，单目逻辑运算符。如果 Cond 为假，则返回真。否则，此运算将返回值 0
NullIf(expr1, expr2)	Any	2	如果两个表达式相等，NullIf 返回空值 NULL，否则返回 expr1 的值
nvl(expr1, expr2)	Any	2	如果 expr1 不为 NULL，则返回 expr1 的值；expr1 为 NULL，返回 expr2 的值。注：expr1 和 expr2 必须为同一数据类型
nvl2(Expression, IsNotNullItem, IsNullItem)	Any	3	如果 Expression 不为 NULL，则返回 IsNotNullItem；expr1 为 NULL，返回 IsNullItem

	13. 逻辑函数		
函数	返回值	参数	说明
Cond1 or Cond2	Boolean	0	或，双目逻辑运算符。当 Cond1 或 Cond2 为真或这两者同时为真时，返回真值。如果 Cond1 为真，则不求 Cond2 的值
ToBool(Item)	Boolean	1	将指定 Item 转换为布尔型；真值：True、不为零的整数或实数；假值：False、0、0.0
true	Boolean	0	表示逻辑真值

	14. 地理信息类函数		
函数	返回值	参数	说明
@ShapeDifference(Shape)	Shape	1	按组别求多个图元的差集
@ShapeDifference2(Shape)	Shape	1	按组别求多个图元的差集，逆向
@ShapeIntersection(Shape)	Shape	1	按组别求多个图元的交集
@ShapeSymmetricalDifference(Shape)	Shape	1	按组别求多个图元的异或集
@ShapeUnion(Shape)	Shape	1	按组别求多个图元的并集
Area(Points)	Double	1	返回多边形的面积；式中 Points 为多边形边界，数据格式：x1 y1,x2 y2,x3 y3
Area(Points,EPSG)	Double	2	返回多边形的面积；式中 Points 为多边形边界，数据格式：x1 y1,x2 y2,x3 y3；EPSG 为投影带号
Azimuth(Shape baseShape,Shape testShape)	Double	2	返回 testShape 相对于 baseShape 的方位角
Azimuth(Shape baseShape,Shape testShape,int FormatId)	Double	3	返回 testShape 相对于 baseShape 的方位角；FormatId 定位输出格式（以 275.3 度为例），1 为 275°；2 为西北；3 为西北 (275°)
Beijing54toLL(Real X,Real Y,Bool IsLongitude)	Double	3	将北京 54 坐标转换为经纬度坐标（只适用于鄂尔多斯盆地）。式中北京 54 坐标（X,Y），X 为横坐标（东方向），Y 为纵坐标（北方向）；如 IsLongitude 为 True 或 1，返回经度值；否则返回纬度值
Beijing54ToXian80(Real X,Real Y,Bool IsY)	Double	3	将北京 54 坐标转换为西安 80，如 IsY 为 True 或 1，返回横坐标 Y；否则返回纵坐标 X
Beijing54_3To6(Real X,Real Y,Bool IsY)	Double	3	将北京 54 的三度带坐标转换为六度带坐标，如 IsY 为 True 或 1，返回横坐标；否则返回纵坐标 X
Beijing54_6To3(Real X,Real Y,Bool IsY)	Double	3	将北京 54 的六度带坐标转换为三度带坐标，如 IsY 为 True 或 1，返回横坐标 Y；否则返回纵坐标 X

14. 地理信息类函数			
函数	返回值	参数	说明
Bmap2Gmap(string coord)	String	1	将百度坐标转换为 gooleMap 坐标（间接方法）,coord 为'lng,lat'
Bmap2Gmap(string coord,bool toshape)	String	2	将百度坐标转换为 gooleMap 坐标（间接方法）,toshape 为真，返回点图元
Bmap2GmapOnline(string coord)	String	1	通过百度地图 API，将百度坐标转换为 gooleMap 坐标（间接方法）,coord 为'lng,lat'
Bmap2GmapOnline(string coord,bool toshape)	String	2	通过百度地图 API，将百度坐标转换为 gooleMap 坐标（间接方法）,toshape 为真，返回点图元
Buffer(Shape,Double dist)	Polygon	2	计算图元的缓冲区,dist 为距离（单位：米）
Buffer(Shape,Double dist,Boolean Prj)	Polygon	3	计算图元的缓冲区；其中，dist 为距离（单位：米）；Prj 为坐标投影，默认为 false
Centroid(Shape)	Point	1	返回图元 Shape 的中心坐标；Shape 为图元坐标
CentroidDistance(Shape1,Shape2)	Double	2	两个图元的中心距离；式中 Shape1,Shape2 为图元坐标，坐标系为西安80经纬度，返回距离单位为米
CombineTypeDifference(Shape,SubShape)	Shape	2	两个图元的差集，Shape 中不包含 SubShape 的部分
CombineTypeIntersection(Shape1,Shape2)	Shape	2	求两个图元的交集，Shape1、Shape2 的公共部分
CombineTypeSymmetricalDifference(Shape1,Shape2)	Shape	2	两个图元的异或集，Shape1 和 Shape2 之间非公共部分
CombineTypeUnion(Shape1,Shape2)	Shape	2	求两个图元的并集，新的图元包含 Shape1、Shape2
DegreesToDigital(String)	Double	1	将度分秒格式的经纬度转换为数字，例如：108°54′36″ 转为 108.91 或是 108 54 36 转为 108.91
DegreesToDigital2(String)	Double	1	将度分秒格式的经纬度转换为数字，例如：108.5436 转为 108.91
DigitalToDegrees(Double)	String	1	将数字经纬度转换为度分秒格式，例如：108.91 转为 108°54′36″
DigitalToDegrees(Double,DecimalPlace)	String	2	将数字经纬度转换为度分秒格式，例如：108.91 转为 108°54′36″。DecimalPlace 其中 DecimalPlace 定义秒的小数位，默认为6位
DistanceByDegree(Shape1,Shape2)	Double	2	计算两个图元的距离，图元坐标为经纬度，距离单位为度
DistanceByMeter(Shape1,Shape2)	Double	2	计算两个图元的距离，图元坐标为经纬度，距离单位为米
DistanceByMeter(longitude1,latitude1,longitude2,latitude2)	Double	4	计算两个点的距离，图元坐标为经纬度，距离单位为米

14. 地理信息类函数			
函数	返回值	参数	说明
EndPoint(Shape)	Point	1	返回图元 Shape 的最后一个端点；Shape 为折线或多边形图元
Extent2Polygon(String)	Polygon	1	返回边界矩形；式中 String " XMin，XMax，YMin，YMax " 为边界的最值 (X-long,Y-Lat)
Extent2Polygon(XMin,XMax,YMin,YMax)	Polygon	4	返回边界矩形；式中 " XMin，XMax，YMin，YMax " 为边界的最值 (X-long,Y-Lat)
Extent2Polyline(XMin,XMax,YMin,YMax)	Polyline	4	返回边界矩形线；式中 " XMin，XMax，YMin，YMax " 为边界的最值 (X-long,Y-Lat)
FeatureInPolygon(Feature,Polygon)	Boolean	2	判断图元 Feature 是否在图元 Polygon 之内
FirstPoint(Shape)	Point	1	返回图元 Shape 的第一个端点；Shape 为折线或多边形图元
Generalize(Shape,Double Threshold)	Polygon	2	减少多边形或折线中的端点数,dist 为阈值（单位：米）
GetAddress(string lng,string lat)	String	2	逆地理编码，即逆地址解析，由百度经纬度信息得到结构化地址信息
GetAddress(string lng,string lat,bool hasdesc)	String	3	逆地理编码，即逆地址解析，由百度经纬度信息得到结构化地址信息；hasdesc 为真返回详细信息
GetCoordinate(string address)	String	1	地理编码：地址解析，由详细到街道的结构化地址得到百度经纬度信息
GetCoordinate(string address,bool toshape)	String	2	地理编码：地址解析，由详细到街道的结构化地址得到百度经纬度信息；toshape 为真，返回点图元
HDGIS2Polygon(String)	Polygon	1	将 HDGIS 明码多边形转为 Polygon
LLToBeijing54_3(Real Longitude ,Real Latitude ,Bool IsY)	Double	3	将经纬度坐标转换为北京 54 的 3 度分带坐标，如 IsY 为 True 或 1，返回横坐标 Y；否则返回纵坐标 X
LLToBeijing54_6(Real Longitude ,Real Latitude ,Bool IsY)	Double	3	将经纬度坐标转换为北京 54 的 6 度分带坐标，如 IsY 为 True 或 1，返回横坐标 Y；否则返回纵坐标 X
LLToXian80_3(Real Longitude ,Real Latitude ,Bool IsY)	Double	3	将经纬度坐标转换为西安 80 的 3 度分带坐标，如 IsY 为 True 或 1，返回横坐标 Y；否则返回纵坐标 X
LLToXian80_6(Real Longitude ,Real Latitude ,Bool IsY)	Double	3	将经纬度坐标转换为西安 80 的 6 度分带坐标，如 IsY 为 True 或 1，返回横坐标 Y；否则返回纵坐标 X
MapIdNew(Double Longitude,Double Latitude,String Scale)	String	3	返回坐标对应的新图幅号。Longitude 为经度，Latitude 为纬度，Scale 为例尺 S100W, S50W, S25W, S10W, S5W, S2_5W, S1W, S5K
MapIdNew2Old(String MapIdNew)	String	1	返回新图幅号对应的旧图幅号

14. 地理信息类函数			
函数	返回值	参数	说明
MapIdOld(Double Longitude,Double Latitude,String Scale)	String	3	返回坐标对应的旧图幅号。Longitude 为经度，Latitude 为纬度，Scale 为例尺 S100W, S50W, S25W, S10W, S5W, S2_5W, S1W, S5K
MapIdOld2New(String MapIdOld)	String	1	返回旧图幅号对应的新图幅号
PointInPolygon(Polygon,X,Y)	Boolean	3	判断点是否在多边形内，X 为点横坐标（经度），Y 为点纵坐标（纬度）。点在多边形内返回真（1），否则返回值假（0）
PointInPolygon2(PolygonWKB,X,Y)	Boolean	3	判断点是否在多边形内，式中 WKB 为多边形边界（WKB 格式），X 为点横坐标（经度），Y 为点纵坐标（纬度）。点在多边形内返回真（1），否则返回值假（0）
PointX(Point)	Double	1	返回点图元的 X 坐标
PointY(Point)	Double	1	返回点图元的 Y 坐标
PolygonArea(Polygon)	Double	1	返回多边形的面积，坐标系为西安 80
PolygonArea(Polygon,EPSG)	Double	2	返回多边形的面积；EPSG 为坐标系编号，WGS 84 为 4326；北京为 4214；西安 80 为 4610
ProjectionTransformation(Real X,Real Y,Int sourceEpsg, Int targetEpsg,Bool IsY)	Double	5	坐标投影变换，坐标 (X,Y) 如 IsY 为 True 或 1，返回横坐标 Y；否则返回纵坐标 X
ShapeContain(ShapeA,ShapeB)	Boolean	2	判断图元 ShapeA 是否包含图元 ShapeB
ShapeDisjoint(ShapeA,ShapeB)	Boolean	2	判断图元 ShapeA 是否与图元 ShapeB 相离
ShapeExtent(Shape)	String	1	返回多边形的边界；返回值"XMin, XMax, YMin, YMax"(X-long,Y-Lat)
ShapeExtent(Shape,Type)	Double	2	返回多边形的边界；Type 为边界值类型：0 为 XMin，1 为 XMax，2 为 YMin，3 为 YMax
ShapeIntersect(ShapeA,ShapeB)	Boolean	2	判断图元 ShapeA 与图元 ShapeB 是否相交
ShapeLength(Poly)	Double	1	返回多边形或折线的周长；坐标系为西安 80
ShapeLength(Poly,EPSG)	Double	2	返回多边形或折线的周长；EPSG 为坐标系编号，WGS 84 为 4326；北京为 4214；西安 80 为 4610
ShapeNumParts(Shape)	Integer	1	返回图元的组成部分数；Shape 为折线或多边形图元
ShapeOverlap(ShapeA,ShapeB)	Boolean	2	判断图元 ShapeA 是否与图元 ShapeB 重叠
ShapePointCount(Shape)	Integer	1	返回图元的端点数；Shape 为折线或多边形图元
ShapeTouch(ShapeA,ShapeB)	Boolean	2	判断图元 ShapeA 是否与图元 ShapeB 接触
ShapeType(Shape)	String	1	返回图元的类型；Shape 为图元

14. 地理信息类函数			
函数	返回值	参数	说明
ShapeWithIn(ShapeA,ShapeB)	Boolean	2	判断图元 ShapeB 是否包含图元 ShapeA
Smooth(Shape,Integer factor)	Polygon	2	图元平滑 Shape 为多边形或折线，Factor 为平滑因子（单位：米）
ToGeoMap(Shape)	String	1	将面图元转换成 GeoMap 的明码格式
ToGeoMap(Shape,Name)	String	2	将面图元转换成 GeoMap 的明码格式,Name 指定多边形的名称
ToLine(Shape shp1,Shape shp2…)	Polyline	-1	将图元 shp1、shp2……的中心点为节点创建成一条折线
ToLine2(Points)	Polyline	1	将点图元连成线图元。参数 Points 是逗号分隔的点图元集（字符串）
ToPoint(lon,lat)	Point	2	将经纬度坐标转换点图元
WGS84ToBmap(string coord)	String	1	将 gooleMap 坐标转换为百度坐标，coord 为'lng,lat'
WGS84ToBmap(string coord,bool toshape)	String	2	将 gooleMap 坐标转换为百度坐标，toshape 为真，返回点图元
WGS84ToBmapOnline(string coord)	String	1	通过百度地图 API，将 gooleMap 坐标转换为百度坐标，coord 为'lng,lat'
WGS84ToBmapOnline(string coord,bool toshape)	String	2	通过百度地图 API，将 gooleMap 坐标转换为百度坐标，toshape 为真，返回点图元
Xian80ToBeijing54(Real X,Real Y,Bool IsY)	Double	3	将西安 80 坐标转换为北京 54，如 IsY 为 True 或 1，返回横坐标 Y；否则返回纵坐标 X
Xian80toLL(Real X,Real Y,Bool IsLongitude)	Double	3	将西安 80 坐标转换为经纬度坐标（只适应于鄂尔多斯盆地）。式中西安 80 坐标（X,Y),X 为横坐标（东方向），Y 为纵坐标（北方向）；如 IsLongitude 为 True 或 1，返回经度值；否则返回纬度值
Xian80_3To6(Real X,Real Y,Bool IsY)	Double	3	将西安 80 的三度带坐标转换为六度带坐标，如 IsY 为 True 或 1，返回横坐标 Y；否则返回纵坐标 X
Xian80_6To3(Real X,Real Y,Bool IsY)	Double	3	将西安 80 的六度带坐标转换为三度带坐标，如 IsY 为 True 或 1，返回横坐标 Y；否则返回纵坐标 X

15. 多用途函数			
函数	返回值	参数	说明
@CountIFNotNull(Field)	Integer	1	对字段中非空值进行计数
@CountIFNull(Field)	Integer	1	对字段中空值进行计数

续表

15. 多用途函数			
函数	返回值	参数	说明
@CountIFNullRadio(Field)	Double	1	对字段中空值率进行计数
AddDays(Datetime,Real)	DateTime	2	将指定的天数加到 Datetime 上，Real 参数可以是负数也可以是正数
AddHours(Datetime,Real)	DateTime	2	将指定的小时数加到 Datetime 上，Real 参数可以是负数也可以是正数
AddMilliseconds(Datetime,Real)	DateTime	2	将指定的毫秒数加到 Datetime 上，Real 参数可以是负数也可以是正数
AddMinutes(Datetime,Real)	DateTime	2	将指定的分钟数加到 Datetime 上，Real 参数可以是负数也可以是正数
AddMonths(Datetime,Integer)	DateTime	2	将指定的月份数加到 Datetime 上，Real 参数可以是负数也可以是正数
AddSeconds(Datetime,Real)	DateTime	2	将指定的秒数加到 Datetime 上，Real 参数可以是负数也可以是正数
AddYears(Datetime,Integer)	DateTime	2	将指定的年份数加到 Datetime 上，Real 参数可以是负数也可以是正数
BmapKeyChecked(string key)	Boolean	1	百度 Key 测试
CopyFile(string SourceFileName, string targetFileName)	String	2	复制文件
@CreateConcaveHull(Shape,Double)	Shape	2	返回包括所有图元的凹多边形
@CreateConvexHull(Shape)	Shape	1	返回包括所有图元的最小凸多边形
@CreatePolygon(string)	Shape	1	创建多边形
@CreatePolyline(string)	Shape	1	创建折线
CutFile(string SourceFileName, string targetFileName)	String	2	剪切文件
DatetimeDifference(BaseDateTime, Datetime)	DateTime	1	返回 Datetime-BaseDateTime 的时间间隔
Day()	String	0	取当前日
DayOfMonth(Datetime)	Integer	1	获取日期为该月中的第几天
Day(Datetime)	Integer	1	返回 Datetime 的天部分。返回结果为 1 到 31 之间的整数
DayOfWeek(Datetime)	Integer	1	表示的日期是星期几，返回结果为 0 到 6 之间的整数
DayOfWeek_cn(Datetime)	String	1	表示的日期是星期几，返回结果为星期日，星期一，星期二，星期三，星期四，星期五，星期六

续表

15. 多用途函数			
函数	返回值	参数	说明
DayOfWeek_en(Datetime)	String	1	表示的日期是星期几，返回结果为 Sunday,Monday,Tuesday,Wednesday,Thursday,Friday,Saturday
DayOfWeek_en_short(Datetime)	String	1	表示的日期是星期几，返回结果为 Sun, Mon, Tue, Wed, Thu, Fri, Sat
DayOfYear(Datetime)	Integer	1	获取指定日期是该年中的第几天
DaysDifference(BaseDateTime，Datetime)	Double	1	以小数的形式返回从日期 BaseDateTime 到日期 Datetime 的天数。如果 Datetime 在 BaseDateTime 之前，则该函数返回负值
FirstDayOfMonth(Datetime)	DateTime	1	获取指定日期所在月份第一天
FirstDayOfNextMonth(Datetime)	DateTime	1	获取指定日期的下个月第一天
FirstDayOfNextQuarter(Datetime)	DateTime	1	获取指定日期的下一季度第一天
FirstDayOfNextYear(Datetime)	DateTime	1	获取指定日期的下一年第一天
FirstDayOfPreviousMonth(Datetime)	DateTime	1	获取指定日期的上个月第一天
FirstDayOfPreviousQuarter(Datetime)	DateTime	1	获取指定日期的上一季度第一天
FirstDayOfPreviousYear(Datetime)	DateTime	1	获取指定日期的上一年第一天
FirstDayOfQuarter(Datetime)	DateTime	1	获取指定日期所在季度份第一天
FirstDayOfYear(Datetime)	DateTime	1	获取指定日期所在年份第一天
format_DateTime(DateTime,DateTimeFormat)	String	2	将日期与时间转换为指定格式的文本，DateTimeFormat 为日期格式：（年-月-日 时：分：秒．毫秒）yyyy-MM-dd HH:mm:ss（HH 为 24 小时制，hh 为 12 小时制）
Format_TimeSpan(TimeSpan)	String	1	将时间间隔转换为指定格式的文本
Format_TimeSpan(TimeSpan,TimeSpanFormat)	String	2	将时间间隔转换为指定格式的文本，TimeSpanFormat 为格式：dd\ 天 hh\ 时 mm\ 分 ss\ 秒，注意反斜杠
FridayOfNextWeek(DateTime)	DateTime	1	计算指定日期下周的星期五对应的日期。国际标准 ISO 8601 将星期一定为每星期的第一天
FridayOfPreviousWeek(DateTime)	DateTime	1	计算指定日期上周的星期五对应的日期。国际标准 ISO 8601 将星期一定为每星期的第一天
FridayOfWeek(DateTime)	DateTime	1	计算指定日期本周的星期五对应的日期。国际标准 ISO 8601 将星期一定为一星期的第一天
FunEx(assambleName,className,funName,par1,par2…)	Any	-1	调用外部 DLL 文件中的静态函数，返回运行结果
GetDmsDescription(FileName)	String	1	获取 DMS 的 Description

15. 多用途函数			
函数	返回值	参数	说明
GetDmsGuid(FileName)	String	1	获取 DMS 的 GUID
GetDmsTitle(FileName)	String	1	获取 DMS 的 Title
GetStrings(STRING,MatchString)	String	2	根据指定的语法，从文本中获取的文本内容
Hour(Datetime)	Integer	1	返回 Datetime 的小时部分。返回结果为 0 至 23 之间的整数
Hour()	String	0	取当前时
HoursDifference(BasedDatetime,Datetime)	Double	2	以小数的形式返回从日期 BasedDatetime 到日期 Datetime 的小时数。如果 Datetime 在 BasedDatetime 之前，则该函数返回负值
LastDayOfMonth(Datetime)	DateTime	1	获取指定日期所在月份最后一天
LastDayOfNextMonth(Datetime)	DateTime	1	获取指定日期的下个月的最后一天
LastDayOfNextQuarter(Datetime)	DateTime	1	获取指定日期的下一季度的最后一天
LastDayOfNextYear(Datetime)	DateTime	1	获取指定日期的下一年的最后一天
LastDayOfPrdviousMonth(Datetime)	DateTime	1	获取指定日期的上个月的最后一天
LastDayOfPrdviousQuarter(Datetime)	DateTime	1	获取指定日期的上一季度的最后一天
LastDayOfPrdviousYear(Datetime)	DateTime	1	获取指定日期的上一年的最后一天
LastDayOfQuarter(Datetime)	DateTime	1	获取指定日期所在季度份最后一天
LastDayOfYear(Datetime)	DateTime	1	获取指定日期所在年份最后一天
MarkDown(STRING)	String	1	通过 MarkDown 技术，将文本转换为 HTML 文本
Millisecond()	String	0	取当前毫秒
Milliseconds(Datetime)	Integer	1	返回 Datetime 的毫秒钟部分。返回结果为 0 到 999 之间的整数
MillisecondsDifference(BaseDatetime,Datetime)	Double	2	以小数的形式返回从日期 BaseDatetime 到日期 Datetime 的毫秒数。如果 Datetime 在 BaseDatetime 之前，则该函数返回负值
Minute(Datetime)	Integer	1	返回 Datetime 的分钟部分。返回结果为 0 到 59 之间的整数
Minute()	String	0	取当前分
MinutesDifference(BaseDatetime,Datetime)	Double	2	以小数的形式返回从日期 BaseDatetime 到日期 Datetime 的分钟数。如果 Datetime 在 BaseDatetime 之前，则该函数返回负值
MondayOfNextWeek(DateTime)	DateTime	1	计算指定日期下周的星期一对应的日期。国际标准 ISO 8601 将星期一定为每星期的第一天

续表

15. 多用途函数			
函数	返回值	参数	说明
MondayOfPreviousWeek(DateTime)	DateTime	1	计算指定日期上周的星期一对应的日期。国际标准 ISO 8601 将星期一定为每星期的第一天
MondayOfWeek(DateTime)	DateTime	1	计算指定日期本周的星期一对应的日期。国际标准 ISO 8601 将星期一定为每星期的第一天
Month(Datetime)	Integer	1	返回 Datetime 的月份部分。返回结果为 1 到 12 之间的整数
Month()	String	0	取当前月
MonthsDifference(BaseDatetime,Datetime)	Double	2	以小数的形式返回从 BaseDatetime 到 Datetime 的月数。这是基于每月 30.0 天的近似数字。如果 Datetime 在 BaseDatetime 之前，则该函数返回负值
Month_cn(Datetime)	String	1	返回 Datetime 的月份部分。返回结果为一月、二月、三月、四月、五月、六月、七月、八月、九月、十月、十一月、十二月
Month_en(Datetime)	String	1	返回 Datetime 的月份部分。返回结果为 January,February,March,April,May,June,July,August,September,October,November,December
Month_en_short(Datetime)	String	1	返回 Datetime 的月份部分。返回结果为 Jan,Feb,Mar,Apr,May,Jun,Jul,Aug,Sep,Oct,Nov,Dec
@Nearest(Shape,Shape)	Shape	2	查找将近的图元
SaturdayOfNextWeek(DateTime)	DateTime	1	计算指定日期下周的星期六对应的日期。国际标准 ISO 8601 将星期一定为每星期的第一天
SaturdayOfPreviousWeek(DateTime)	DateTime	1	计算指定日期上周的星期六对应的日期。国际标准 ISO 8601 将星期一定为每星期的第一天
SaturdayOfWeek(DateTime)	DateTime	1	计算指定日期本周的星期六对应的日期。国际标准 ISO 8601 将星期一定为每星期的第一天
Second(Datetime)	Integer	1	返回 Datetime 的秒钟部分。返回结果为 0 到 59 之间的整数
Second()	String	0	取当前秒
SecondsDifference(BaseDatetime,Datetime)	Double	2	以小数的形式返回从日期 BaseDatetime 到日期 Datetime 的秒数。如果 Datetime 在 BaseDatetime 之前，则该函数返回负值
SundayOfNextWeek(DateTime)	DateTime	1	计算指定日期下周的星期日对应的日期。国际标准 ISO 8601 将星期一定为每星期的第一天
SundayOfPreviousWeek(DateTime)	DateTime	1	计算指定日期上周的星期日对应的日期。国际标准 ISO 8601 将星期一定为每星期的第一天

续表

15. 多用途函数			
函数	返回值	参数	说明
SundayOfWeek(DateTime)	DateTime	1	计算指定日期本周的星期日对应的日期。国际标准 ISO 8601 将星期一定为每星期的第一天
Synonym(Source,ReplaceDictionary,Chars,SplitList,OrdinalIgnoreCase)	String	5	同义词替换
ThursdayOfNextWeek(DateTime)	DateTime	1	计算指定日期下周的星期四对应的日期。国际标准 ISO 8601 将星期一定为每星期的第一天
ThursdayOfPreviousWeek(DateTime)	DateTime	1	计算指定日期上周的星期四对应的日期。国际标准 ISO 8601 将星期一定为每星期的第一天
ThursdayOfWeek(DateTime)	DateTime	1	计算指定日期本周的星期四对应的日期。国际标准 ISO 8601 将星期一定为每星期的第一天
TimeHoursDifference(BaseTime,Time)	Double	2	以整数的形式返回从日期 BaseTime 到日期 Time 的小时数。如果 Time 在 BaseTime 之前，则该函数返回负值
TimeMillisecondsDifference(BaseTime,Time)	Double	2	以整数的形式返回从日期 BaseTime 到日期 Time 的毫秒数。如果 Time 在 BaseTime 之前，则该函数返回负值
TimeMinutesDifference(BaseTime,Time)	Double	2	以整数的形式返回从日期 BaseTime 到日期 Time 的分钟数。如果 Time 在 BaseTime 之前，则该函数返回负值
TimeSecondsDifference(BaseTime,Time)	Double	2	以整数的形式返回从日期 BaseTime 到日期 Time 的秒数。如果 Time 在 BaseTime 之前，则该函数返回负值
TimeSpan2HM(TimeSpan)	String	1	将时间间隔转换为总小时数：分钟，如 25：50 表示 25 小时 50 分钟
toShortDate(DateTime)	String	1	将日期时间（可为字符串格式）转化为短日期格式，支持常见的日期格式，如 2005-11-5 13:47:04，输出 2005-11-5
toShortTime(DateTime)	String	1	将日期时间（可为字符串格式）转化为短时间格式，支持常见的日期格式，如 2005-11-5 13:47:04，输出 13:47:04
TuesdayOfNextWeek(DateTime)	DateTime	1	计算指定日期下周的星期二对应的日期。国际标准 ISO 8601 将星期一定为每星期的第一天
TuesdayOfPreviousWeek(DateTime)	DateTime	1	计算指定日期上周的星期二对应的日期。国际标准 ISO 8601 将星期一定为每星期的第一天

续表

15. 多用途函数			
函数	返回值	参数	说明
TuesdayOfWeek(DateTime)	DateTime	1	计算指定日期本周的星期二对应的日期。国际标准 ISO 8601 将星期一定为每星期的第一天
WednesdayOfNextWeek(DateTime)	DateTime	1	计算指定日期下周的星期三对应的日期。国际标准 ISO 8601 将星期一定为每星期的第一天
WednesdayOfPreviousWeek(DateTime)	DateTime	1	计算指定日期上周的星期三对应的日期。国际标准 ISO 8601 将星期一定为每星期的第一天
WednesdayOfWeek(DateTime)	DateTime	1	计算指定日期本周的星期三对应的日期。国际标准 ISO 8601 将星期一定为每星期的第一天
WeekNoOfYear(Datetime)	Integer	1	获取指定日期所在星期是该年中的第几星期
WeeksDifference(BaseDatetime,Datetime)	Double	2	以小数的形式返回从日期 BaseDatetime 至日期 Datetime 的周数。这基于每周 7.0 天。如果 Datetime 在 BaseDatetime 之前，则该函数返回负值
WordMarker(STRING,MatchString)	String	2	给文本打标签；STRING 为指定的文本；MatchString 为标签关键字，支持多组每组中第一个词为标签；词组之间以逗号间隔，若词组同时存在用 & 连接
Year(Datetime)	Integer	1	返回 Datetime 的年份部分。返回结果为整数，如 2002
Year()	String	0	取当前系统的年
YearsDifference(BasedDatetime,Datetime)	Double	2	以小数的形式返回从日期 BasedDatetime 至日期 Datetime 的年数。这是基于每年 365.0 天的近似数字。如果 Datetime 在 BasedDatetime 之前，则该函数返回负值

16.HTML 相关函数			
函数	返回值	参数	说明
ColorToHtml(List RGB)	String	1	将颜色转换为 HTML 值,RGB 为列表，如：[202,211,223]
ColorToHtml(String RGB)	String	1	将颜色转换为 HTML 值,RGB 为字符串，如：202,211,223
ColorToHtml(Int Red,Int Green，Int Blue)	String	2	将颜色转换为 HTML 值
GetHtmlAllTags(String HtmlText,String TagName)	String	2	从 HTML 文本中获取所有 Tag
GetHtmlAllTags(String HtmlText,String TagName,String Splitter)	String	3	从 HTML 文本中，获取所有 Tag；其中 Splitter 为输出间隔字符，默认为 |

16.HTML 相关函数			
函数	返回值	参数	说明
GetHtmlCellValue(String HtmlTable,Int ColumnID,Int RowID)	String	3	返回 HTML 表格中单元格的值
GetHtmlColumnID(String HtmlTable,String SubString)	Integer	2	检索 HTML 表格第一行中，返回第一个包含 subString 的列号
GetHtmlColumnID(String HtmlTable,String SubString,Int RowID)	Integer	3	检索 HTML 表格第 RowID 行中，返回第一个包含 subString 的列号，编号从 1 开始
GetHtmlColumnID(String HtmlTable,String SubString,Int RowID,Int BeginColumnID)	Integer	4	检索 HTML 表格第 RowID 行中，返回第一个包含 subString 的列号，编号从 1 开始；BeginRowID 为起始行
GetHtmlRowID(String HtmlTable,String SubString)	Integer	2	检索 HTML 表格第一列中，返回第一个包含 subString 的行号
GetHtmlRowID(String HtmlTable,String SubString,Int ColumnID)	Integer	3	检索 HTML 表格第 ColumnID 列中，返回第一个包含 subString 的行号，编号从 1 开始
GetHtmlRowID(String HtmlTable,String SubString,Int ColumnID,Int BeginRowID)	Integer	4	检索 HTML 表格第 ColumnID 列中，返回第一个包含 subString 的行号，编号从 1 开始；BeginRowID 为起始行
HtmlA(Text,URl)	String	2	生成 Html 超链接标记。注：GoogleEarth 不支持本地文件
HtmlBr()	String	0	生成 Html 插入换行符标记
HtmlContentCompress(String)	String	1	网页内容压缩工具
HtmlContentCompressEx(Byte[])	Byte[]	1	网页内容压缩工具
HtmlContext(URL,WebEncoding Text)	String	2	下载网址的内容。URL 为网页地址；WebEncoding 为网页编码，支持 gb2312，UTF8，默认 UTF8。从网上获取数据，超慢，建议缓存
HtmlContext(URL,WebEncoding Text,int second)	String	3	下载网址的内容。URL 为网页地址；WebEncoding 为网页编码，支持 gb2312，UTF8，默认 UTF8；second 为下载间隔秒数。从网上获取数据，超慢，建议缓存
HtmlDecode(STRING)	String	1	将编码的汉字转换成可读的汉字，如 "进入" 转换为 "进入"
HtmlDownload(URL)	Byte[]	1	下载 URL 到指定的文件，以 byte[] 方式存储在字段中
HtmlDownload(URL,int second)	Byte[]	2	下载 URL 到指定的文件，以 byte[] 方式存储在字段中，second 为下载间隔秒数
HtmlExtract(String HtmlText)	String	1	从 HTML 文本中抽取文本
HtmlExtract(String HtmlText,String TagPath)	String	2	从 HTML 文本中抽取文本，其中参数 TagPath，指定标签的路径。例如 LI[1].A[3][href]；末端标记中：无、[]、[0] 代表所有；非末端标记中：无、[]、[0] 代表 1；属性如 href，仅对末端标记起作用

16.HTML 相关函数

函数	返回值	参数	说明
HtmlExtract(String HtmlText,String TagPath,Bool IsHtml)	String	3	从 HTML 文本中，抽取文本，其中参数 TagPath, 指定标签的路径。例如 LI[1].A[3][href]；末端标记中：无、[]、[0] 代表所有；非末端标记中：无、[]、[0] 代表 1；属性如 href，仅对末端标记起作用
HTMLImageEmbed(string HTMLBody)	String	1	将 HTML 中的本地图片嵌入到 HTML 页面中
HTMLImageEmbed(Byte[] HTMLBody)	Byte[]	1	将 HTML 中的本地图片嵌入到 HTML 页面中
HtmlImg(URl)	String	1	生成 Html 图像标记
HtmlImg(URl,Width,Height)	String	3	生成 Html 图像标记
HtmlImgBase64(URl)	String	1	生成 Html 嵌入式图像标记
HtmlImgBase64(URl,Width)	String	2	生成 Html 嵌入式图像标记
HtmlImgBase64(URl,Width,Height)	String	3	生成 Html 嵌入式图像标记
HtmlSpace(count)	String	1	生成 Html 插入空格符标记；其中 Count 代表返回的空格数
HtmlTagsCount(String HtmlText,String TagPath)	Integer	2	获取 HTML 源码中标签组的数量。格式为 LI[1].A[3][href]；末端标记中：无、[]、[0] 代表所有；非末端标记中：无、[]、[0] 代表 1；属性如 href，仅对末端标记起作用
HttpGet(URL,postDataStr)	String	2	模拟 http 发送 Get 请求，获取网页
HttpPost(URL,postDataStr)	String	2	模拟 http 发送 post 请求，获取网页
URLCapture(String URL)	Byte[]	1	将 URL 地址的内容转换为图片（PNG）
URLCapture(String URL,Int width)	Byte[]	2	将 URL 地址的内容转换为图片（PNG）,width 指定截取窗体的宽度
URLCapture(String URL,Int width,Int height)	Byte[]	3	将 URL 地址的内容转换为图片（PNG）,width 指定截取窗体的宽度,height 指定截取窗体的高度
URLCapture(String URL,Int x,Int y,Int width,Int height)	Byte[]	5	将 URL 地址的内容转换为图片（PNG），（x,y）为左上角坐标,width,height 分别为宽度与高度

17. 图像处理类函数

函数	返回值	参数	说明
BarCode2D(string info,string displayName)	Byte[]	2	根据信息生成二维码图片
BarCode2D(string info,string displayName,string LogoImage)	Byte[]	3	根据信息生成二维码图片

17. 图像处理类函数

函数	返回值	参数	说明
BarCode2D(string info,string displayName,string LogoImage,int FontSize)	Byte[]	4	根据信息生成二维码图片
ColumnBppCount(Byte[] Image)	String	1	将图像二值化，返回每一列的有值像数个数
ColumnBppCount(Byte[] Image, Int step)	String	2	将图像二值化，并进行平滑处理，返回每一列的有值像数个数；step 指定平滑步长
GetImageExif(string Image)	String	1	获取图像的描述信息
GetImageExif(string Image,string tagName)	String	2	获取图像的描述信息
ImageAddDesc(Byte[] Image,string)	Byte[]	2	在图片上添加一段文字
ImageClone(Byte[] Image,int left, int top, int right, int bottom)	Byte[]	5	复制指定区域内的图像内容
ImageFlipX(Byte[] SourceImage)	Byte[]	1	图像水平翻转
ImageFlipY(Byte[] SourceImage)	Byte[]	1	图像垂直翻转
ImageInfo(Byte[] Image)	String	1	获取图像的基本信息，输出信息 Width,Height,HorizontalResolution,VerticalResolution
ImageRotate(Byte[] SourceImage,double Angle)	Byte[]	2	图像旋转 Angle 度；Angle 为角度（-360~360），正值为顺时针旋转，负值为逆时针旋转
ImageToGray(Byte[] Image)	Byte[]	1	图像二值化
JPG(Byte[] SourceImage)	Byte[]	1	将图片压缩成 JPG 格式
JPG(Byte[] SourceImage,int Quality)	Byte[]	2	将图片压缩成 JPG 格式；Quality 为压缩图像质量（0~100）
JPG(Byte[] SourceImage,int Quality,int MaxWidth)	Byte[]	3	将图片压缩成 JPG 格式；Quality 为压缩图像质量（0~100），MaxWidth 为最大宽度
RowBppCount(Byte[] Image)	String	1	将图像二值化，返回每一行的有值像数个数
RowBppCount(Byte[] Image, Int step)	String	2	将图像二值化，并进行平滑处理，返回每一行的有值像数个数；step 指定平滑步长

附件 3　Tips 速查表

序号	Tip	页码
1-1	数据专家和地震科学有啥关系	002
1-2	企业级数字化建设是什么	003
1-3	数据专家的设计理念是什么	007
1-4	掌控超节点	008
1-5	工程的发布	009
1-6	使用该工具需要哪些基础	011
1-7	巧用工具箱中的收藏夹，保存常用节点组合片段	014
1-8	打开节点编辑器时假死怎么办	015
1-9	遇到流程变量循环引用怎么处理	018
1-10	内存爆了怎么办	019
1-11	关于 Python 的路径使用的优先级	020
1-12	场景设计图形有什么用	024
1-13	上传流程时需要打包哪些文件	026
1-14	如何获取数据专家的学习资源	027
2-1	如何快速创建数据源节点	029
2-2	怎么以百分数的方式显示数值	030
2-3	如何使用公式编辑器编辑公式	032
2-4	数值运算结果出不来是怎么回事	034
2-5	数据专家中能用正则表达式么	035
2-6	4043/7 为啥是 577.00 而不是 577.57	036
2-7	如何实现跨行运算	039
2-8	字符串不能正确比较怎么办	039
2-9	如何把数据保存在流程中	040
2-10	如何设置报告层级的样式	041

续表

序号	Tip	页码
3-1	为什么数值字段不能正常排序呢	049
3-2	写入数据库节点编辑器显示不完整怎么办	053
4-1	数据太乱了怎么办	057
4-2	数据读取模板设计器的构成	058
4-3	数据读取模板工程窗口中的参数是什么意思	059
4-4	智能解析技术的几个术语	059
4-5	三种字段定义方式的差异	061
4-6	内容块映射的参数是什么意思	064
4-7	智能解析技术优势是什么	066
4-8	怎么合并 sian 和 sina 这两个数据项	067
5-1	扫描目录的输出字段都表示什么意思呢	070
5-2	去重节点怎么不起作用	074
5-3	数据不完整怎么办	077
5-4	子字符串的提取方法有哪些	078
6-1	国际地震中心	082
6-2	F 和 Format 函数有什么区别	085
6-3	HTML 是什么	085
6-4	系统盘空间不足怎么办	090
7-1	需要掌握的合并节点	098
7-2	条件表达式和取值表达式有什么区别	099
8-1	怎样绘制出效果理想的图件	109
8-2	在节点脚本中，怎么才能获取输入数据文件的列表呢	115
8-3	浏览报告节点对数据有什么要求	121
8-4	报告中的节点描述文字内容怎么加	124
8-5	如何设置报告的层次	126
8-6	如何自定义报告格式	127
9-1	图元在地图上定位不出来怎么办	130
9-2	为什么空间距离求不出来	139
9-3	专题图的底图数据太大，能压缩吗	153
9-4	如何自动定位地理图的视域范围	157
9-5	如何利用数据专家开展空间分析	158
9-6	过滤节点中替换新字段名 R 与 R2 有什么区别呢	159